Frontiers of
Advanced Materials Research
in China: Annual Report (2023)

U0237713

中国新材料
研究前沿报告

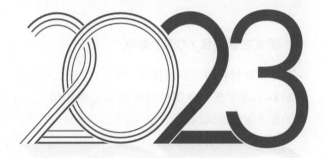

中国工程院化工、冶金与材料工程学部
中国材料研究学会 —— 组织编写

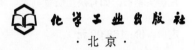

化学工业出版社

·北京·

内 容 简 介

本报告结合当前我国各行业对新材料的应用与需求情况，重点关注我国重点领域新材料的先进生产技术与应用情况、存在问题与发展趋势，主要介绍了量子材料、低维材料（二硫化钼、富勒烯）、双低氧稀土钢、高温超导材料、柔性半导体纤维及电子材料、芯片热管理材料、摩擦纳米发电机及新材料、空间医药微纳材料和环境与新能源矿物材料等各类新材料的特性、应用与先进技术，指出当前的技术难题，为未来我国新材料领域的技术突破指明方向。

书中对新材料产业各领域的详细解读，为未来我国新材料领域的技术突破指明了方向，将为新材料领域研发人员、技术人员、产业界人士提供有益的参考。

图书在版编目（CIP）数据

中国新材料研究前沿报告. 2023 / 中国工程院化工、冶金与材料工程学部，中国材料研究学会组织编写. —北京：化学工业出版社，2024.6

ISBN 978-7-122-45399-0

Ⅰ.①中⋯　Ⅱ.①中⋯　②中⋯　Ⅲ.①工程材料-研究报告-中国-2023　Ⅳ.①TB3

中国国家版本馆CIP数据核字（2024）第071345号

责任编辑：刘丽宏　　　　　　　　　　文字编辑：林　丹
责任校对：李雨函　　　　　　　　　　装帧设计：王晓宇

出版发行：化学工业出版社（北京市东城区青年湖南街 13 号　邮政编码 100011）
印　　装：涿州市般润文化传播有限公司
787mm×1092mm　1/16　印张 15¼　字数 337 千字　2024 年 6 月北京第 1 版第 1 次印刷

购书咨询：010-64518888　　　　　　　售后服务：010-64518899
网　　址：http://www.cip.com.cn
凡购买本书，如有缺损质量问题，本社销售中心负责调换。

定　　价：168.00 元　　　　　　　　　　　　　　　　版权所有　违者必究

材料是经济社会发展的物质基础，是高新技术、新兴产业、高端制造、重大工程发展的技术先导。关键材料核心技术和产业发展路径的突破需要基础研究、产业发展、技术应用系统性协同发展，同时，科学普及对新材料、新技术的应用推广具有重要推动作用。

中国材料研究学会每年面向全社会公开出版构建中国新材料自主保障体系的系列战略品牌报告《中国新材料研究前沿报告》《中国新材料产业发展报告》《中国新材料技术应用报告》《中国新材料科学普及报告——走近前沿新材料》四部，旨在从多领域、多角度、多层次引导新发展方向。

系列战略品牌报告由中国工程院化工、冶金与材料工程学部和中国材料研究学会共同组织编写，由中国材料研究学会新材料发展战略研究院组织实施。报告秉承"材料强国"的产业发展使命，为不断提升原始创新能力，加快构建产业技术体系、积极推动技术应用融合、加大科学普及力度贡献战略智慧。其中，《中国新材料研究前沿报告》聚焦行业发展重大原创技术、关键战略材料领域基础研究进展和新材料创新能力建设，梳理出发展过程中面临的问题，并提出应对策略和指导性发展建议；《中国新材料产业发展报告》围绕先进基础材料、关键战略材料和前沿新材料的产业化发展路径和保障能力问题，提出关键突破口、发展思路和解决方案；《中国新材料技术应用报告》基于新材料在基础工业领域、关键战略产业领域和新兴产业领域中应用化、集成化问题以及新材料应用体系建设问题，提出解决方案和政策建议；《中国新材料科学普及报告——走近前沿新材料》旨在推动不断出现的材料新技术、新知识、新理论和新概念服务于新型产业的发展，促进新材料更快、更好地服务于经济建设。四部报告以国家重大需求为导向，以重点领

域为着眼点开展工作，对涉及的具体行业原则上每隔2～4年进行循环发布，这期间的动态调研与研究会持续密切关注行业新动向、新业势、新模式，及时向广大读者报告新进展、新趋势、新问题和新建议。

本期公开出版的四部报告为《中国新材料研究前沿报告（2023）》《中国新材料产业发展报告（2023）》《中国新材料技术应用报告（2023）》《中国新材料科学普及报告（2023）——走近前沿新材料5》，得到了中国工程院重大咨询项目"新材料强基补链与自主创新发展战略研究""关键战略材料研发与产业发展路径研究""新材料前沿技术及科普发展战略研究""新材料研发与产业强国战略研究"和"先进材料工程科技未来20年发展战略研究"等项目的支持。在此，我们对今年参与这项工作的专家们致以诚挚的敬意！希望我们不断总结经验，不断提升战略研究水平，更加有力地为中国新材料发展做好战略保障与支持。

本期四部报告可以服务于我国广大材料科技工作者、工程技术人员、青年学生、政府相关部门人员，对于图书中存在的不足之处，望社会各界人士不吝批评指正，我们期望每年为读者提供内容更加充实、新颖的高质量、高水平专业图书。

二〇二三年十二月

新材料是新兴产业的技术先导，高新技术、高端制造和重大工程高质量发展都需要新材料的率先突破。新材料的研究前沿和核心技术创新突破，引导新材料不断迭代发展和在应用领域的不断拓展与提升，为高端装备制造、生命科学、新能源、信息技术等关系经济命脉和国家安全的战略性新兴产业的布局提供技术支撑和风向引领。《中国新材料研究前沿报告（2023）》（以下简称《报告》）集结了国内新材料的重大原创、关键战略材料的重大突破、体系化基础研究布局以及新材料创新能力提升四大领域的专家，汇集了他们的智慧和经验，形成了该战略研究报告。

《报告》通过全面、深入的调查研究，紧紧锚定国家重大战略需求，聚焦新材料关键核心技术瓶颈的突破，紧盯关键战略新材料的研究前沿动态，着眼重大原创基础研究和创新能力提升，形成了一批具有专业性、全局性、前瞻性、热点性的专题调研报告。《报告》涉及材料领域主要包括量子材料、低维材料（二硫化钼、富勒烯）、双低氧稀土钢、高温超导、柔性半导体纤维及电子材料、芯片热管理材料、摩擦纳米发电机及其新材料、空间医药微纳材料和环境与新能源矿物材料等。每种材料都详细介绍了其研究背景、全球研究进展与前沿动态、我国研究发展现状及学术地位、作者在该领域的主要研究成果和学术成就、我国在该领域近期研究发展重点及展望等内容。

在此谨代表编委会对致力于中国新材料前沿科学与技术发展、提供内容框架指导、撰写专题报告、审阅修改报告的所有专家、学者以及为本报告的编辑和出版做出贡献的人士表示诚挚的感谢。

特别感谢参与本书编写的所有作者：

第 1 章　中国材料研究学会新材料发展战略研究院

本书可供科学决策相关部门的管理人员，从事新材料研发、产业、应用的科技人员，新兴产业的科研和工程技术人员以及其他相关人员阅读，希望本书的出版能够为大家提供有益的参考。

谭建新

二〇二三年十二月

目录
CONTENTS

第 6 章　富勒烯　　/ 081

第 7 章　摩擦纳米发电机及新材料　　/ 098

第 13 章　环境与新能源矿物材料　　　/ 213

第1章

2023 年度新材料领域
发展综合报告

中国材料研究学会新材料发展战略研究院

在整个科学研究过程中，从科学发现（基础研究）、技术发明（转化研究）到临床落地（应用研究），三者互为支撑、缺一不可。在科学的发展历程中，科学演变成不同的学科领域。学科领域是知识创新的主战场，材料学科是研发物质产品的知识体系，产品创新是推动产业发展和社会进步的强大动力，也是建设创新型国家的关键所在。材料学科是兼具基础性和先导性的新兴大学科，有机综合了基础科学（物理、化学、数学、生物等）和工程技术（冶金、化工、机械、电子信息等），旨在研究材料性质、成分与结构、合成与加工、使役性能四大要素关系。在基础研究领域，既具有其他基础学科的共性、关键性，也为各大学科提供直接的技术支撑。无论事关国家安全的国防军工及武器装备，还是事关经济社会与生命健康的基础工业建设，材料学科发展水平已成为衡量一个国家经济发展、科技进步和国防实力的最重要的指标之一。

材料学科涉及领域广泛，主要包括金属材料、无机非金属材料、有机高分子材料、复合材料、生物医学材料、能源材料、环境材料、电子信息材料、纳米材料、材料基因工程、材料表面与界面、材料失效与保护、材料检测与分析技术、材料合成与加工工艺等。本章内容主要聚焦部分战略前沿方向，分别从自旋量子材料、二维半导体材料、能源转换与存储材料、超材料与超构工程、空间医药微纳材料、极端环境服役材料、材料基因组工程、材料可控制备与表征这八项方向概述近年来的新观点、新理论、新方法、新技术和新成果。

1.1 / 国内外研究进展动态

随着国家国力增强及相关产业布局持续加码，材料学科基础研究发展迅速。目前，在国际材料学科领域，我国科研队伍人数居全球第一。在学术成果产出方面，我国所发表的论文数近十年间稳居论文量的世界首位，学术影响力具有领先优势，也是名列世界前茅。我国材料研究特色发文主题多分布在物质科学与工程领域，然而欧美国家和地区发文主题则多集中于生物医学与临床科学领域。

据最新《2023 研究前沿热度指数》分析报告，我国在化学与材料科学领域的研究前沿热度指数得分排名世界第一。相比于美国，我国在化学与材料科学领域的优势突出，并且远远超过其他国家。不过在物理学领域，我国研究前沿热度指数排名第二，仅次于美国。尽管我国科学家在材料科学领域取得了诸多成就，但尚未在重要材料方面取得突破性贡献。我国"论文平均发表年"均晚于美国。这表明中国开始参与研究工作的时间晚于美国，美国在材料原创性基础研究中处于"相对引领"位置，而中国处于"跟跑"位置。而我国在部分前沿热点领域（包括量子材料、低维纳米材料及超材料）表现出强劲的发展势头，呈现出与西方发达国家并跑，甚至处于领跑的态势。

目前，我国新材料产业规模约占全球产业 30%，金属材料、纺织材料、功能陶瓷、化工材料等传统领域产业规模稳居世界第一。然而在全球新材料前沿热点领域，发达国家和地区仍处于领先地位，美国、日本和欧盟各国属于第一梯队；中国、韩国和俄罗斯属于第二梯队；巴西和印度属于第三梯队。在新材料技术竞争力方面，原创创新能力还不够强，工业基础薄弱，技术转化能力有待提高，因而与美国、日本、欧盟各国还存在较大差距。尤其是我国科学仪器行业起步较晚，高端科学仪器进口依赖严重。近年来我国不断出台各项政策，支持国产仪器创新发展，实现高端检测仪器国产替代，真正解决材料可控制备及表征仪器行业的"卡脖子"问题。

我国新材料科学和技术及产业发展，正处于历史转型的关键时期。材料发展已经从解决供需短缺问题为主的发展阶段转向满足国家战略需求和提升国际竞争力的高质量发展阶段。实现我国新材料科学和技术快速、可持续发展，必须建设和完善材料知识创新体系，推动学科系统机制和研发创新，加强人才培养和国际交流与合作。

1.2 / 2023 年度新材料的研究前沿

材料学科 2022—2023 年度周期内亮点工作主要集中在超导磁性材料、低维碳基芯片材料、太赫兹量子级联激光器及稀土激光材料、有机长余辉材料、海洋工程重防腐材料、超材料与超构透镜、材料基因组工程相关的材料信息学方面。

量子材料方面，目前国际上高温超导材料研究相当活跃，我国超导磁性材料领域的主要研究团队有中国科学技术大学陈仙辉院士团队，清华大学段文晖院士团队，中国科学院物理所方忠教授、靳常青教授团队，南京大学闻海虎教授团队，中国科学院电工研究所马衍伟教授团队。

二维半导体材料方面，低维碳基芯片材料主要是以零维量子点、二维石墨烯与二硫化钼、三维范德华异质材料为主，主要研究团队有北京大学彭练矛院士和张志勇教授团队，中国科学院深圳先进技术研究院成会明院士团队，中国科学院物理所吕力教授、刘广同教授团队，中国科学技术大学谢毅院士团队，南京大学缪峰和梁世军教授团队等。

超紧凑型太赫兹自由电子激光前沿技术主要用于大科学装置及国防高技术产业方面，太赫兹量子级联激光器及稀土激光材料研究团队主要有中国科学技术大学陆亚林教授团队，中国科学院上海光机所李儒新院士和田野教授团队，中国科学院长春光机所等。

有机长余辉材料是一种具有独特激发态演变过程的有机发光材料，目前实现应用的领域主要在数据加密与防伪、电致发光器件、光学记录、化学传感及生物成像等方面。我国的主要研究团队有清华大学邱勇院士和段炼教授团队，中国科学院化学所、中国科学院上海有机化学研究所、香港科技大学唐本忠院士团队，南京邮电大学陈润峰教授团队等。

在极端环境服役材料领域，海洋工程重防腐材料主要应用于深海极端高压、极端冲击和应变速率、极端腐蚀和氢环境等诸多战略国防领域。我国的主要研究团队有广东腐蚀科学与技术创新研究院韩恩厚院士团队，中国科学院宁波材料所薛群基院士和王立平研究员团队，北京科技大学李晓刚教授团队等。

光学镜头是成像技术的核心元件。超材料（metamaterial）是一种基于微纳结构设计构建的新型人工功能材料，它的光学性能有望突破传统光学材料的局限。英国科学家 Pendry 教授指出这种负折射超构材料构建的平板具有突破衍射极限的能力，被定义为超透镜。2023 年度超材料与超构透镜的顶刊高水平文章近百篇，主要研究发团队有香港大学张翔和张霜教授团队、南京大学祝世宁院士和李涛教授团队、清华大学周济院士院士团队、东南大学崔铁军院士团队、哈尔滨工业大学等。

材料基因组工程相关的材料信息学是 2022—2023 年度材料学科领域年终最强抢眼的亮点之一。随着 OpenAI 的尘埃落定，人工智能生成式大模型，将助力新材料研发新革命范式。DeepMind 材料团队分享了 220 万颗新晶体的发现，相当于近 800 年的知识。深度学习工具可用于材料探索的图网络（GNoME），发现了 38 万种新材料、17 天自主合成 41 种新化合物。预测新材料的稳定性，从而显著提高材料发现的速度和效率。

1.2.1 ／自旋量子材料

新一代自旋量子材料牵涉超高密度、大容量、非易失磁存储和逻辑存算一体化器件，有望成为"后摩尔时代"信息产业发展的主要方向之一。磁子自旋电子学侧重于磁子的激发机制、传播特性、探测和调控手段以及磁子与传导电子自旋等各种准粒子之间相互转化。在磁性材料或绝缘体中，自旋晶格的元激发就形成了自旋波及量子化基元——磁子。这种磁子（自旋波）像光子（光波）和声子（声波）一样具有波粒二象性，可用于定向和长距离传输自旋信息，而且因为电中性、无焦耳热问题可显著降低热能耗，可实现数据存储及非布尔逻辑运算等器件功能。磁子作为信息载体在新型逻辑计算、神经类脑计算乃至量子计算方面具有独特应用前景。因此，磁性金属、铁磁半导体、铁磁半金属、磁性拓扑材料、自旋波材料和反铁磁半导体等新材料的研发，将助力于研制自旋相关器件。

我国在磁随机存储器及核心关键技术领域的研发方面处于国际并跑、部分领域领跑的状态。在高性能磁性隧道结性能优化方面，我国学者在 2007 年就已经优化出了室温 81%

隧穿磁电阻比值的非晶 Al2O3 基磁性隧道结，是该品类磁性隧道结隧穿磁电阻性能的最高值。在反铁磁隧道结领域，我国学者率先报道了室温 100% 隧穿磁电阻比值的反铁磁磁性隧道结，为发展磁子学开启了新材料与器件研发相结合的新方向，并为后续研发基于磁子结和磁子晶体管的新一代磁子型器件与电路，奠定了具有原创性的中国自主知识产权及器件基础。

1.2.2 / 二维半导体材料

近年来蓬勃发展的二维电子学，以过渡金属硫化合物为代表的二维半导体材料，凭借原子级的超薄厚度、高载流子迁移率、层数依赖的可调带隙、自旋 - 谷锁定特性、超快响应速度以及易于后端异质集成等优点，突破主流硅基互补金属氧化物半导体（CMOS）芯片技术在进一步微缩时面临的短沟道效应等物理限制，是后摩尔时代替代硅的候选芯片材料之一。大面积晶圆级材料与多层复杂结构异质结的制备技术，为高密度低功耗存储、高效光伏、高灵敏度光电探测、超短沟道、超快运算等器件应用提供了发展的源动力，并有望应用在可穿戴电子器件、传感器、生物医疗方面，代表了新型电子学器件的发展方向。

我国学者取得了系列重要进展，主要包括：北京大学物理学院刘开辉教授团队发展了一套适用于二维材料的原子制造技术，实现了晶圆级过渡金属硫化合物的调控生长；南京大学王欣然教授团队通过改变蓝宝石表面构筑"原子梯田"，在国际上首次实现了 2 英寸（1 英寸 =2.54cm）晶圆级二硫化钼 MoS_2 单层单晶薄膜的外延生长；北京大学彭海琳团队在国际上率先开发了超高迁移率二维硒氧化铋（Bi_2O_2Se）半导体芯片材料，建立了一系列晶体可控制备及表界面调控方法；中国科学院物理研究所刘广同课题组开展了高质量外尔半金属和伊辛超导体的合成，并发展了一套普适性的熔融盐辅助化学气相沉积策略，在 $MoTe_2$、$MoSe_xTe_{2-x}$、$Mo_xW_{1-x}Te_2$ 体系中开展了一系列物性研究，发现了新型的伊辛超导、两带超导、维度依赖的外尔半金属态输运证据等重要现象，处在过渡金属硫族化合物低温量子输运领域的研究前沿。

1.2.3 / 能源转换与存储材料

随着全球对可持续能源的需求逐渐攀升，能源材料领域正在高速发展，目前已成为科研和产业界的主要焦点领域之一。能源转换材料的发展应着眼于优化电极材料的设计和合成，以提升性能、可持续性和环境友好性。在能量存储方面，持续发展高比能电池、高活性燃料电池体系，以及高效率太阳能电池，以满足不断多样化的能源需求，促进可再生能源的广泛应用。钙钛矿太阳能电池、电催化氧化制氢、析氧反应电催化等技术则是能源转化和储存领域的重要研究方向。超越传统体系的电化学能源，将重点关注轻元素多电子电池、本征安全水系锌电池等关键领域。全固态金属锂电池是实现高能量密度与提高安全性的未来电池技术的关键。

氢能燃料电池技术是我国未来能源领域的战略性选项，也是新能源汽车科技创新的关键方向。在氢气的储存和运输环节是高效利用氢能以及实现氢能产业化的关键。氢能的安全高效储存和运输对于国家的氢能战略至关重要。镁基固态储氢材料，具备最高储氢密度，而且金属镁在储氢领域也因其低成本、轻质量和无污染等优势而备受青睐，是最有发展潜力的固态储氢材料之一。

1.2.4 ／ 超材料与超构工程

超材料是由人工微结构单元组成的宏观电介质。这一超构工程，可以通过调节人工单元的尺寸、结构及空间周期或非周期排布，可按需调节宏观电磁参数（包括介电系数、磁导率系数、折射率系数、吸收系数等），从而获得电磁波的不同传播性质（包括折射、反射、透射、吸收、波矢色散、各向异性等），以实现各种新颖奇异的电磁应用（包括负折射、完美透镜成像、隐身斗篷完美吸收、辐射制冷等）。超材料发轫于微波和可见光波段，目前研究热点集中在太赫兹、红外和极紫外等电磁波频率范围，同时开始应用于深空深海深地探测、高定向电磁对抗、5G/6G 无线通信、绿色能源等国家重大需求的国防与经济建设领域。

近年来，超材料基础研究依然强劲，以每年百篇顶刊及千篇高水平论文发表。研究热点主要集中在动态可调及可重构超材料（基于相变材料的辐射制冷、红外微波太赫兹吸波、人工单元耦合的 Fano 谐振）、量子超材料（石墨烯拓扑超导量子模拟、基于二维材料的光学调制、全光芯片计算、超材料模拟轴子暗物质）、片上结构设计超材料（电子学超材料、极紫外硅基直超表面、倾斜扰动结构的超表面）、多维复用技术超透镜（多维光场多功能、局域共振微腔涡旋光、双曲超材料合成复频波、超表面偏振复用）。在开放系统的量子实际应用过程中，同时产生了非厄米超材料和时间晶体等前沿研究方向。

1.2.5 ／ 空间医药微纳材料

医药微纳材料是纳米科学与技术的重要战略前沿方向之一，由于具有独特的物理、化学性质及生物效应，在疾病预防与诊断、治疗及预后监测等方面发挥着重要作用，是面向人民生命健康、关乎国计民生的重大战略性新材料。近年来，医药微纳材料已被广泛用于疾病诊断、药物靶向递送与控释、组织修复与再生、智能型生物器件等前沿领域，在医药与健康、医疗器械等各方面都具有非常重要的应用价值，对未来空间生存的生命保障也具有十分重要的意义。

我国在医药微纳材料领域具有深厚的研究基础，是全球最活跃也是最有影响力的国家之一。然而，临床转化却严重不足，高端的纳米药物甚至一些传统的纳米药物都处于零的阶段。一方面，是对相关医药微纳材料合成机制的研究和理解不够深入，导致产品性能难以控制；另一方面，是对于纳米药物的开发缺乏创新。中国空间站的建成，将为空间医药微纳材料的研究发展带来新的契机。医药微纳材料的空间研究，为我国攻克微纳材料合成的机理及技术难题并开发创新型纳米药物创造了优越的条件。未来空间医药微纳材料的发展重点应集中在两个方面：

① 医药微纳材料空间合成机制与性能的研究；

② 医药微纳材料面向空间的应用研究。当务之急是研制配套的空间载荷装置，以用于材料合成、材料性能及相关形成机制等的空间研究。

1.2.6 / 极端环境服役材料

极端环境服役材料主要应用于深空、深海、深地的极端高压、极端温度、极端辐射、极端冲击和应变速率、极端能量和燃烧反应、极端腐蚀和氢环境等诸多战略国防领域，也是新材料研发的必争之地。例如，在极端冲击和高应变率环境服役的金属合金，在高应变速率时的碳化物、氮化物、氧化物、硅化物和硼化物等先进陶瓷，在极端温度环境服役的镍钴基高温合金和难熔金属。极端环境服役材料适用于飞机引擎的极端温度、各种推进器（超音速燃烧冲压式喷气发动机、火箭发动机、飞机发动机）、高马赫数飞行器、航天器重返大气层、能源生产和储存（发电涡轮机、聚光太阳能）、化学和热-力学处理操作（熔炉和反应堆）以及高温电子设备。在极高温下，材料的稳健性能是至关重要的。此外，高温加速反应可用于合成所需物相，利用低温抑制逆转以保存亚稳相，这也是合成新奇材料的有效策略。

核电工业的极端辐射环境，核反应堆（裂变和未来聚变设计）需要 SiC-SiC 复合材料、纳米结构镍基高温合金、高熵合金和增材制造材料等用于核废料安全处理。为了在这种极端的热环境中工作，材料必须不仅能抵抗熔化，而且还能抵抗由于热或力学载荷引起的失效，以及由于腐蚀、氧化、蒸发或烧蚀导致的热诱导相变或表面失效。抗腐蚀失效的高强结构材料和先进涂层材料关涉深海资源开发。

1.2.7 / 材料基因组工程

随着生成式 AI 大模型 ChatGPT 已风靡全球，高通量动态实验融合数据驱动技术（如机器学习模型）和人工智能正迅速成为快速筛选数千种微观结构和/或化学物质的高效和经济方法。数据和理论相互作用驱动着科学。目前大多数研究主要集中在合成数据集上训练，以用于加速计算机模拟的机器学习方法。新兴材料合成、光谱解析和优化实验设计的数据驱动方法正推进实验化学与材料学科发展。

机器学习加速稳定材料预测，科学所有重要的挑战，并不是都符合检验假设。材料研究通常以关键指标为目标，例如特定的光伏能量转换效率或催化反应的特定选择性。这就要求材料实现超越先前所证明的性能，因此插值不是一种有效的策略。从已知材料和已知现象进行推断，已经不足以达到挑战性能目标，也不足以激发不走寻常路的探索。驱动研究通常来源于先前知识，并依赖于测试假设结果，那么必然会限制探究和新材料探索。材料性能预测机器学习模型取决于结构-性能关系编码，以作为主要筛选工具的预测模型和/或通过训练模型。大多数材料领域，仍处于起步阶段。许多机器学习驱动，仅在相对简单的基准上运行，还需要系统地测试，以用于更实际的应用。

1.2.8 / 材料可控制备与表征

材料的可控制备是新材料研究的基础，晶体成核生长决定着固体材料制备过程。我国学者在发展原位透射电子显微学方法，推进原位电镜的空间分辨能力、时间分辨能力、高通量数据分析方面，取得了重大进展。随着球差校正器的普及，配备球差校正器的原位电镜，目前已经可以实现原子级的分辨能力。例如金属材料性能受制于晶格缺陷的调控，配备原位拉伸功能的样品杆结合球差校正的透射电镜，则提供了从原子尺度直接观察应变状态下缺陷结构变化。浙江大学张泽院士基于像差校正的原位电子显微镜，开发了自动原子柱跟踪法，实时观察了在应变过程中的铂晶界，从而解释了铂双晶中的晶界滑动主要取决于倾斜晶界的原因。

大科学装置就是国之重器，是关键的创新物质资源，是进行重大科技变革的必要条件，也是突破科学技术前沿、破解重要技术问题的基础设施和关键技术手段，因此现代科技创新中发挥着不可或缺的决定性作用，其中有 38 项获诺贝尔奖，在一定程度上是通过先进的实验仪器取得的。目前我国在北京、上海、合肥、广东、香港、澳门等地同步辐射，已经拓展应用到磁学和自旋电子学材料；X 射线衍射现已广泛应用于无机薄膜和有机光电材料等领域研究；X 射线小角散射（SAXS）是原位研究介观尺度（纳米 - 微米之间）材料结构统计特性的唯一手段，在高分子材料、高性能碳纤维、纳米材料、纳米薄膜等的原位研究中具有不可替代的优势。我国在大科学装置建设上持续发力，也催生出一批世界级材料学成果，提升了基础前沿研究水平和自主创新能力。

1.3 新材料发展趋势和展望

兼具基础性和先导性的材料学科发展，取决于高新科技最密集国防科技工业等重大需求，以及前沿交叉科学的相互促进发展。极端环境服役材料涉及航空工业（超轻、超强、超高温的材料性能），载人航天和深空探测功能智能化材料，海洋工程的材料腐蚀与防护性能，原子能技术应用材料的抗辐照和极端服役性能。与此同时，材料科学提供有力支撑类器官，合成生物学、脑科学中神经元构建等生命健康领域前沿研究。新一代半导体单晶、稀土功能材料和储氢储能材料有力保障了电子信息通信、人工智能及新型能源等新产业集群新突破。

材料微观组织形态和物相结构的新突破，离不开分析检测与表征技术。设计发明新构件和新器件，才有望开发各种物质的新性质和新效应，继而转变为新性能和新功能。这不仅达到纳米尺度、原子尺度，甚至深入基本粒子范畴。大科学装置将有力支持着材料科学向物质科学演变，从而使新物质发展成为具有应用价值的新材料。

生成式大模型等人工智能技术，将助力材料基因组新材料的逆向设计，并有望革新材料设计的新范式。绿色循环利用及新能源的可持续再生也为材料科学划定了新成长边界。材料结构与功能和性能一体化设计、材料合成制备与构件和器件一体化制造、材料服役性能与损伤失效归一化预测、材料绿色制造及全寿命等集成式研究，正在成为未来材料学科发展的趋势。

1.4 新材料发展的问题与挑战、启示与建议

当前，面临复杂国际形势，我国发展处于重要战略机遇期，世界经济重心调整、国际政治经济格局变化趋势加快，使我国新材料发展存在诸多不确定性，并带来巨大挑战，当前我

国材料科学发展存在的问题和挑战如下。

① 学科发展顶层设计和系统化布局不足，基础研究立题较为分散，缺少学科之间的交叉融合，且同多个领域的产业结合不深入，迫切需要对学科发展和产业布局进行整体的规划和顶层设计，凝聚科研力量和资源。

② 原始创新能力不足，近十年来中国材料科学领域论文数量为646182篇，排名第一，从论文总量来看，我国论文总量为美国的2.6倍，但高水平成果产出率仍旧落后于美国。自主创新能力仍显不足，跟踪模仿较多，从"0"到"1"的原创性成果不足，转化率较低。引领材料自身发展的一些标志性新材料，如半导体材料、超导体、石墨烯、锂离子电池等获得诺贝尔物理学奖或化学奖的革命性材料，均不是由我国科学家首先发现的。

③ 新材料基础研究与市场需求结合不够紧密。材料学科领域的基础研究需要应用牵引、突破瓶颈，从经济社会发展和国家安全面临的实际问题中凝练科学问题，弄通"卡脖子"技术的基础理论和技术原理。由于材料研发与应用的结合不够紧密，工程应用研究不足、数据积累缺乏，使有针对性的、面向材料实际服役环境的研究缺失，还出现了材料质量工艺不稳定、性能数据不完备、技术标准不配套、考核验证不充分等一系列问题，导致"有材不能用""有材不会用""有材不敢用"问题非常突出。

关于进一步完善材料学科发展体系的建议如下。

① 加强材料科学顶层设计，建立健全材料学科发展体系，推动多学科交叉融合。以我国基本国情、重大需求、战略目标、未来场景为导向，充分考虑国际环境、体制机制和创新能力等多方因素，进行战略研究部署，制定我国材料学科发展规划。针对材料领域出现的新理论、新方法、新技术等超前布局相关材料，设立重大科技专项，推动材料学科与其他物质科学交叉融合创新。

② 营造有利于材料领域技术创新的优渥环境。重视和鼓励原始创新和系统理论创新，以市场需求为驱动、应用为基础做好符合发展需要材料科技布局。加快布局和建设材料领域国家战略科技力量，强化高校、企业、研究院所的产学研协同创新，解决好创新、技术、产品和商品之间的匹配度问题。加快出台、实施有利于新材料领域创新和产业发展的相关法律、法规、指引、标准等，构建知识产权、标准、计量、检测等材料研发基础联动机制，加强海外知识产权、标准的保护和运营。

③ 重视新材料领域人才梯队建设。科学技术的创新关键在于人才，要加强专业、实战、复合等高质量人才队伍的培养。培养人才构建材料学科知识新体系，传播弘扬科学精神、科学思想和科学方法，加快打造成新材料领域的人才高地，深化科教融合协同育人，完善科技人才评价和激励机制，建立和完善有利于优秀拔尖人才发挥作用、有利于青年人才脱颖而出、有利于队伍创新能力提升和结构动态优化的人才制度体系。积极推动"走出去"和"引进来"的融合，积极举荐我国科学家在新材料领域的国际组织担任重要职务，增强科技合作的主导性和引领性，加快引进海外高层次人才，助力新材料领域科技创新进入全球领跑行列。

参考文献

第2章

双低氧稀土钢 ❶

李殿中　栾义坤　杨超云

2.1 双低氧稀土钢研究背景

稀土是我国的优势资源。稀土的主要产地是内蒙古包头和江西赣州，此外，福建、广东、山东等也有稀土资源。包头以镧、铈、镨、钕等轻稀土为主，赣州以中重离子型稀土为主。镧、铈等轻稀土往往是副产品，伴随矿产资源开采而来。因此，将这些轻稀土用于关键材料中，形成独有独创的核心关键技术，对于提升稀土的附加值和材料性能具有战略意义。

自20世纪50年代以来，我国几代科研工作者对稀土在钢中的添加（简称稀土钢）进行了持续研究[1-3]，结果表明，钢中添加稀土，将显著提高钢的强韧性、耐热、耐磨、抗疲劳、抗冲击等性能。北京科技大学、钢铁研究总院、东北大学、内蒙古科技大学等科研院所、高校以及包钢集团、鞍钢集团等钢铁企业，都做了大量稀土钢研发与产业化的工作。但在工业生产中，钢中添加稀土后，发现钢的性能时好时坏、性能剧烈波动，而且发生浇注水口严重堵塞现象[4-6]。这一瓶颈问题一直未能解决，导致稀土钢的研发与应用陷入低谷。到20世纪末，稀土钢的产量不足百万吨。进入21世纪以来，中国科学院金属研究所开展新一轮稀土钢的机理研究发现，产生上述问题的根源是氧含量，包括钢液中的氧含量和稀土金属中的氧含量。特别是稀土金属中的氧，一直未能发现其严重的危害性。

2.2 稀土钢研究进展与前沿动态

稀土在钢中应用的研究已有上百年的历史，始于美国。在20世纪80年代，稀土在钢中

---

❶ 本章内容引用了作者在 *Nature Materials* 2022年第10期的《Low-oxygen rare earth steels》和中国冶金2020年第6期的《稀土变质高洁净轴承钢中夹杂物的行为分析》。

应用达到高峰。美国的稀土钢年产量最高接近本国钢铁总产量的10%，年产量高达1000万吨。20世纪由于冶炼手段有限，钢的纯度不高，脱氧能力不足，主要利用稀土的脱氧、脱硫功能。后来在精炼水平提高后，美国不再采用稀土来脱氧，而是在特殊钢中利用稀土的微合金化功能，开发新钢种、提升钢的品质。同时，由于资源保护和资源节约原因，美国不再大规模发展稀土钢。同样，欧洲由于缺乏相应的稀土资源，专门设立专项，研究材料中去稀土化。欧盟各国、美国、日本等尽量摆脱对稀土的依赖，在关键材料中尽量不加稀土。例如，欧洲发展钙处理钢代替稀土钢[7]等。但是，在关键钢种中，仍然通过添加稀土来提高性能。例如，在盾构机的刀圈中，为了提高耐磨性，欧洲在钢中添加了4×10^{-2}%（质量分数）的稀土Ce，转而向中国高价出口。随着我国装备制造能力的不断提升，对特殊钢的性能需求日益提高，中国每年进口特殊钢约1000万吨，其中不乏添加了稀土元素的特殊钢。但国外对稀土在钢中应用的最新研究动态，鲜有报道。

2.3 我国在稀土钢领域的学术地位及发展动态

2.3.1 稀土在钢中的作用机制

我国自1949年以来就从事稀土在钢中的应用工作，钢铁研究总院、北京科技大学、东北大学、内蒙古科技大学、中国科学院金属研究所等高校和研究院所以及众多骨干企业都参加了研发和应用工作[8-14]。研究表明：稀土添加在钢中主要有三大关键作用，分别是深度净化钢液[15-17]、细化改性夹杂物[18-20]和强烈微合金化[21-23]。

① 深度净化钢液。微量稀土添加后，可以进一步与氧、硫结合，包括进一步还原钢液中已形成的氧化铝中的氧，形成稀土氧硫化物等。在氩气软吹过程中，部分大尺寸的稀土夹杂物上浮到渣层，被钢渣吸附，从而使钢液中的氧进一步降低。在精炼过程中，如果稀土加入前钢液中的氧含量为1×10^{-3}%（质量分数），则吨钢加入百余克微量稀土后，可以深度脱氧到5×10^{-4}%（质量分数）以内。研究表明[24-26]，稀土添加后，大尺寸夹杂物显著减少。

② 细化改性夹杂物。钢中加入微量稀土后，能够变质钢中夹杂物形成稀土夹杂物，这些稀土夹杂物多呈椭球形，且细小弥散分布。与不加稀土的钢中氧化铝和硫化锰相比，夹杂物的尺寸显著减小，如图2-1所示。由于与钢水润湿性好，稀土夹杂物不易团聚长大。此外，由于稀土夹杂物的硬度远小于氧化铝的硬度，与基体较为匹配，在外力作用下可以发生形变，减少位错塞积，不形成应力集中，不容易导致裂纹的萌生和扩展，大幅度提高钢的服役寿命。

③ 强烈微合金化。稀土添加后，少量稀土将固溶到钢中。在一般的钢种中，稀土的固溶量仅为1×10^{-3}%（质量分数）左右，但是含镍的钢中，稀土的溶解度增大。即便这样少的固溶量，也可显著提高钢的耐热、耐蚀、耐磨、抗疲劳、抗冲击等典型特性。

近年来，我国科研工作者在稀土钢基础与应用研究领域持续开展工作。李殿中研究员等[27]通过球差校正电镜，首次观察到了稀土的固溶现象，如图2-2所示。陈星秋研究员等[27]基于第一性原理计算为稀土原子取代铁原子的固溶提供了理论基础。其计算结果显示，La和Ce

第2章

图 2-1　稀土钢中典型的夹杂物尺寸与形貌

与邻近的 Fe 空位都具有很强的结合能，两种元素在 bcc-Fe 相中分别高达 $-1.56eV$ 和 $-1.84eV$。空位在能量上有利于稀土纳米团簇的形成，一个 Fe 空位的存在最多可以使 14 个稀土原子组成的局部纳米团簇趋于稳定，如图 2-3 所示。

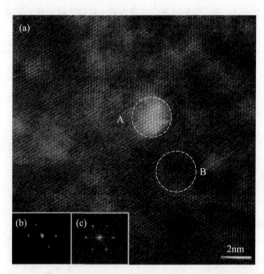

图 2-2　高分辨球差校正电镜观察到富稀土纳米团簇固溶

（a）稀土低碳钢的透射电镜高角环形暗场像：由于样品中只有稀土元素具有比铁元素更高的原子序数，图中纳米团簇的衬度差可归因于稀土原子富集；（b）图（a）中选区 A 的快速傅里叶变换结果；（c）图（a）中选区 B 的快速傅里叶变换结果

　　稀土元素净化钢液和细化改性夹杂物属于钢铁冶金领域共性作用，可通过成分检测和夹杂物表征分析得到。而稀土元素的微合金化作用表现形式繁多，对于不同钢种和工艺亦有所差异。已有大量研究表明[28-30]，稀土能影响钢中碳的扩散，但研究结果仍存在较大的争议。大多数学者认为，稀土添加能促进钢中碳的扩散，如 Wang[31] 等研究了稀土元素对 20CrMo 钢渗碳过程的影响，发现添加稀土可以提高渗碳效率，节约渗碳时间达 30% 以上。而包括作者团队在内的研究表明[32]，稀土微合金化显著降低了低碳钢的铁素体和贝氏体相变点，通过理论计算和碳扩散实验也发现，固溶稀土除偏聚晶界降低界面能外，它对碳扩散具有强烈的抑制作用（图 2-4）。

双低氧稀土钢

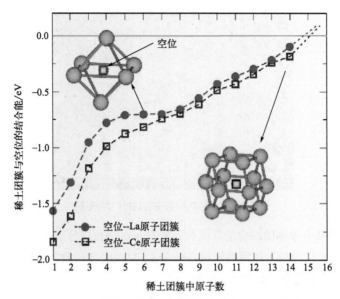

图 2-3　理论模拟钢基体中具有单一空位的稀土纳米团簇

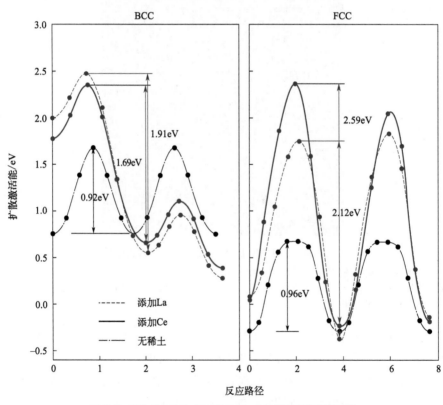

图 2-4　碳在 BCC-Fe 和 FCC-Fe 中扩散过程的能量变化

　　稀土起到微合金化的另外一个突出案例是耐热钢，在耐热钢中添加 100×10^{-6} 量级的微量稀土，可以显著提高组织的高温稳定性。作者团队提出 C、N、RE 共合金化理念，开发了新的钢种。其中除发挥共合金化的作用外，还部分以 Mn 代 Ni，成功将 Cr25Ni20 钢中的 Ni 含量由 20% 降低到 2% 左右，降低了一个数量级，大幅度降低了合金含量和制造成本，为钢铁材料的素化提供了典型范例。

2.3.2 氧对稀土钢的影响机制

自 20 世纪 50 年代开展稀土钢的工程应用以来，钢铁企业发现稀土钢的力学性能很不稳定，时好时坏。此外，稀土钢在浇注过程中存在严重的水口结瘤现象。这两个问题成为稀土钢产业化的瓶颈。这种情况也影响了稀土钢研发的积极性。目前中国年钢产量高达 10 亿吨，但稀土钢产量不足 100 万吨，仅占钢铁总产量的千分之一。

在持续十余年的稀土钢攻关中，作者团队发现氧是问题的根源。当氧含量较高时，一是使氧与稀土反应，形成高密度、高熔点的稀土氧化物，堵塞水口；二是高氧含量导致钢中残留大量尺寸粗大的稀土夹杂物，造成稀土钢性能剧烈波动。近年来，随着钢铁行业的技术进步和冶炼水平的提高，钢液中的氧含量逐步降低。当钢液中的氧含量降低到 $2 \times 10^{-3}\%$（质量分数）以下时，作者团队的大量研究和实践证明，稀土添加后工艺顺行，不再堵水口。前期采用 50t 钢包，进行精炼和浇注的工业化试验，发现当钢液中氧含量不超过 $3 \times 10^{-3}\%$（质量分数）时，钢液浇注过程基本顺利，但后期有轻微堵塞现象；当钢液中氧含量上升到 $5 \times 10^{-3}\%$（质量分数）时，开始浇注几吨钢液后，钢包浇口完全堵塞，浇注无法继续。根据工业化试验结果，将稀土添加前的钢液中氧含量控制到 $2 \times 10^{-3}\%$（质量分数）以下，是稀土钢稳定生产的前提。因此，20 世纪稀土无法在钢中添加，主要是钢液的洁净度不足，导致实验室的结果无法在工业界再现。随着钢铁行业的技术进步，氧、硫等杂质元素和气体元素的控制水平大幅度提高，客观上，具备在钢中加入稀土的条件。而且研究的重点不再是利用稀土来脱氧，而是深度脱氧、改性夹杂物和强烈微合金化。然而遗憾的是，在实验室和工业化大量试验中，采用普通商业稀土丝线、商业稀土镧、铈，相对纯度为 99% 或者 99.9%，在低氧钢中加入稀土，稀土钢的性能虽有好转，但仍然波动。即便进一步降低钢中的氧含量到 $1 \times 10^{-3}\%$（质量分数）以下，稀土添加后钢的性能仍然波动。

与此同时，在钢中观测到一些外来的大型稀土氧化物夹杂。通过进一步追踪实验，发现这些夹杂的源头是向钢中添加的稀土金属原料。作者团队仔细研究了购买的商业稀土，并到包头、赣州等稀土产地，深入稀土生产现场，了解稀土的制备过程，明确了通常商业稀土金属中全氧含量（T[O]$_r$）可达几百甚至 1000×10^{-6} 以上，这些氧将以稀土氧化物的形式存在于稀土中。图 2-5 显示出不同氧含量的 La、Ce 混合稀土中夹杂物尺寸分析结果。事实上，稀土金属中的氧含量难以得到行业专家关注的主要原因是稀土的添加量远小于钢液的总重量，即添加后仅会使钢中的全氧含量增加约 0.1×10^{-6}，可以忽略不计。然而，正是由于稀土金属中的氧化物密度大、尺寸大、与钢液密度相近（稀土氧化物 La_2O_3 的密度为 $6.5g/cm^3$，$1600℃$ 时钢液的密度约为 $7.0g/cm^3$，两者十分接近）的特性，使其易于残留在钢中并引发了钢的性能恶化。至此，终于发现了稀土钢性能波动的根源，就是氧的问题，特别是稀土金属中的氧，其有害作用从未被发现，但影响重大。接下来，作者团队着手研究钢液中和稀土金属中的控氧技术，称之为"双低氧"技术。

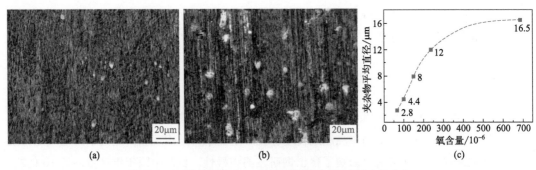

图 2-5　不同氧含量的 La、Ce 混合稀土金属中的夹杂物分布

（a）T[O]$_r$=60×10^{-6}；（b）T[O]$_r$=270×10^{-6}；（c）稀土氧化物夹杂的平均尺寸随混合稀土金属中 T[O]$_r$ 的变化规律

2.3.3　低氧稀土金属

稀土金属中氧含量与稀土氧化物尺寸和含量密切相关，高氧含量稀土金属添加到钢液中会引入外来大型夹杂物，恶化材料性能，使稀土钢出现性能波动。因此，控制稀土金属中氧含量是保障其正面作用，解决稀土钢工业生产技术瓶颈的关键所在。

研究发现[33-35]，以前工业界采用喂丝、喂线添加稀土的工艺本质上是可行的，但因为制备丝线的过程很难控制氧含量不增加，导致丝线稀土中的氧含量甚至可达到1×10^{-1}%（质量分数），其中数量多、尺寸大的氧化物进入到钢水中难以去除。此外，现有的稀土金属的生产工艺过程亦可造成稀土金属中氧含量居高不下，究其原因主要有两点：①国内稀土企业均采用氟盐体系电解氧化物制备镧、铈等轻稀土金属，其所用电解槽结构如图 2-6 所示。由于稀土氧化物在氟盐中的溶解度较低[36-39]，电解过程中稀土氧化物人工加入过程不连续、不均匀，使稀土氧化物沉积在电解槽底部，造成底部液态稀土金属氧含量增高。②稀土金属出炉主要采用人工舀出的方式，出炉过程均在大气环境下进行，而液态稀土金属极易与大气中的氧反应，造成稀土金属中氧含量升高。目前，国内商业稀土熔盐电解生产线仍处于"作坊式"水平，如图 2-7 所示，生产线自动化程度极低，操作环境恶劣，工人劳动强度大，对熟练工

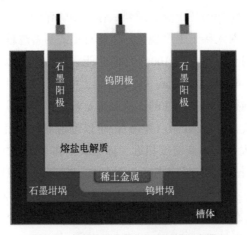

图 2-6　氟盐体系中氧化物电解槽示意图

人的依赖程度较高，此亦不利于稀土金属的质量稳定[40]。

(a)   (b)

图 2-7　商业稀土的熔盐电解生产线

（a）电解线；（b）表面缺乏有效保护的电解过程

　　基于商业稀土熔盐电解生产现状，作者团队改进了稀土电解槽结构并系统控制了流程中可能的增氧环节，其中最为关键的步骤是保持过程中惰性气体的充分保护，以防止混合稀土金属和氧气发生剧烈反应。实验首先对稀土氧化物原料进行干燥处理，然后在惰性气体的保护下电解制备。这种方法可以有效预防精炼浇注过程中混合稀土金属的二次氧化。精炼后的熔融稀土先快速倒入干燥的铁制模具中并凝固成块，再对块体表面进行抛光。通过以上方式生产了 $T[O]_r < 60 \times 10^{-6}$ 的高纯度 La、Ce 混合稀土金属。实验数据表明，该方法生产的混合稀土金属中夹杂物直径一般都小于 3μm。而传统的电解方法中，电解和浇注过程并没有充分得到惰性气体保护，稀土金属熔体很容易暴露在空气中，从而生成大量难以去除的稀土氧化物。此外，研究发现当 $T[O]_r$ 从 270×10^{-6} 降低到 60×10^{-6} 时，混合稀土金属中直径超过 10μm 的稀土氧化物夹杂几乎完全消失。立足于改进工艺操作以及对稀土金属制备领域的牵引，作者团队建设了一条高纯稀土金属熔盐电解制备自动化示范线（图 2-8），并扩展形成了稀土金属熔盐电解全流程控氧制备技术，包括熔盐电解制备过程、稀土金属浇注成型过程与稀土金属储存、运输、使用过程等，实现了全流程氧含量的控制[41]与低氧稀土金属批量化制备[42]，如图 2-9 所示。

图 2-8　高纯稀土金属的熔盐电解示范线

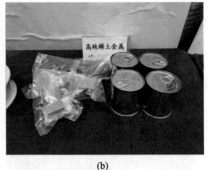

图2-9　自主研制的高纯稀土金属
（a）自研技术电解的洁净稀土金属；（b）稀土在惰性气体中封装

2.3.4 ／低氧洁净钢

稀土素有"工业维生素"的美誉，其在钢中微量添加便可极大提升钢材质量。然而，稀土作用的有效发挥离不开高洁净度钢液的基础性支撑，稀土处理前钢液质量水平，尤其是氧含量，对于稀土处理效果影响显著。为此，作者团队在稀土钢研发过程中，无论是高炉-转炉-连铸长流程炼钢，还是电弧炉-精炼短流程炼钢，抑或是真空感应、电渣重熔或真空自耗等特殊冶炼流程，在加稀土前、加稀土过程中以及加稀土后的浇注工序实施环节，均需要进行低氧控制，实现全流程控氧。

作者团队前期研究及工业实践结果表明，针对GCr15轴承钢，采用全流程控氧技术可以将钢中全氧含量稳定控制在$3 \times 10^{-4}\%$（质量分数）以内，最低的氧含量达到$1.7 \times 10^{-4}\%$（质量分数），如此低的氧含量只能采用辉光放电质谱（Glow Discharge Mass Spectrometry，GDMS）法进行检测。

浇注过程控氧，通常包括连铸过程中间包保护、模铸过程全惰性气体保护等。模铸过程进行保护控制，可以做到不增氧或者只增加不超过$5 \times 10^{-5}\%$（质量分数）的氧。为解决大型钢锭浇注过程极易造成吸气、冲刷、卷渣、二次氧化严重和夹杂物超标等问题，作者团队设计了平稳充型浇注系统和自动浇钢车[43]，通过浇钢车上下升降、左右平移与前后走行等钢包水口调节技术，与钢锭浇注坑工位深度、中注管高度、氩气保护套管等工艺相结合，将高纯惰性气体切入氩气保护罩包裹的高温钢液，形成局部正压空间，使高温钢液完全与大气隔绝，实现了钢锭的全气密惰性气体保护浇注。采用全气密保护控氧浇注系统与浇钢车，全氧含量稳定控制在不超过$1.2 \times 10^{-3}\%$（质量分数），其中轴承钢、轧辊钢等高碳合金钢品种，可达到$5 \times 10^{-4}\%$（质量分数），如图2-10所示。

2.3.5 ／双低氧稀土钢

立足于稀土金属和钢液的"双低氧"技术，在首先确保加入稀土前钢液的$T[O]_s < 20 \times 10^{-6}$时，控制加入混合稀土金属的$T[O] < 60 \times 10^{-6}[La+Ce \geqslant 99\%$（质量分数），$Ce/La \approx 2]$，在实验和工业实践中制备稀土钢，并探寻钢中稀土元素与氧之间的关系。双低氧技术具有双

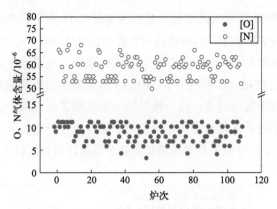

图 2-10 大型钢锭内部的全氧含量和氮含量分布

重优势：首先，该技术消除了稀土钢的性能波动，使稀土钢的性能稳定提升；其次，这项技术能有效避免浇注过程中水口结瘤的问题。实验中通过控制 $T[O]_s$ 和 $T[O]_r$ 的数值来控制钢液的净化程度，当两者足够低时，钢中大尺寸夹杂物的数量得以有效减少，且剩余的夹杂物基本被稀土改性。

（1）双低氧稀土钢实验研究　稀土元素化学性质活泼，在钢中主要以化合态形式存在于夹杂物或第二相中，稀土处理将影响与夹杂物或第二相关的材料性能，如高强钢的疲劳性能等[44-46]。因此，研究稀土处理对夹杂物和疲劳性能的影响，有利于深入理解稀土在钢中的作用机制和双低氧稀土钢的优势。

①双低氧稀土轴承钢的疲劳性能。在相同冶炼条件下实验制备三组 50kg 级的铸态 GCr15 轴承钢样品，分别为不添加稀土的低氧 GCr15 轴承钢，称为 0RE-GCr15 钢；添加商业稀土的低氧 GCr15 轴承钢，称为商业 RE-GCr15 钢；以及添加纯净稀土的低氧 GCr15 轴承钢，称为纯净 RE-GCr15 钢。通过冶炼工艺精准地控制钢中的 $T[O]_s$，在添加商业/纯净稀土后，商业 RE-GCr15 钢中全氧含量由 5×10^{-6} 降低到 3×10^{-6}；纯净 RE-GCr15 钢中全氧含量由 6×10^{-6} 降低到 4×10^{-6}；对于 0RE-GCr15 钢，实验延长了浇注前的精炼时间，从而将氧含量降低到 3×10^{-6}（三组 GCr15 轴承钢的化学成分见表 2-1）。此外，完成熔炼后将这三组钢在相同的真空条件下浇注，由于熔炼室与浇注室之间的真空度相同，且浇注过程很短，结合实验结果不难判断，浇注过程中钢液未发生氧化。

表 2-1　在相同的真空熔化和铸造条件下，未添加稀土、添加商业稀土和添加纯净稀土的 GCr15 轴承钢的成分（质量分数），采用电感耦合等离子体原子发射光谱仪测定最后一道工序中除 O、H、N 外的所有元素的含量，采用氧氮氢分析仪分析 O、H、N 的含量

单位：%

成分	C	Mn	Si	S	Ca	Cr	Al	Ti	T[O]	N
0RE-GCr15	0.99	0.31	0.38	< 0.001	< 0.001	1.50	0.031	0.0008	3	10
商业 RE-GCr15	1.01	0.33	0.30	0.001	< 0.001	1.46	0.033	0.0008	3	9
纯净 RE-GCr15	0.99	0.33	0.29	< 0.001	< 0.001	1.47	0.028	0.0006	4	12

* 此处 T[O] 和 N 的单位为 10^{-6}。

三组 GCr15 轴承钢的疲劳性能测试分析结果如图 2-11 所示。在相同的氧含量（$T[O]_s$=3×10^{-6}）条件下，商业 RE-GCr15 轴承钢疲劳性能的波动比 0RE-GCr15 钢更大。这表明混合稀土金属中的稀土氧化物对材料的疲劳寿命有着直接影响。而通过净化技术降低了混合稀土金属原料中的稀土氧化物后，尽管纯净 RE-GCr15 轴承钢中的氧含量略高（$T[O]_s$=4×10^{-6}），但该钢的疲劳寿命仍高于其他两者。这一结果进一步证明了混合稀土金属原料中存在的大尺寸稀土氧化物夹杂对钢的基体是有害的，也证明了经过改性得到的稀土氧化物夹杂不同于传统的 Al_2O_3 夹杂，这类小尺寸夹杂物对轴承钢的疲劳寿命没有负面影响。

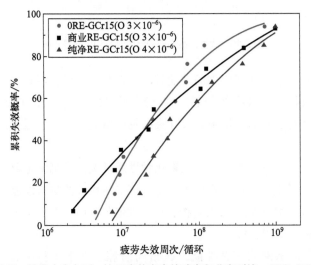

图 2-11　在 ±800MPa 的最大应力下，拉压疲劳寿命的威布尔分布对比。0RE-GCr15 轴承钢（$T[O]_s$=3×10^{-6}），商业 RE-GCr15 轴承钢（$T[O]_s$=3×10^{-6}），纯净 RE-GCr15 轴承钢（$T[O]_s$=4×10^{-6}），两种稀土钢均添加了 150×10^{-6} 稀土

表 2-2 中补充了两种稀土原料中的 $T[O]_r$。在混合稀土原料中，这些氧主要存在于稀土氧化物中。在混合稀土金属中，随着 $T[O]_r$ 的增加，稀土氧化物的尺寸增大，导致在 $T[O]_s$ 均为 3×10^{-6} 的情况下，商业 RE-GCr15 轴承钢的疲劳寿命相比于 0RE-GCr15 轴承钢有更大的波动。添加纯净的混合稀土金属可以降低稀土氧化物夹杂的数量和尺寸。与另外两种钢相比，纯净 RE-GCr15 轴承钢的疲劳寿命得到显著提高。这组实验进一步证实了外来的大尺寸稀土夹杂物对材料性能的负面影响。

表 2-2　实验中选用的商业稀土丝与纯净混合稀土中氧含量的 GDMS 分析结果

稀土原材料	全氧含量 /10^{-6}
商业稀土丝	270
纯净混合稀土	60

② 稀土对轴承钢中夹杂物的影响。作者团队在实验室条件下冶炼制备了不同稀土含量的 GCr15 高碳铬轴承钢，对稀土改性夹杂物进行了系统研究。实验用钢化学成分分析结果见表 2-3。从 O 和 S 元素含量看，稀土处理具有净化钢液的效果。

表 2-3　不同稀土含量高碳铬轴承钢化学成分分析结果（质量分数）　　单位：%

No.	C	Cr	Si	Mn	S	O	As	P	Al	RE
H1	1.00	1.57	0.26	0.40	0.0050	0.0007	0.005	0.006	0.015	0
H2	1.04	1.49	0.26	0.39	0.0033	0.0006	0.004	0.004	0.030	0.0054
H3	1.04	1.55	0.26	0.40	0.0020	0.0005	0.005	0.006	0.018	0.0175

在无稀土处理时，图 2-12 显示的 H1 钢中的夹杂物主要为 Al_2O_3 和 MnS 夹杂物。此时，高 S 含量导致变形后大尺寸长条状 MnS 的形成，而 Al_2O_3 夹杂物尺寸较小，其可呈颗粒状和矩形条片状两种形态，且可与 MnS 以复合夹杂物形式存在。

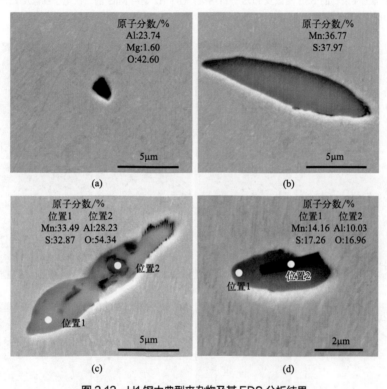

图 2-12　H1 钢中典型夹杂物及其 EDS 分析结果

（a）单独存在的氧化物；（b）单独存在的 MnS；（c）、（d）Al_2O_3 和 MnS 的复合夹杂物

微量稀土处理后，5.4×10^{-3}%（质量分数）稀土含量的 H2 钢中形成稀土硫化物。然而，较低的稀土含量不能完全改性钢中的夹杂物，H2 钢中仍存在未改性的 MnS 夹杂物，且稀土硫化物主要是 RE_3S_4，如图 2-13 所示。图 2-14 基于复合夹杂物中含稀土夹杂物的能谱面扫描结果对比显示出稀土变质 MnS 夹杂物的两种形式，即完全置换锰元素形成 RE_3S_4 和部分置换锰元素形成 $RE_3S_4 \cdot yMnS$（$y < 1$）复杂夹杂物，同时复合夹杂物存在未变质的 Al_2O_3 夹杂物。

当稀土含量增至 1.75×10^{-2}%（质量分数），高碳铬轴承钢中的 Al_2O_3 和 MnS 夹杂物被完全变质，且不同于 H2 钢中的 RE_3S_4 夹杂物，H3 钢中稀土硫化物为 RES 夹杂物，如图 2-15（a）

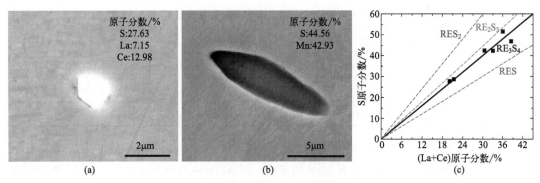

图 2-13　H2 钢中典型夹杂物及其 EDS 分析结果

（a）H2 钢中稀土夹杂物的 BSE 图像及 EDS 分析结果；（b）H2 钢中 MnS 的二次电子图像及 EDS 分析结果；
（c）稀土硫化物的原子数比

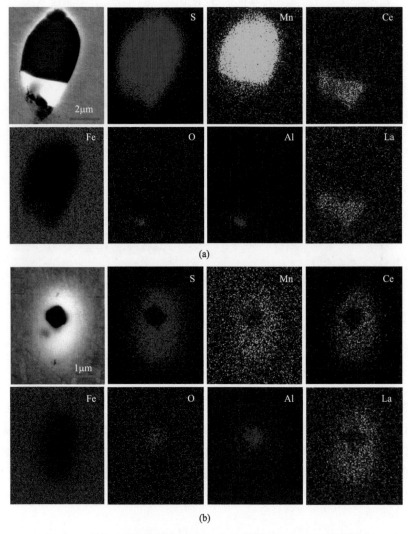

图 2-14　H2 钢中的典型复合夹杂物的 BSE 图像及其 EDS 面分析结果。

（a）RE_3S_4、MnS 和 Al_2O_3 组成的复合夹杂物；（b）$RE_3S_4 \cdot y$MnS 和 Al_2O_3 组成的复合夹杂物

和（d）所示。图 2-15（b）和（c）显示出 H3 钢中存在 RE$_2$O$_3$ 和 RE$_2$O$_2$S 夹杂物。此外，除与 O 和 S 元素结合外，H3 钢中富余的稀土元素还可与有害的 As 和 P 元素反应形成稀土夹杂物，包括 RE-S-As 和 RE-As-P 夹杂物以及 RE-O-As 和 RE-O-As-P 夹杂物，如图 2-16 所示。

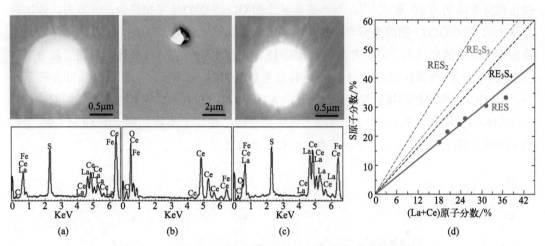

图 2-15 H3 钢中的典型夹杂物的 SEM 图像及其 EDS 分析结果

（a）稀土硫化物的 SEM 图像和 EDS 分析结果；（b）RE$_2$O$_3$ 的 SEM 图像和 EDS 分析结果；（c）RE$_2$O$_2$S 的 SEM 图像和 EDS 分析结果；（d）稀土硫化物的原子数比

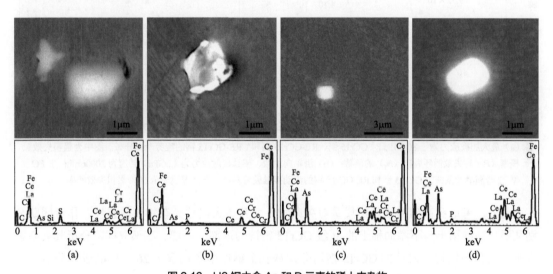

图 2-16 H3 钢中含 As 和 P 元素的稀土夹杂物

（a）RE-S-As 夹杂物；（b）RE-As-P 夹杂物；（c）RE-O-As 夹杂物；（d）RE-O-As-P 夹杂物

（2）双低氧稀土钢工业生产 利用"双低氧"稀土钢技术，工业制备稀土钢只需在钢液精炼过程加入微量稀土，操作方法简单，不改变工艺流程。吨钢只需要添加几百克的 La、Ce 轻稀土，稀土钢的性能就会明显改善。

① 双低氧稀土轴承钢的质量。图 2-17 所示为不添加稀土、添加商业稀土和高纯稀土的工业 GCr15 轴承钢疲劳性能测试分析结果。显然，高纯稀土处理后 GCr15 轴承钢的疲劳寿命显著提升，RE-GCr15 稀土钢表现出比不添加稀土的 GCr15 钢和添加商业稀土的 CRE-GCr15

钢更为优异的疲劳性能。在最大加载应力为 ±800MPa，拉压循环载荷频率为 20kHz 的条件下，RE-GCr15 稀土钢的疲劳寿命可达到 $4.1×10^8$ 周次，是不添加稀土的 GCr15 钢的 40 倍以上 [图 2-17（a）]。在此前的研究报道中，相同条件下（±800MPa 与 20kHz）GCr15 钢的拉压疲劳寿命约为 10^7 周次[47]，与不添加稀土的 GCr15 钢的结果相符合。一方面，添加商业稀土的 CRE-GCr15 钢的疲劳寿命整体略高于未添加稀土的 GCr15 钢，但该组样品之间的疲劳寿命值离散度较大。另一方面，RE-GCr15 钢的滚动接触疲劳寿命同样得到了显著提高 [图 2-17（b）]。当轴向载荷 F_a=8.82kN，赫兹接触应力为 4.2GPa，转速为 2000r/min 的条件下，RE-GCr15 钢的滚动接触疲劳寿命为 $3.01×10^7$ 周次，比不添加稀土的 GCr15 钢的疲劳寿命（$2.16×10^7$ 周次）高出 40% 左右。上述结果表明，相比于不添加稀土的 GCr15 钢，RE-GCr15 稀土钢在两种加载条件下疲劳寿命均有一定的提高。

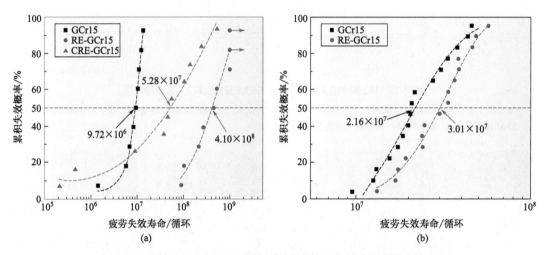

图 2-17　添加稀土对 GCr15 轴承钢的拉压疲劳和滚动接触疲劳性能的改善

（a）最大加载应力为 ±800MPa 时 GCr15 钢、RE-GCr15 钢和 CRE-GCr15 钢的疲劳寿命分布，图中为累积失效概率（P）与失效循环周次（N_f）的函数；（b）沿轴向加载、赫兹接触应力为 4.2GPa、转速为 2000r/min、L-FC 型 32 号润滑油系统中 GCr15 钢和 RE-GCr15 钢的滚动接触疲劳寿命分布，虚线表示 50% 累积失效概率

　　此外，考虑到高碳铬轴承钢质量对夹杂物，尤其是大尺寸夹杂物的敏感性，作者团队分别从添加高纯稀土与不添加稀土的 3t 级 GCr15 钢锭的顶部、中部、底部取样，分析其夹杂物水平。两种不同稀土成分的 GCr15 钢均分别从 9 个钢锭中各选取了 26 个样品进行分析。样品使用 ASPEX Explorer 扫描电子显微镜（FEI）进行检测，其中同一铸锭不同区域的扫描结果相似，如图 2-18 所示。通过统计结果分析发现，稀土金属的添加可消除钢中 50% 以上的大型夹杂物（> 5μm），显著改善高碳铬轴承钢的冶金质量。

　　② 双低氧稀土轴承钢疲劳性能改善机制。轴承钢的疲劳失效主要起源于夹杂物，钢中大尺寸夹杂物严重恶化轴承钢的疲劳性能。为了直观对比三种材料中夹杂物，实验通过电解质溶液电解得到了夹杂物的三维形貌。在未添加稀土的 GCr15 钢中（图 2-19）会出现传统的硬脆 Al_2O_3 夹杂物与长条状的 MnS 夹杂物（> 30μm），甚至可以观察到长度大于 50μm 的长条状 MnS 夹杂。同时样品也观测到了少量方形 TiN 夹杂。

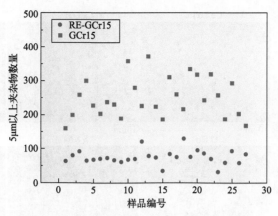

图 2-18　稀土添加后对大尺寸夹杂物的细化作用

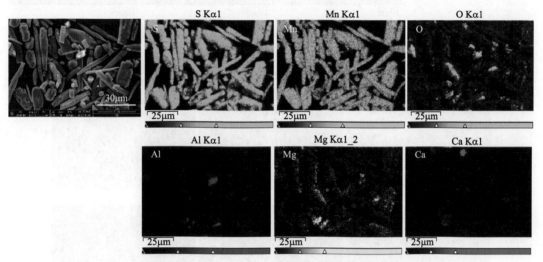

图 2-19　未添加稀土的 GCr15 钢中提取的夹杂物及 EDS 图谱

　　在加入稀土的 GCr15 钢中，夹杂物组成不再以传统 Al_2O_3 和 MnS 为主。若添加高含氧量的商业稀土，基体内会形成大量大尺寸的方形或三角形稀土夹杂物。EDS 图谱分析结果（图 2-20）显示，大多数夹杂物为稀土氧化物，仅有少数稀土氧硫化物和稀土硫化物夹杂。其中稀土氧化物夹杂的尺寸看起来均小于 10μm。但事实上，这主要是因为电解过程中大尺寸稀土氧化物夹杂失去基体的支撑，由单一大颗粒破碎成多个小颗粒所导致的。

　　图 2-21 显示了电解前 CRE-GCr15 钢中夹杂物的二维 SEM 图像，这表明部分稀土氧化物夹杂的尺寸可达 100μm 以上。由图 2-17（a）中数据可以看出，一旦此类夹杂物残留在钢中，材料的疲劳寿命将严重恶化。

　　与未添加稀土的 GCr15 钢和商业稀土处理的 CRE-GCr15 钢相比，添加高纯稀土的 RE-GCr15 钢中，传统的夹杂物类型显著减少，取而代之的是弥散、小尺寸的球形稀土氧硫化物与稀土硫化物夹杂，这些夹杂物的尺寸均小于 5μm（图 2-22）。透射电子显微镜（TEM）结果表明，这些稀土氧硫化物大多数是 RE_2O_2S，此类夹杂物与材料基体的边界处结合较好。此外，EDS 图谱显示，除稀土夹杂物外，仅有少数 Al_2O_3 和 MgS 夹杂物的存在。

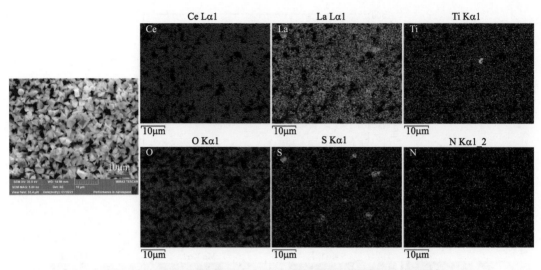

图 2-20 添加商业稀土的 CRE-GCr15 钢中提取的夹杂物及 EDS 图谱

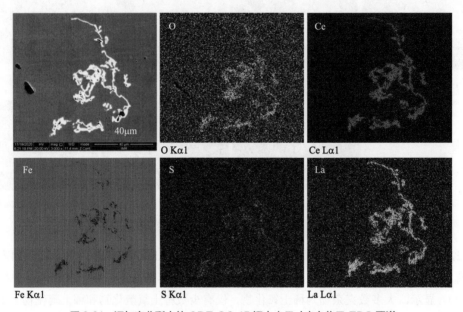

图 2-21 添加商业稀土的 CRE-GCr15 钢中大尺寸夹杂物及 EDS 图谱

对于夹杂物发生的关键性转变可归结于以下三点：第一，稀土与氧和硫的亲和力强，这使稀土氧硫化物和稀土硫化物能够快速形核，形成小尺寸的夹杂物，大部分 Al_2O_3 也会被改性为稀土氧硫化物；第二，经 RH 精炼处理后，混合稀土金属加入钢液后会采用软吹氩气的方式，由气体带动部分稀土氧硫化物和稀土硫化物从钢液中分离、上浮，从而减少了夹杂物的数量；第三，当钢液中溶解氧含量较低时，由于稀土氧硫化物与钢液间良好的润湿性，稀土夹杂将难以聚集长大[48]。

除在夹杂物的尺寸、数量和形态上的优势外，在力学性能方面，改性后的夹杂物也比传统夹杂物更适合钢基体。第一性原理计算表明，RE_2O_2S 夹杂物的弹性模量、杨氏模量、剪切模量和硬度均远低于传统 Al_2O_3 夹杂，纳米压痕实验也证实了这一结论。图 2-23 中显示出复

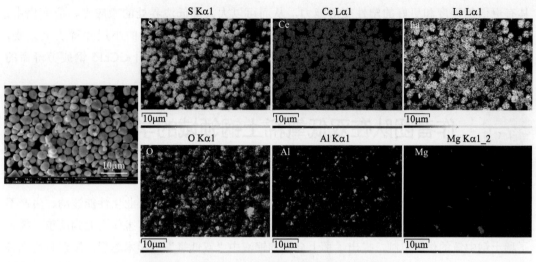

图 2-22　RE-GCr15 钢中提取的夹杂物及 EDS 图谱

合夹杂物在施加拉压循环载荷后内部和毗邻基体的微观结构形貌。稀土氧硫化物内部出现了大量位错［图 2-23（b）］，这表明稀土氧硫化物内部发生了塑性变形，缓解了周围基体的微应力、应变集中。因此，基体中靠近稀土氧硫化物和稀土硫化物的边界保持完整，板条之间的边界仍保持清晰，如图 2-23（a）中的红色箭头所示。相比之下，靠近 Al_2O_3 夹杂物附近基体中板条遭到破坏，两者的边界消失。此外，在图 2-23（a）中观察到具有不同衍射衬度的区域（箭头所示），反映出局部晶体取向的差异[49, 50]。

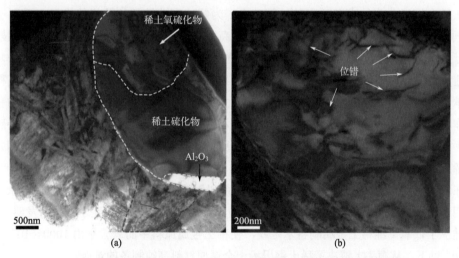

图 2-23　复合夹杂物在施加拉压循环载荷后内部和毗邻基体的微观结构形貌

（a）疲劳测试后夹杂物及其毗邻基体的形态；（b）稀土夹杂物中的位错积累。平行的红色箭头表示马氏体板条基体的边界，白色虚线表示不同夹杂物之间的边界和夹杂物与基体之间的边界，红色的虚线画出了在 Al_2O_3 附近受应力集中影响的区域

　　在疲劳试验中，拉压载荷引起位错移动，使板条边界处的位错相互作用，最终改变了板条边界的形态[51]。比较两者结果可以看出，相比于传统 Al_2O_3 夹杂物，稀土氧硫化物

具有更低的硬度和更好的塑性变形能力，从而可以大大降低边界处的微应力、应变集中，并进一步减少了裂纹萌生和材料断裂的可能性。因此，形貌规则的小尺寸稀土夹杂物，在疲劳加载下具备良好的协调变形能力，两者结合揭示了稀土提升 GCr15 钢疲劳寿命的机理。

2.4 作者团队在双低氧稀土钢领域的学术思想和主要研究成果

作者团队通过十余年的机理研究与工程实践，发现导致稀土钢工业化性能波动、生产不顺行两个瓶颈问题的根源主要是氧，特别是所添加稀土金属中氧的有害作用尤为严重。揭示了稀土钢中氧的作用机制，提出了稀土金属和钢液中"双低氧"的学术思想，发现只有当稀土金属和钢液中均为低氧含量时，所添加的稀土金属才能真正起到改性夹杂物、深度净化钢液和强烈微合金化的作用，显著提升特殊钢的性能。作者团队自主开发了低氧稀土金属的制备技术与装备，突破了稀土特殊钢的技术瓶颈，实现了稀土特殊钢的稳定生产。工业应用结果表明，加入微量镧、铈稀土的 GCr15 轴承钢的疲劳寿命大幅度提升，其中，拉压疲劳寿命提高了 40 余倍。相关研究以 Low-oxygen rare earth steels 为题发表在 Nature Materials 上，编辑同期撰写了 Striving for green steel 的评论文章，认为该成果的应用将提高钢的服役寿命，减少资源和能源消耗，从而推动绿色钢铁产业的发展。近期研究还发现，低氧稀土的添加还可显著降低钢的全域偏析。

在稀土钢工业化技术瓶颈突破的基础上，为解决高端轴承长期依赖进口、受制于人的"卡脖子"问题，作者团队承担了中国科学院"高端轴承自主可控制造"战略性先导科技专项，带领行业 40 余家单位，从材料源头出发，贯通技术链，打造创新链，对接产业链，成功研制出低速大型重载盾构机主轴承、高温高速高可靠性航空发动机主轴承和高速高精密高档机床主轴承，并实现装机应用。三类典型轴承的自主化制造和进口替代，实现了稀土钢的稳定应用。作者团队认为，稀土与特殊钢结合，是在不改变钢铁流程的前提下，提升我国特殊钢质量水平最经济有效的途径，是钢铁领域由大到强的一条特色技术路线。同时，稀土钢采用镧铈轻稀土，对平衡稀土资源利用大有裨益。

在双低氧稀土钢领域，作者团队取得了一系列创新成果，申请中国发明专利 20 余项，国际发明专利 2 项，牵头制定了《稀土钢》冶金行业系列标准，并获得辽宁省技术发明一等奖。同时建立了低氧高纯稀土金属制备示范线，使稀土金属原料中的氧含量由 1000×10^{-6} 控制到 50×10^{-6} 以下，从源头上解决了稀土钢用稀土金属原材料高纯制备的难题。

2.5 稀土钢发展重点

稀土在钢中应用是提升钢铁洁净度，实现性能跨越式提升的经济有效手段，目前在轴承钢中已见显著成效，并在基础零部件国产化制造中发挥作用，因此需要由点及面，在不同品种钢中推广双低氧稀土钢共性关键技术。从稀土资源战略角度出发，稀土资源定位高值利用，拓展应用出口，钢铁大体量材料必将为稀土金属的应用创造更宽广的舞台，也对冶金领域用高纯稀土金属的制备提出了新要求；从特殊钢质量升级角度出发，目前钢铁制造装备已经武装到牙齿，流程工艺挖潜已经到深水区，借助稀土的杠杆作用，使特殊钢深度净化、微合金化，实现钢铁质量的跨越式提升，对推动不同特殊钢品种由依赖进口，到摆脱进口，再到对外出口具有积极的促进作用。基于此，稀土钢的发展重点主要有三个方面。

① 通过项目牵引，促进产学研用密切合作，深化稀土钢的机理研究，完善稀土制备和添加技术研究，在更多的钢种中进行示范应用；并在化合态稀土充分研究和发挥作用的基础上，表征固溶稀土及其作用，澄清固溶稀土的作用机制及其对特殊钢性能的影响规律。

② 通过产业牵引，继续系统化制订稀土在钢中应用的行业标准和国家标准，以现在的轴承钢逐渐向模具钢、齿轮钢、弹簧钢、不锈钢、高强钢、汽车用钢、管线钢、桥梁钢、耐磨钢、耐热钢、耐蚀钢等品种钢进行拓展，实现各系列稀土钢的工艺研发、技术突破与质量提升，推动我国稀土钢品牌建立。

③ 建议通过工业和信息化部等部委牵引，以优特钢企业为主体，融合科研院所与高校，组成稀土钢产业合作联盟。选择典型钢种、典型生产线，进行稀土钢应用示范，以实现稀土钢的规模化、品种化和标准化生产，从而使中国的稀土钢在国际上形成影响力，提高中国钢铁产品的国际竞争力。

2.6 稀土钢展望与未来

双低氧稀土钢的学术思想已被学界和产业界接受，宝武集团、鞍钢集团、河钢集团、山钢集团、包钢集团、中信泰富、抚顺特钢、北满特钢等钢铁领域核心企业均在进行稀土钢工业化的尝试与实践，稀土钢覆盖的品种钢类别不断增加。产业的带动，标志性成果的公开也触发了科研院所、高等院校对稀土钢的新一轮研究热潮。稀土钢的应用领域不断拓展，工程建筑、汽车制造、能源化工、海洋工程与装备制造等领域均对稀土钢的应用持开放态度，且已经进行了有益的尝试。

因此，可以预见，稀土钢具有广阔的发展前景。通过行业、企业和科研领域的共同协作，在未来五到十年，中国稀土钢的产量有望覆盖到千万吨级，涌现出一系列稀土钢优势产品，推动中国钢铁行业由大到强。

参考文献

 作者简介

李殿中，中国科学院院士，中国科学院金属研究所研究员，中国稀土学会常务理事，国家高档机床与基础装备制造总体组专家，国家重点研发计划变革性技术专项、中国科学院 C 类战略性先导科技专项负责人。长期从事高端装备用金属结构材料及加工技术研究，获得国家科技进步二等奖、中国科学院杰出科技成就奖（突出贡献者）、何梁何利科学与技术创新奖、首届全国创新争先奖等。荣获 2021 年全国优秀共产党员荣誉称号。在 *Nature Materials* 等期刊上发表主要论文 100 余篇，获授权发明专利 70 余项，国际专利 4 项，撰写论著一部，译著一部。

栾义坤，中国科学院金属研究所研究员，博士生导师。中国稀土学会稀土在钢中应用专业委员会委员，中国科学院青年创新促进会优秀会员，入选辽宁省"百千万人才工程"，沈阳市领军人才、优秀科技工作者。长期从事稀土特殊钢与核心基础零部件研究。获得河北省科技进步一等奖、辽宁省技术发明一等奖。承担国家自然科学基金委青年基金、重点基金，中国科学院 C 类战略性先导科技专项等项目。在 *Nature Materials* 等期刊上发表论文 20 余篇；授权中国发明专利 30 余项，国际发明专利 3 项，牵头制定行业标准 4 项。

杨超云，中国科学院金属研究所助理研究员，博士，沈阳市高级人才。主要从事稀土在高碳铬轴承钢中的作用机理研究及高品质稀土轴承钢共性技术研发和产业化推广应用。获得山东省冶金科技进步一等奖。承担国家自然科学基金委青年基金和中国科学院 C 类战略性先导科技专项等项目 7 项。在 *International Journal of Fatigue* 等期刊上发表论文 10 余篇，授权发明专利 8 项，国际发明专利 3 项，组织制定行业标准 3 项。

第 3 章

Cu-1234 液氮温区"三高"超导材料

赵建发　靳常青

3.1 / 超导材料研究的重大科学意义

3.1.1 / 超导简介

超导是 20 世纪最重要的物质科学发现之一，超导材料同时具有零电阻和 Meissner 效应两大特性，在能源、交通、电能输送、高端设备以及大科学装置等领域具有重要的应用前景，对人类社会发展产生了深远的影响。自从 1911 年荷兰莱顿大学 Onnes 将水银冷却到 4.2K 低温后发现零电阻超导现象以来，人们就开始了对超导研究的不断探索。1933 年德国物理学家 Meissner 和 Ochsenfeld 发现，超导体内的磁感应强度总为零即超导体具有完全的抗磁性，这个现象被称为迈斯纳效应。鉴于超导体所具有的零电阻和完全抗磁性的独特性质，在发现至今的一百多年历程中，揭示超导的复杂机理、提高超导转变温度一直都是凝聚态物质科学研究领域的重要目标。面向近室温超导进行新材料探索[1]，在超导物理机制和超导工程应用等方面取得重大进展，促使了超导科学与技术这一学科的诞生与发展。

3.1.2 / 超导材料发展历程

到目前为止，超导材料的探索主要经历了几个阶段：1911—1986 年是液氦及更低温区的低温超导材料发展阶段，这一阶段主要集中在单质元素、合金化合物等超导材料上面。在 1911 年首次发现汞的超导电性后，后续相继在 1913—1930 年期间发现了铅、铅铋合金超导材料，1930—1940 年发现了铌、碳化铌、氮化铌超导材料；1940—1960 年发现了铌三锡、钒三硅、钒三镓、铌三铝等超导材料；1960—1970 年发现了铌锆合金和铌钛合金等超导材料；1973 年发现了铌三锗超导材料。在这些低温超导材料中，纯元素铌的临界超导转变温度（T_c）最高，约为 9.25K；合金化合物铌钛的 T_c 约为 9K；铌三锡的 T_c 约为 18K；临界转变温度最高的是铌三锗，其 T_c 为 23.2K，这一纪录保持了近 13 年。值得一提的是，1957 年 J. Bardeen、L. V. Cooper 和 J. R. Schrieffer 建立了 BCS 理论，通过电声子相互作用，从微观上解释了超导库珀对的配对机制。在超导研究的最初半个多世纪里，所发现的超导体主要以元素超导体和合金超导体为主，都属于常规超导体，具有 s 波对称性，BCS 理论在解释这些材料超导机制上取得了成功。然而，早期的元素和合金超导体本身超导温度较低，需要利用昂贵的液氦冷却，这使得其应用成本大大增加，所以需要人们继续寻找具有更高超导转变温度的超导体。

1986 年 9 月，瑞士苏黎世 IBM 实验室 Muller 和 Bednorz 等在铜氧化物 La-Ba-Cu-O 体系中发现了 T_c 为 35K 的超导电性[2]。随后朱经武和赵忠贤等独立发现了临界转变温度达 90K 以上的 Y-Ba-Cu-O 超导体[3,4]，这个温度冲破了 77K 的液氮温度大关，实现了超导材料科学的重大突破。这种突破为超导材料的应用开辟了广阔的前景，Muller 和 Bednorz 也因此荣获 1987 年诺贝尔物理学奖。与常规 BCS 超导体相比，基于强关联电子体系的铜氧化物是典型的非常规超导体，呈现出很多复杂而奇异的物理现象，以及 BCS 电声理论难以解释的内在物理机制。例如铜氧化物超导体中的赝能隙、电荷密度波、自旋密度波、欠掺杂区正常态的非费米液体行为，以及各向异性 d 波对称性的超导序参量等。时至今日，铜基超导机理问题仍然是目前凝聚态物理中的一个未解之谜。铜氧化物超导体是第一类突破液氮温区的超导材料体系，也是目前唯一在常压呈现液氮温区超导的材料，因此被称为高温超导材料。高温超导材料的发现使超导电性的实验研究摆脱了苛刻的液氦低温条件。铜氧化物高温超导电性的发现引发席卷全球的超导研究热潮，人们相继发现了多个 T_c 达到 100K 以上铜基高温超导家族，例如"铋系"（Bi-Sr-Ca-Cu-O）[5]、"铊系"（Tl-Ba-Ca-Cu-O）[6]、"汞系"（Hg-Ba-Ca-Cu-O）[7]和"铜系"（Cu-Ba-Ca-Cu-O）[8]等。其中"汞系"（Hg-1223）超导材料的临界温度为 135K，是目前常压条件下超导转变温度的最高纪录，加压之后临界温度增加至 164K[9]。铜氧化物高温超导电性的发现为液氮温区超导材料应用带来了新的希望。

2008 年日本科学家 Hosono 在 La-Fe-As-O-F 材料中发现了超导温度达 26K 的超导电性[10]，铁基超导体的载流层为 [FeAs] 面，根据组分和结构特点，可以分为"1111"型 $RFeAsO$（$R=$ 稀土）、"122"型 AFe_2As_2（$A=$ 碱土）、"111"型 $AFeAs$（$A=$Li, Na）和"11"型 FeSe 等几种主要铁砷基体系[11-18]。在铁基超导体材料中，同样存在着许多复杂而有趣的物理现象如电子向列相、各向同性 $s^{\pm}$ 对称性、轨道有序、轨道选择性转变等。由于铁基超导体与铜氧化物高温超导体同样含有过渡金属层状结构，却具有不同结构特征和波函数对称性，对高温超导机理研究提出了新的挑战。

近十年来，富氢超导材料蓬勃发展起来，氢作为元素周期表第 1 号元素是构成广袤宇宙实体的重要成分，20 世纪初对氢的研究促进了早期量子科学的形成发展。Wigner 和 Huntington 在 20 世纪 30 年代曾理论预言，在足够高的压力，氢将由常压气态转化为像碱金属一样的固体金属。由于氢的德拜温度很高，基于强电声耦合的经典电声耦合 BCS 理论，金属氢可能具有高温超导性质。然而理论估算氢的金属化需 500GPa 的极端高压（1GPa～1 万大气压强），超过目前高压实验技术水平，纯氢金属化任重道远。1970 年，中国科学院物理研究所徐济安等提出通过富氢化合物引入化学内压降低氢金属化压力的构想[19]。2004 年，Ashcroft 等进一步探讨富氢化合物可降低氢金属化所需压强，同时仍保留以氢为主的高温超导属性。近期，吉林大学马琰铭、崔田等团队通过对具体化合物的理论计算，进一步推进材料预测[20-21]。近年国际上相继发现硫氢体系（H_3S）[22]、稀土氢化物（LaH_{10}, YH_9）[23-24]和碱土氢化物（CaH_6）[25-26]在百万大气压量级，存在 200K 以上高温超导现象。高压富氢化合物的理论预测和实验发现引发了对新型富氢化合物材料及其超导电性研究的新一轮热潮，有望在不久的将来实现高压室温超导电性。然而，目前富氢超导材料均需要外界高压条件才能维持材料结构稳定及其超导电性，距离实用化仍有很长一段距离。

2019 年斯坦福大学团队首次在无限层镍氧化物薄膜材料中实现超导电性[27]，镍基超导的出现引起人们的关注。尽管后续有许多研究跟进，人们仍然无法在块体材料中实现镍基超导。2023 年中山大学王猛团队通过对具有双镍氧层的 $La_3Ni_2O_7$ 单晶块材施加外部压力，在 15GPa 高压下观测到 80K 左右的超导现象[28]，使镍基超导成为又一类突破液氮温区的超导物质，引发了巨大的关注。截至目前，镍氧化物、富氢化合物和铜氧化物超导均突破了液氮温区，这些高温超导材料的不断问世，为超导材料从实验室走向应用提供了前所未有的机遇。然而，镍氧化物和富氢化合物维持超导仍需外界高压，这个特点限制了它们的可能应用。因此，铜氧化物超导材料是目前唯一在常压条件实现液氮温区超导的物质，铜基超导将是未来很长一段时间内实现液氮温区超导应用的主流材料体系。

中国科学院物理研究所靳常青团队长期从事极端条件下新型超导材料的设计、制备和性能调控。在研究探索的过程里，认识到高压技术对研制超导新材料具有独特甚至不可替代的作用。压力作为决定物质状态的基本参量之一，与温度和化学组分结合，已经成为当今物质科学重要创新源泉。随着现代高压技术的进步，高压正在合成揭示越来越多常规条件难以制备的全新物质状态，已经在超导新材料探索等领域大显身手。作者团队运用高压技术发现系列铜基超导、铁基超导、单质元素超导和富氢化物高温超导新材料，取得系列重要进展：

① 发现铜基超导新材料体系包括 Cu-12$(n-1)n$（简称"铜系"）[8, 29～38]、顶角氧有序型（简称"顶角氧"系）[39]和 Cl-2$(n-1)n$（简称"卤系"）[36-46] 3 类铜基超导材料体系，它们只含铜和碱土氧化物，是构成铜基超导的最简单组分。这些体系在常压的超导温度可媲美"钇系""铋系""汞系"等组分复杂的铜基超导材料。

② 发现铁基超导材料主要体系之一的"111"体系[18]，"111"体系组分结构简单，易于揭示铁基超导核心要素。主要成员 LiFeAs 具有无费米面嵌套的重要特征，表明费米面嵌套并非实现铁基超导必要条件，扭转了此前基于铁基其他体系的费米面嵌套对机理的流行认识[11]。近年来，实验发现应力可以诱导出大面积、高度有序和可调控的马约拉纳零能模格点阵列，为实现拓扑量子计算提供了重要的高质量研究平台[48, 49]。

③ 单质元素超导。运用高压调控金属单质钛和钪，诱导超导转变温度连续增加至 30K 以上，刷新单质元素超导转变记录[50-51]。

④ 富氢化物高温超导体系。运用自主知识产权的高压、低温、强场和激光加热的综合实

验装置，研制了 CaH_6、HfH_{14}、ZrH_4、TaH_3、Lu_4H_{23}、Sb-H、Nb-H 等富氢超导材料[26, 52-56]，其中 CaH_6 超导转变温度超过 210K，成为继硫氢、稀土金属氢化物的又一类超导转变温度高于 200K 的二元富氢高温超导材料，拓展了富氢高温超导材料的研究范畴。图 3-1 是超导材料发展历程，其中黄色标注部分是作者团队发现的超导材料体系。

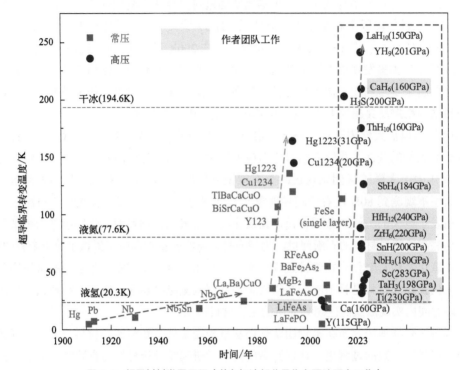

图 3-1　超导材料发展历程（黄色标注部分是作者团队研究工作）

3.1.3　实用化超导材料研究现状

超导材料具有零电阻、完全抗磁性、约瑟夫森效应等物理特性，使超导材料相比其他材料存在难以替代的性能优势。目前超导材料在多个领域展现出广阔的应用前景并已有了一些重要的实际应用，例如在超导弱电应用中的超导量子干涉器、超导滤波器等；在超导强电应用中的超导电缆、限流器、超导磁体技术和超导磁悬浮列车、储能系统、波荡器、高能加速器、医疗核磁共振成像、磁约束核聚变装置等。作为 21 世纪高新技术的战略性功能材料，超导材料仍然处于快速发展中，它不仅是先进材料的一个重要组成部分，而且将对人类社会发展和生活产生深远、重要的影响。

实用化超导材料一般指在高磁场下拥有较高载流能力的第二类超导体。此外，超导在强电领域的实际应用中，不但要求超导材料在一定的温度和磁场下具有较强的无阻载流能力，还要求其能够制备成具有一定力学性能的线材或带材。因此，尽管人们已经发现了上千种超导体，但真正具有实用价值的超导体并不多。目前实用化的超导材料主要包括低温超导材料 NbTi、Nb_3Sn 等超导材料、铁基超导材料和铜基超导材料（铋系 Bi-2223、Bi-2212、钇系

YBCO 等）。其中，NbTi 合金超导材料强度高、延展性好、临界电流密度高、原材料及制造成本低廉，同时具有良好的加工塑性，在核磁共振及超导加速器领域应用广泛，未来相当长的一段时间内，仍将在强电应用领域占据主导地位。然而其缺点是最高 T_c 为 9.7K，液氦温区上临界场 H_{c2} 为 11T，仅能工作在液氦温区，使用和维护成本仍然十分昂贵。铁基超导材料具有很高的上临界场、较低的各向异性、相当大的 J_c 值以及在低温下不受磁场影响的特性，因此具有良好的 20～30K 温区下高场应用前景，这是低温超导体所不能达到的。以上几类实用化超导材料由于临界温度较低，均不能满足液氮温区使役需求，限制了它们的大规模应用。

  铜基超导材料是目前常压下唯一突破液氮温区的超导材料体系，是目前实现液氮温区超导应用的唯一载体，由于液氮非常便宜，进入液氮温区成为超导材料发展的重要里程碑。在众多铜基超导体系中，"铊系"和"汞系"虽然具有 100K 以上的超导临界转变温度，但是它们均含有有毒和易挥发元素，不利于材料制备和实际应用。目前只有"铋系"和"钇系"初步实现了商业应用，然而"铋系"具有本征缺陷，即它在液氮温区的不可逆场较低导致临界电流密度随外磁场增加迅速下降，只能在较低温度和磁场时才适于强电应用。"钇系"是目前液氮温区载流特性和不可逆场最高的超导材料，它在液氮温区载流能力比"铋系"高一个数量级，具有液氮温区天然应用优势。然而"钇系"超导转变温度为 93K，比液氮沸点仅高 16K，低于"铋系""铊系"和"汞系"的 100K 以上超导温度。此外，"钇系"含有稀土金属钇，其制造成本在一定程度上限制了实际应用。因此，研制不含稀土和贵金属及有毒易挥发元素，且组分简单、环境友好、成本低廉的液氮温区"三高"超导材料：即高转变温度 T_c、高临界电流密度 J_c 和高临界磁场 H_c 的超导材料是目前超导应用的迫切需求。

3.1.4 / Cu-1234 高温超导材料研究缘起

  具有 A-Cu-O(A=Ca、Sr、Ba) 组分的超导材料体系只含碱土和铜氧元素，组分简单，环境友好，且可以形成含有 CuO_2 平面的结构。1991 年 M. Azuma 等高压制备了具有无限层结构的 $(Sr_{1-x}Ca_x)_{1-y}CuO_2$ 超导材料，转变温度可达 110K [57]；1993 年，Z. Hiroi 等高压合成了 $Sr_{n+1}Cu_nO_{2n+1+\delta}(n=1, 2\cdots\cdots)$ 体系，发现 $Sr_2CuO_{3.1}(n=1)$ 和 $Sr_3Cu_2O_{5+\delta}(n=2)$ 分别具有 70K 和 100K 超导电性 [58]。然而以上高压制备发现的材料常压稳定性差，超导相含量也很低，不能满足应用需求。靳常青等在 1994 年首先报道发现了具有 Ba-Ca-Cu-O 组分的"铜系"超导材料体系 [8]，该体系具有近 118K 的起始超导转变温度，Cu-1234 超导体化学通式为 $CuBa_2Ca_3Cu_4O_{10+\delta}$（简写 Cu-1234）；靳常青等和赵忠贤等合作，揭示了 Cu-1234 具有令人惊讶的液氮温区高场高温载流特性，可以媲美综合性能优异的 YBCO-123 超导体 [29-38]。H. Ihara 等在该体系中报道了几乎相同的实验结果 [59]，随后，T. Kawashima 等在 $(Cu_{0.5}C_{0.5})Ba_2Ca_3Cu_4O_{11}$ 观测到 67K 和 117K 超导电性 [60]。后续研究表明，上述报道的系列 $ABa_2Ca_3Cu_4O_{8+y}$ [A=Cu\(Cu, C) 等] 超导材料，基本晶体结构相同（接近）。结构决定材料功能属性，Cu-1234 具有和 YBCO-123 相同的电荷库构型，即含有非理想化学计量比的 CuO_2 平面（链）电荷库层的金属离子各不相同。CuO_2 平面（链）结构的电荷库具有导电性，可以大幅减小各向异性增强钉扎，导致 Cu-1234 具有和 YBCO-123 相似的液氮温区高场特性。这些 $ABa_2Ca_3Cu_4O_{8+y}$ [A=Cu\(Cu, C)] 超导体均没有毒性，一经报道即引起人们的极大关注，尤其"铜系"超导材料 $CuBa_2Ca_{n-1}Cu_nO_{2n+2+\delta}$，只含铜和碱土氧化物，组分简单环境友好、不含贵金属、制造成本低廉，有望成为新一代液氮温区超导应用的重要载体。在"铜系"超导材料发现不久之后，陆续有研究团队尝试制备薄膜[61-62]，A. Tsukamoto 等利用脉冲激光沉积法在 $SrTiO_3$ 衬底上面生长了薄膜[61]。H. Yakabe 等利用射频溅镀法在 $SrTiO_3$ 衬底上面生长了薄膜，将薄膜在 300℃氧气热处理 24h 后观测到 90K 超导电性，表明常压研制"铜系"超导薄膜的可行性[62]。

在超导体的磁场 - 温度相图上，存在一条称为不可逆线的边界线，不可逆线反映磁通运动的强弱和超导临界电流的大小，不可逆线越高的超导体，其超导临界电流也会越大，因此超导体的不可逆线越高，越有利于其应用。在"铜系"超导材料 Cu-1234 发现以来，多个研究团队对材料的各向异性和不可逆磁场进行了研究。1998 年，H. Ihara 等基于高压生长 $CuBa_2Ca_3Cu_4O_y$ 单晶，研究了其各向异性，测得单晶样品的各向异性 $\gamma=5.8$，显示出和 YBCO-123 相近的较低的各向异性[63]。1994 年 T. Kawashima 等研究了 (Cu,C)-1234 的临界电流密度和不可逆磁场，结果显示其临界电流密度随温度和磁场的增加衰减缓慢，显著优于 Hg-1223 体系。(Cu,C)-1234 在 77K 时的不可逆场为 3.8T 左右，高于 Hg-1223 体系，这与其相对较低的各向异性密切相关[64]。2001 年 H. Ihara 等在理论模型的基础上对 $CuBa_2Ca_3Cu_4O_{10+\delta}$ 材料的性质做了分析[65]，估算该材料具有较高的不可逆磁场，在 77K 时可高达 43T。近期南京大学团队重新研究了 (Cu,C)-1234 在不同温度下的不可逆磁场，结果显示该材料在 86K 时不可逆磁场高达 15T，该结果虽然低于 H. Ihara 等的预期，但是显著高于钇系、汞系和铊系的不可逆磁场[66]。以上结果表明，Cu-1234 材料确实具有可和 YBCO-123 媲美的液氮温区高场特性，既有助于拓展对铜基高温超导机理的深入认识[67]，又为不可多得具有诱人应用前景的常压高温超导材料[68]。

3.2 Cu-1234 高温超导材料研究进展和前沿动态

"铜系"是铜基超导体家族中重要的一员，"铜系"超导体化学通式为 $CuBa_2Ca_{n-1}Cu_nO_{2n+2+\delta}$，根据铜基超导的命名规则，简写为 Cu-12(n−1)n：其中，"Cu"代表电荷库所含的特征重金属元素、"1"代表特征重金属层数、"2"代表紧邻 [CuO_2] 面的电荷库层数、"n"代表晶胞所含 [CuO_2] 导电平面层数、"(n−1)"代表 [CuO_2] 导电平面之间隔离层数[41]。"铜系"超导体的结构如图 3-2 所示，随晶胞所含的 [CuO_2] 平面个数的不同，可以形成 Cu-1212（化学组成为 $CuBa_2Ca_1Cu_2O_{6+\delta}$），Cu-1223（化学组成为 $CuBa_2Ca_2Cu_3O_{8+\delta}$），Cu-1234（化学组成为 $CuBa_2Ca_3Cu_4O_{10+\delta}$）等系列结构组元。在"铜系"超导家族中，Cu-1234 不仅易于制备，其超导性能也最为优异。

图 3-3 所示为 Cu-1234 超导材料在常压的电学和磁性测量结果，Cu-1234 电学测量的超导起始转变温度可达 120K 以上，随温度降低电阻迅速下降，在 110K 左右即可达到零电阻。迈斯纳效应测量展现材料具有优良的体超导特征，时隔三年多，空气环境保存的 Cu-1234 样品保持几乎相同的超导转变温度和特性，表明 Cu-1234 超导材料非常稳定，稳定的超导性能为 Cu-1234 的应用提供重要前提。"铜系"超导材料只含铜和碱土氧化物，是构成铜基超导材料

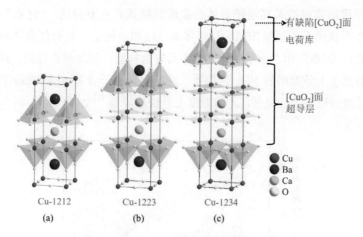

图 3-2 "铜系"铜基超导材料结构示意图

（a）Cu-1212；（b）Cu-1223；（c）Cu-1234

的最简单组分，摆脱了此前铜基超导材料对稀土、Bi、Tl、Hg 等稀缺和非环境友好元素的依赖。同时，"铜系"超导材料保持了"铋系""铊系"和"汞系"的高临界温度的优点，且在空气环境中非常稳定。"铜系"超导材料无法在常压条件下采用固相烧结的方式制备，需要采用高压高温合成的方式制备，但是 Cu-1234 材料可在常压环境下回收，并在空气环境中保持长期稳定的超导性能。

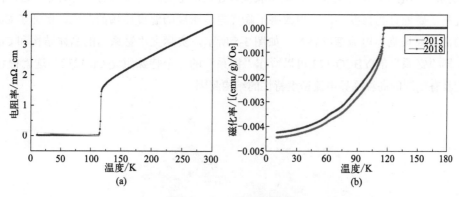

图 3-3 Cu-1234 超导性能

（a）电学测量结果；（b）迈斯纳效应，合成的同一个 Cu-1234 超导样品相继在 2015 年和 2018 年的测量结果，保持相同的超导转变，表明 Cu-1234 材料具有非常稳定的超导特性[30]

超导临界电流密度（J_c）是指材料能够保持超导状态可承载的最大无损载流能力，是衡量超导体实用性能的重要参数。对铜基超导材料而言，它的优势是在液氮温区的超导特性，因而液氮高温的载流特性是判定铜基材料应用前景的重要考量。图 3-4 是 Cu-1234 超导体的临界电流密度随温度的演化关系，作为对比参照，同时列出了"钇系""铋系"和"汞系"等几类典型铜基超导材料的临界电流密度特性。Cu-1234 的 J_c 随温度上升缓慢递减，表明 Cu-1234 在液氮温区依然可以承载高的临界电流密度，这对应用而言非常重要。如图 3-4 所示，Cu-1234 的临界电流密度随温度的演化行为优于"铋系"和"汞系"，可媲美综合性能最好的

"钇系"。电荷库层结构对铜基高温超导体的载流性能具有重要影响,"钇系"（$YBa_2Cu_3O_{7-\delta}$）的高温高场特性明显优于其他铜基超导材料体系,这和"钇系"具有低各向异性的特殊电荷库结构密切相关。"铊系"和"汞系"的电荷库为岩盐构型,层间耦合较弱,导致这些体系的临界电流密度随温度上升而明显下降。"铋系"超导材料由于含有 Aurivillius 层电荷库,层间距离大幅拉长导致弱连接效应显著,J_c 随温度上升快速降低[41]。

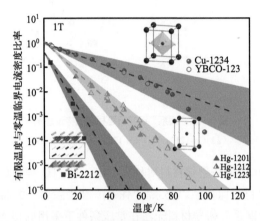

图 3-4 Cu-1234 超导材料具有优良的高温高场载流特性,优于"铋系"和"汞系",
可媲美综合性能最好的"钇系"[30]

"铜系"的电荷库层为钙钛矿,顶角氧键合连接的电荷库具有强的层间耦合。这种耦合有效地提高了磁通钉扎强度,显著地改善了临界电流密度随温度磁场的演化,保证了 Cu-1234 优异的高温高场临界电流密度特性。如图 3-5 所示,实际上"钇系"的晶体结构和 Cu-1212 相同,即"钇系"的 YBCO-123 可以看作"铜系"的一个特殊组元 Cu-1212,这就很容易理解它们具有相同的高温临界电流密度特性的结构起因。

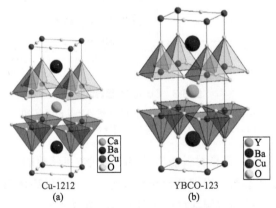

图 3-5 "铜系"超导体结构与 YBCO-123 的比较,Cu-1212 与 YBCO-123 结构相同[30]

铜基超导材料在液氮温区具有重要应用前景,研制组分简单、环境友好的铜基高温超导材料是超导应用的挑战,高压高温合成技术提供了改善铜基超导材料普遍含有易挥发、低熔点、有毒元素的机遇。利用高压高温合成技术研制的"铜系"铜基超导材料只含铜和碱土氧化物，组分简单，环境友好，在常压条件展现了面向应用的优良的超导综合特性，该体系中的 Cu-1234 超导材料具有以下特点：

① 高达 120K 的起始超导转变温度；

② 液氮温区优良高温高场载流特性；

③ 常压环境非常稳定的超导性能。

这些特点展现了进一步拓展面向应用的 Cu-1234 超导材料的研发前景[41]。

3.3 / 我国在 Cu-1234 高温超导材料领域学术地位和发展动态

铜基高温超导材料中，晶格氧的微量变化可对材料的电子结构产生重要作用，从而调控超导功能。然而常规条件下对氧的调控范围非常有限，如何拓展对氧的调控，是铜基超导材料研制的技术难点和挑战。通过长期实践，中国科学院物理研究所靳常青研究员团队提出和发展了基于"自氧化"的高氧压研制技术，大幅拓展了对铜基超导材料氧含量的调控能力，为设计氧化物新结构、发现超导新体系提供了重要技术路径[67-68]。与通过外加氧化剂（如 $KClO_4$）的传统方法相比，"自氧化"高压技术的优点包括：

① 氧化剂本身即为合成产物的必要成分，避免传统氧化剂分解物及参与反应带来的杂相，氧化过程洁净无污染；

② 氧化剂可以原子态参与化合，相对传统的分子氧，大大提高了反应活性；

③ 可按计量比设计氧含量，从而精确调控材料性能。

运用"自氧化"高压合成技术，成功研制了几类只含碱土的铜基超导材料体系，包括顶角氧有序超导体 $Sr_2CuO_{3+\delta}$、压缩型铜氧八面体超导体 Ba_2CuO_{4-y}、"铜系"铜基超导体 Cu-1234 等。

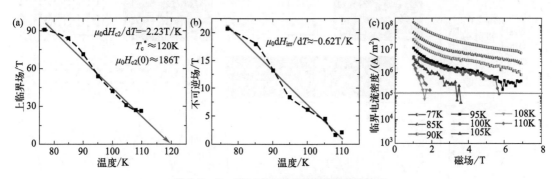

图 3-6 Cu-1234 超导体的液氮温区载流性质

（a）上临界场；（b）不可逆场；（c）临界电流密度随温度的演化[35]

在铜基超导材料中，已有的研究表明，超导转变温度 T_c 不仅取决于铜氧面 CuO_2 的掺杂浓度，也密切依赖于晶胞中 CuO_2 面的层数（n）。随着晶胞内 CuO_2 面层数的增加，其最高转变温度也逐渐增加，并且在三层体系（$n=3$）中超导转变温度 T_c 最高。这一经验规律同样适用于铜基超导的其他材料体系。Cu-1234 超导体的晶体结构具有全钙钛矿构型，它的电荷库层即为 Ba_2CuO_{4-y}，因此 Cu-1234 可以看作是具有三层铜氧面的 Ba_2CuO_{4-y} 体系超导材料。Cu-1234 超导体具有高 T_c 和高 J_c 特征，尤其是在液氮温区具有优异的载流特性。近期，中国科学院物理所研究团队联合波兰科学院研究团队，对 Cu-1234 超导体液氮温区载流性质进行了系统研究，详细的研究结果如图 3-6 所示，Cu-1234 超导体在液氮温区的上临界场 H_{c2} 和不可逆场 H_{irr} 分别是 91T 和 21T，估算的液氮温区临界电流密度高达 $5 \times 10^5 A/cm^2$，该结果还是相当可观的[42]。

近期，中国科学院物理所研究团队联合清华大学、东莞散裂中子源和德国马普所等团队，进一步研究了 Cu-1234 超导体具有高 T_c 和高 J_c 的结构起源[37]。X 射线吸收谱研究结果表明，Cu-1234 掺杂浓度显著高于 YBCO-123 超导材料，其掺杂浓度接近 Ba_2CuO_{4-y} 超导体。Cu-1234 超导体虽然处于过掺杂区域，但其 T_c 在最佳掺杂达到最高之后在过掺杂区域几乎保持不变，这与通常单层或双层铜氧化物超导体中 T_c 在过掺杂区域显著降低形成明显区别。中子衍射结果表明，Cu-1234 属于四方晶系 P4/mmm 空间群，晶格参数 $a=3.858(5)$Å，$c=17.954(4)$Å。基于中子衍射的结构精修表明，在 Cu-1234 的电荷库层中，面外 Cu-O 键长为 1.778(1)Å，面内 Cu-O 键长为 1.929(2)Å。因此 Cu-1234 电荷库层具有压缩铜氧配位构型，压缩比 $\sigma=0.92$，这一结果与 Ba_2CuO_{4-y} 超导体晶体结构特征保持一致。Cu-1234 超导体电荷库层中的压缩铜氧配位构型，减小了电荷库层与导电层的间距，降低了超导的各向异性，显著增加了层间耦合，保证了高温下具有较高的临界电流密度。此外，中子衍射精修结果表明，Cu-1234 超导体电荷库层的铜和氧存在显著的缺位，这些铜氧缺位暗示着电荷库层的铜氧配位不完全是八面体构型。

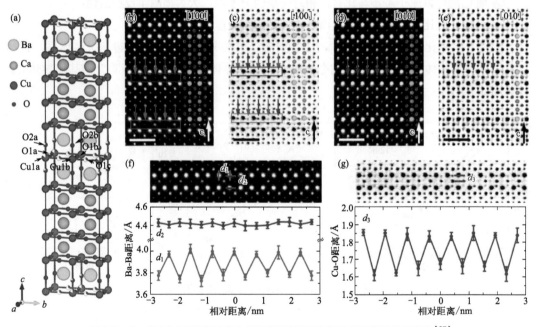

图 3-7　Cu-1234 中的铜氧空位有序及其诱导的调制结构和周期性晶格畸变[37]

进一步的高分辨透射电镜结果表明，Cu-1234 超导体中存在显著的铜氧空位有序，如图 3-7 所示。具体来说，沿着晶胞 b 轴方向观测，Cu-1234 电荷库层在晶胞的 a 轴方向分布着均匀的衍射斑点，周期仍为 a，在晶胞的 c 轴方向，电荷库层依次排列，周期仍为 c；然而沿着晶胞 a 轴方向观测，Cu-1234 电荷库层在晶胞的 b 轴方向存在明暗交替的衍射斑点，周期为 $2a$，在晶胞的 c 轴方向，电荷库层形成以 $2c$ 为周期的交替排列。这种明暗交替的衍射斑点清晰地表明 Cu-1234 电荷库层中存在铜氧空位有序。中子衍射从平均的角度给出的结果是 Cu-1234 属于四方结构，然而高分辨透射电镜结果显示，Cu-1234 存在铜氧空位有序诱导的 $a×2b×2c$ 调制结构和周期性晶格畸变，导致 Cu-1234 晶体结构畸变为正交晶系 Ammm 空间群。此外，透射电镜结果还发现，在 Cu-1234 超导体 $a×2b×2c$ 调制结构中，存在大量的片状 90° 微畴，结果如图 3-8 所示。这些微畴是由于调制结构所引起的，微畴的横向尺寸为 100～500nm，纵向尺寸为 2～50nm。Cu-1234 超导体中的大量的铜氧空位有序和片状 90° 微畴作为钉扎中心，可以有效抑制温度和磁场引起的磁通涡旋的移动，保证 Cu-1234 超导材料在高温高场下具有优异的载流性能，以上结果为设计和研制具有优异性能的超导材料提供了新的思路。

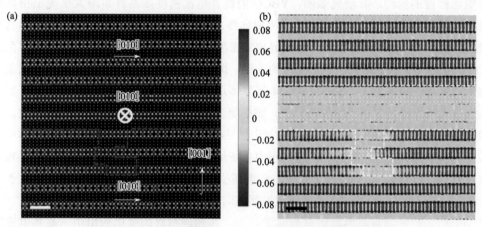

图 3-8　Cu-1234 超导体 $a×2b×2c$ 调制结构中的 90° 微畴[37]

3.4　Cu-1234 高温超导材料发展重点

　　Cu-1234 超导材料只含铜和碱土氧化物，组分简单、环境友好、成本低廉，尤其是在液氮温区展现了优良的高温高场载流特性，同时在常压环境下保持超导性能长期稳定，这些特点展现了 Cu-1234 超导材料进一步拓展面向应用的研发前景。鉴于 Cu-1234 超导材料潜在应用前景，已入选工业和信息化部、国有资产监督管理委员会联合印发的前沿材料产业化重点发展指导目录，在这一政策指导下，作者团队认为未来 Cu-1234 高温超导材料应该重点发展以下方向。

　　（1）大尺寸 Cu-1234 超导块体材料制备　Cu-1234 超导体具有面向应用的研发前景，需要着重强调的是，Cu-1234 超导体在常压条件下无法合成出来，只能通过高温高压合成方式制备，这是 Cu-1234 超导体在制备方法上区别于其他体系铜基超导体的最重要的一点。此前关于 Cu-1234 超导体的研究主要以实验室小型化研究为主，受限于实验室小型高温高压合成装置腔体尺寸的限制，单批次合成的 Cu-1234 超导块材直径与高度仅为 2 ～ 3mm。目前尚未有制备厘米级 Cu-1234 超导体的相关研究和报道，较小的尺寸大大限制了 Cu-1234 超导体的实际应用。Cu-1234 超导体未来的一个发展重点是解决样品放大过程中面临的一系列技术和工艺难题，通过优化制备工艺、改进高压高温合成组装，运用工业级高压高温的合成装置，研制大尺寸 Cu-1234 超导体，力争获得厘米级尺寸 Cu-1234 超导块体样品。在保证样品液氮温区超导性能不减的前提下，大幅提升样品的尺寸。更大的块体尺寸有利于超导块材的切割、组装、拼接，减小界面、缝隙等因素对块材性能的影响，满足铜基超导实际应用的基本需求，迈出 Cu-1234 超导材料实际应用的关键一步。

（2）研制单畴样品消除晶界弱连接　Cu-1234 超导体属于层状钙钛矿构型，对超导起主要作用的是铜氧导电面。虽然 Cu-1234 超导体具有本征的高临界电流密度特性，但在块体材料当中，晶粒之间的随机取向导致晶界弱连接效应显著。换句话说，在 Cu-1234 超导块体材料中，晶粒内部虽然具有高的临界电流密度，但是整个块体材料的临界电流密度受晶粒间临界电流密度的制约。有研究表明，YBCO 的临界电流密度随晶界角增大呈现出指数衰减的趋势，通过晶界的电流严重依赖于晶界取向角。前期研究表明，Cu-1234 超导块体材料的晶粒间的临界电流密度比晶粒内部的临界电流密度小 4 个数量级，相邻晶粒间的晶界角是决定 Cu-1234 超导体能否承载无阻大电流的关键。因此获得高性能 Cu-1234 块体材料的重点是减弱和消除弱连接问题。考虑到 Cu-1234 超导体是一种层状钙钛矿构型的晶体材料，其晶体结构和显微组织都具有相当的各向异性。如果使这些层状的晶片平行排列、取向一致，就能有效消除弱连接，获得较高的超导性能。因此，未来可采用熔融织构生长法，将块体中的小晶粒在高温熔化、分解，然后在降温过程中重新结晶，最终使整个块材成为一个大晶粒（单畴）。由于畴区内部不存在弱连接现象，显著减少了弱连接，提高临界电流密度，生长"单畴" Cu-1234 超导块材是未来的一个重点发展方向。

（3）引入钉扎提高高温高场晶界载流能力　在超导材料的强电应用中，临界电流密度是超导材料的重要参数，是衡量超导载流特性的重要参量。与临界温度和上临界场不同，临界电流密度不是材料的本征属性。对于以 Cu-1234 为代表的氧化物超导体来说，临界电流密度的大小主要取决于晶体中和钉扎有关的缺陷以及晶粒边界的结构，例如，在 Cu-1234 多晶块材超导体中，晶界弱连接的存在导致其临界电流密度大大减小。在 Cu-1234 单畴样品中，晶界弱连接效应对临界电流密度影响较小，此时临界电流密度主要由磁通线在缺陷处的钉扎能力决定。磁通钉扎可以由非超导相、点缺陷或某些晶界提供，因此固定磁通线的能力取决于材料的微结构。磁通线一旦移动，临界电流密度就会显著下降。自从发现在铜基超导体中引入磁通钉扎中心可以显著地提高临界电流密度以来，如何找到有效的钉扎中心并将其引入超导体中则成为人们研究的重点。因此在 Cu-1234 超导体中，通过人工引入钉扎中心，控制磁通分布和磁通运动，提高磁通钉扎强度，从而提高在磁场下的临界电流密度，也是 Cu-1234 超导体未来走向应用的一个重点发展方向。具体可以借鉴"铋系"和"钇系"超导材料常用的引入钉扎中心的方法和策略（例如掺杂第二相、离子辐照等），在此基础上发展适用于 Cu-1234 超导体的钉扎中心引入方法，提高 Cu-1234 超导体在高温高场应用场景的使役范围。

3.5 高温超导材料发展展望

Cu-1234 超导材料只含铜和碱土氧化物，组分简单、环境友好、成本低廉，在常压条件展现了液氮温区面向应用的优良的"三高"超导综合特性。Cu-1234 超导材料具有以下特性：

① 高达 120K 的起始超导转变温度；

② 液氮温区优良高温高场载流和临界磁场特性；

③ 常压环境非常稳定的超导性能。这些特点展现了进一步拓展面向应用的 Cu-1234 超导材料的研发前景。

鉴于 Cu-1234 超导材料潜在应用前景，已入选工业和信息化部、国有资产监督管理委员会联合印发的前沿材料产业化重点发展指导目录，Cu-1234 高温超导材料应该瞄准液氮温区超导应用场景：

① 发展大尺寸 Cu-1234 超导块体材料制备技术和工艺大幅提升样品的尺寸；

② 研制单畴 Cu-1234 超导样品，消除晶界弱连接，提高临界电流密度；

③ 引入钉扎中心，提高 Cu-1234 超导体晶界高场高温应用场景的载流能力，努力扩大 Cu-1234 超导体的使用范围。通过国家政策指导，超导研技产有机结合，Cu-1234 "三高"特性有望催生和迎来常压环境液氮温区高温高场超导材料规模应用的春天[68]。

参考文献

作者简介

赵建发，中国科学院物理研究所副研究员，长期从事极端条件新材料的设计制备和构效关系研究。在 *Nat. Commun*、*PNAS*、*Chem. Mater.* 等期刊合作发表 SCI 论文 60 余篇，申请发明专利 6 件，已获授权 2 件。主持和参与国家自然科学基金青年项目、面上项目、重点项目和科技部重点研发计划项目等。中国科学院物理所引进青年人才，入选第八届中国科协"青年人才托举工程"。

靳常青，中国科学院物理研究所研究员，极端条件技术和新材料学术方向负责人，获基金委杰青（1997 年）、主持基金委创新群体（2019 年）、入选中国科学院百人计划（2002 年）等项目。现任国际高压科学技术联合促进会副主席、中国晶体学会副理事长兼极端条件晶态材料专业委员会创会主任、中国材料研究学会极端条件材料和器件专委会副主任；参与创建并曾任 2 届国际晶体学联合会（IUCr）材料晶体学委员会主席。第 1 或通讯作者在包括 *Nature* 等 SCI 期刊发表论文 200 多篇，授权发明专利 30 余件，2015 起连续入选 Elsevier 高被引学者榜单。由于极端条件物质科学领域研究成绩，当选美国科学促进会、美国物理学会和英国物理学会的会士（Fellow）。作为第 1 完成人荣获国家自然科学二等奖（2016 年）、北京市自然科学一等奖（2022 年）、中国材料研究学会科学技术一等奖（2023 年）、北京市科技二等奖（2011 年）等奖项；荣获中国物理学会叶企孙奖（2015 年）、日本超导国际中心奖（1994 年）等个人奖项；作为主要成员荣获中国科学院杰出科技成就集体奖（2011 年）、国防科技进步一等奖（2022 年）等奖项。

第4章

柔性半导体纤维材料

王　刚　孙恒达　朱美芳

4.1 / 半导体纤维材料的研究背景

　　纤维材料事关国家战略和国计民生，纤维材料的演变历程串联了人类科技的进步史！从用于保暖时尚的棉麻等第一代天然纤维，到作为国之重器的第二代高性能结构纤维，再到用于人机交互、脑机接口和逻辑运算的第三代智能纤维，纤维材料正日益改变着人类的生活。智能纤维是指具有一定长径比，具有独特的光、电、力、热、磁性能的一维材料体系。而半导体技术，作为第三次工业革命的核心，为这些纤维注入了新的活力。

　　作为第三代智能纤维的代表，半导体纤维可以将纤维的结构优势（如本征柔韧性、定向传导性及可编织性）与半导体材料独特的电、光、磁、热性能有机融合。这种融合使其在空天装备、医疗健康、人机交互等领域具有极大的应用前景，有望成为人工智能时代的"深蓝材料"。开发半导体纤维对空天装备领域的发展具有重要意义。在高温、高压、强辐射和剧烈振动等极端的环境，高性能半导体纤维可以被编织入或覆盖在空天装备用复合材料表面，提供持续的监测，对国防和民用航空等领域的安全性提供重要保障。半导体纤维在医疗健康领域也展现出优异的多功能性和高度的适应性。通过光电效应调制技术，半导体纤维器件能够用于监测心率血氧等生理参数，甚至改善视觉等感官功能。此外，半导体纤维器件的发展正推动人机交互从传统的界面和输入设备向更为直接和自然的方式转变。半导体纤维的可编织性和柔韧性使其能够轻松集成到服装和穿戴设备中，作为交互界面用以开发脑机接口和智能服装，实现实时信息反馈。结合增强虚拟现实（VR）和增强现实（AR）体验的沉浸感，半导体纤维有望推动人机交互领域向更加高效、自然和个性化的方向发展。

　　在"工业4.0时代"，半导体纤维材料凭借其在信息化智能化技术上的应用潜力，不仅能推动高新技术产业的发展，还能够促进相关领域的科技创新，为智能纺织品、空天装备、生物医用设备和能源转换系统等领域带来重要技术变革，进而加速产业结构的优化升级和创新经济的发展，成为提升综合国力的重要助力。

4.2 柔性半导体纤维材料的研究进展与前沿动态

在智能信息技术日益发展的背景下，半导体纤维等第三代智能纤维因其基础性作用和巨大的发展潜力，受到全球重视。早在 2014 年，德国建立了名为"未来纺织（FutureTEX）"的国家级战略项目，欧盟推出 EPHOTEX（420 万欧元）、Powerweave（400 万欧元）、石墨烯旗舰计划、Horizion2020、1D-NEON 项目计划，重点在纤维产品功能化、智能化等方面进行全面推进。法国建设了功能智能纤维新材料与产业用纺织品技术创新基地 Up-tex，推进智能纤维、生态科技纤维等纤维材料的产业技术创新。美国政府于 2016 年发起革命性纤维和织物制造的创新计划，成立了先进功能织物制造创新研究院（AFFOA），以研究开发未来纤维和织物为目标。此外，在 2018 年美国商务部工业和安全局（BIS）对涉及国家安全和高技术范畴的出口军民用品清单中也将功能性纺织品（如先进的纤维和织物技术）纳入其中。

我国在"十四五"规划期间，也发布了多项涉及半导体纤维等智能纤维的国家重点研发计划和国家政策。同时我国纺织工业将纤维材料技术创新列为战略重点，以差别化多功能纤维、高性能纤维、智能纤维等为重要方向。以上海和武汉等城市为中心的"大纤维"产业集群与产业创新中心的建立，也为智能纤维材料的进一步高质量发展提供了强有力支撑。

半导体材料的发展赋予了传统纤维与纺织品各种新兴电子功能，其代表的颠覆性技术或将成为世界强国新一轮博弈的制高点。但半导体纤维的材料制备、器件开发与应用拓展方面仍面临诸多挑战。包括如何在纤维一维曲面结构表面进行可控设计，实现多种电子传输、离子转移、光子与声子等功能子的传递与耦合，以及如何赋予传统结构材料独特的光电热磁响应，获得传感、运算、储能、制动等功能。此外，如何利用人工智能辅助算法和高通量筛选调节微观分子结构、熔点、结晶度和溶解度，如何通过优化各功能层堆积结构来改善界面的载流子传输，如何结合多场辅助技术实现宏观功能纤维器件的连续化制备与鲁棒性保持，如何拓展功能纤维异质集成方法实现纤维光电系统的互联与集成，都是亟待解决的科学问题。

4.2.1 半导体纤维材料成型方法开发

传统纤维，如棉、毛或合成聚合物纤维，通常通过机械纺丝和化学合成的方法生产，并通过进一步加工得到纱线和 2D/3D 织物等产品，这些具有标准化的工艺相对成熟，主要侧重于提高纤维的力学性能和大规模生产效率。相对而言，半导体纤维的制备工艺在材料选择和处理上更为复杂，不仅要求高度的化学和物理性能，还需要对纤维的电子特性进行细致的调控。这些纤维需要在纳米尺度上进行精确的控制，以确保其独特的半导体属性，如带隙宽度、载流子迁移率和器件稳定性，满足特定的应用需求。

半导体纤维的连续制造技术可分为纺丝和复合制造两大类。半导体纤维的常用连续纺丝工艺包括湿法纺丝、静电纺丝和熔融纺丝。湿法纺丝作为一种低成本、可扩展、高效的纤维制备方法，特别适用于智能织物中的半导体高分子纤维。然而，这种方法在纺丝速度和纤维均匀性、机械强度控制方面存在局限。此外，溶剂的选择和处理也是一个重要的环节，因为它会影响半导体纤维的最终性能和应用。静电纺丝是一种简单、成本低且用途广泛的技术，使用高电势克服流体的表面张力，适用于制造微米或纳米级的聚合物纤维。这种技术生产的纤维具有大表面积和高孔隙率，为电子、离子、光子和能量的存储及传输提供了有效路径，从而提高了半导体纤维器件的力学和光电性能。这些溶液纺丝策略需要精确控制化学反应条件，如温度、气氛、时间和催化剂等，以确保生成具有均匀直径和所需电性能的半导体纤维。熔融纺丝不涉及复杂的化学反应或昂贵的设备，从而在成本和工艺复杂度上具有优势。该过程涉及将半导体材料加热至其熔点以上，然后通过细小的孔隙挤出，利用空气或水等冷却介质迅速固化成纤维。这种物理方法允许连续生产，且易于规模化，适合大批量生产。但其局限在于对材料的熔点和热稳定性有较高要求，不适用于所有半导体材料。

连续复合制备主要是通过在基材纤维上进行物理和化学沉积半导体材料来完成。物理沉积复合纤维是通过将纤维浸入半导体聚合物溶液中来制造的，在毛细管作用下，溶液可以不断渗透，然后经过后处理（例如热固化）即可获得复合半导体纤维。与纺丝工艺相比，这种方法只需要纤维表面的薄膜包覆，使其易于适应连续的工业制备。与表面涂层工艺相比，通过表面化学聚合制备的半导体纤维具有更均匀的结构和更稳定的电性能。在表面聚合中，液相或气相单体附着在纤维表面，通过化学聚合均匀地形成坚固的涂层。

半导体单纤维通过物理或化学方法进行加捻、并列排列或包缠，形成纱线。加捻型纱线是最常见的纱线，已广泛应用于人造肌肉、制冷和储能。加捻过程中产生的扭矩使聚合物链螺旋取向并将纤维紧密结合成纱线，赋予半导体纤维新的力学、电气和热性能。除由同一种纤维组成的纱线外，还开发了混合加捻型纱线，即通过混合两种或多种不同类型的纤维来纺制单根纱线，以提供更稳定的性能和更多不同的功能。并列排列型纱线是由多根纤维平行排列，而非捻合在一起，这些纤维通常被黏合剂或其他方式轻微固定，具有较好的均匀性和平滑性，但一般不如加捻型纱线强韧。半导体纤维并列纱线的伸缩性较差，但表面比较光滑，适用于界面光滑度要求较高的半导体纤维和纱线器件。包缠型纱线由一个或多个核心纤维构成，外部包裹着另一层或多层纤维。外层纤维可以是不同材质，以提供额外的耐磨性和特殊功能。包缠提供了核心纤维和外层纤维的结合优点，如强度、耐磨性和外观。在纱线制备过程中，可混合不同类型的纤维，例如将半导体纤维与天然或合成纤维结合，以增强其力学性能并赋予织物新的功能。

纤维和纱线可以通过机织、针织、编织和刺绣等传统纺织工艺制成 2D 或 3D 织物。半导体纤维和纱线可用于以下几个方面：

① 在机织中用作经线或纬线；

② 针织物中的竖排或横排；

③ 作为部件，通过刺绣或其他类型的缝合与基布结合。

通过将制造的纤维晶体管、纤维单元和纤维电致变色器件的结构与织物结构完全集成，可以建立 2D 或 3D 织物半导体智能系统。半导体纤维的经纬交叉结构可以方便地实现从一维到二维的过渡，这为有源或无源集成电路架构提供了基础。此外，织造过程避免了在纤维中产生较大的弯曲应变和拉伸应力，使得即使是具有高刚度和脆性的纤维也可以织造。针织以高生产率、多样图案和灵活结构闻名，适用于制备各种半导体纺织品。与上述一步式织物制造技术不同，刺绣是一种增材制造方法，将功能性纤维缝合到织物上。刺绣的优点是功能性纤维器件可以图案化成任何形状，而不受 1D 方向的限制，功能单元的密度和分布可以调整。间隔织物是 3D 纺织结构，具有两层织物层，由绒毛线连接，间隔织物具有出色的横向压缩、柔韧性、高渗透性、低成本和高吞吐量，适用于缝制或涂覆半导体聚合物制造光电和热响应织物。与 2D 织物形式相比，3D 织物的高空间利用率和耐磨性使实现多功能集成半导体智能系统成为可能。制造和集成过程对半导体纤维的电性能和力学性能提出了更高的要求。这里的技术挑战在于保持半导体纤维的功能性不受损害，同时实现所需的纺织结构。制得的半导体织物可能需要后续处理，如涂层或表面修饰，以提高耐用性、舒适度或额外的功能性，如防水、防紫外线或导电性。

  总体来说，半导体纤维的制备是一个高度专业化和技术驱动的过程，通常涉及更高的技术门槛和成本，包括对设备和材料的特殊要求，以及后续的处理步骤，如掺杂和表面修饰。它体现了跨学科领域材料性能的尖端研究，以及对先进功能材料不断增长的需求响应。在应用领域，半导体纤维往往面向高端市场，如智能交互和生物医用等，而不是传统纤维所涉及的纺织和服装市场。

 4.2.2 ／半导体纤维材料应用领域

  （1）半导体纤维材料用于智能交互 随着信息技术的发展，人们已经逐渐沉浸在以逻辑运算硬件为基础的数据和算法所构成的数字世界中。在此背景下，基于半导体纤维材料的体外穿戴和体内植入设备成为创新和实用的智能交互新方式。

  ① 半导体纤维用于体外穿戴。半导体纤维材料能够无缝集成到日常佩戴中，使其成为可穿戴电子产品的完美材料平台。晶体管和忆阻器等经典和新兴电子元件，作为实现"0-1"逻辑运算的基本组成部分，需要优化以适应纤维和织物形式，开发电路级器件的阵列集成技术，是实现基于织物的计算的先决条件。

  有机场效应晶体管（OFET）是典型的逻辑响应器件之一，是通过栅极电压（V_G）调节源漏电流（I_{DS}）的有源器件。纤维形状的 OFET 在各种柔性半导体和传感应用中展现出巨大潜力。Kim 等展示了通过纺丝棉和导电丝制备了纤维状 OFET，并演示了其在电子织物上的应用。这些技术有助于促进电路的节能和高效，并为基于电路系统的传感、操控、整流和滤波功能提供新的设计解决方案[1]。

  忆阻器被认为是下一代神经拟态计算的关键组成部分，其应用主要涉及芯片存储、仿生计算、内存计算等，并可用于生物突触的模拟，是大规模类脑电子技术发展的关键一步。Lee 等制备了具有自形成离子阻挡层的纳米纤维通道来制造突触有机电化学晶体管（OECTs），通过将不同数量的静电纺纳米纤维转移到每个器件来实现低功耗神经形态计算和快速响应传感。由于其纳米纤维结构，神经形态器件显示出 113fJ 的低开关能量和宽带宽（截止频率13.5kHz）。此外，通过改变纳米纤维浓度，可以对通道的电导和电导率进行 3 个数量级的调控[2]。这一结果对未来软电子学、神经机器人学和电子假肢的发展具有启发意义。

  与传统的后组装可穿戴器件不同，纤维形状器件可以在织物生产过程中组装。这种一步成型技术保证了织物的整体舒适性和力学性能，而开发全织物柔性可穿戴系统的关键是将逻辑计算功能集成到纤维和纺织品中。Bae 等通过集成交叉型纤维忆阻器构建了基于织物的非易失性逻辑电路，实现了基本布尔函数，包括半加法器和 NOT、NOR、OR、AND、NAND 半加法器逻辑门（图 4-1）[3]，为全织物柔性可穿戴系统的开发提供了关键技术。

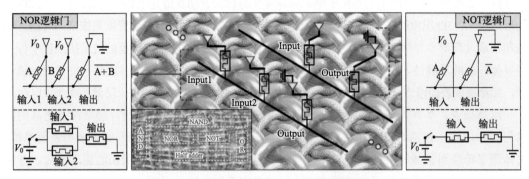

图 4-1　基于半导体纤维材料的集成织物逻辑电路

② 半导体纤维用于体内植入。在植入式脑机接口中，半导体纤维可作为信号传输的媒介连接大脑和外部设备。由于半导体纤维的尺寸和柔韧性，它们可以被精确地植入大脑中特定的神经网络区域，以最小的侵入性来监测和刺激神经活动。这种精细的植入能力对于提高信号采集的精度和降低组织损伤至关重要。同时，这些纤维可以被设计成具有高度的生物相容性，减少植入后的免疫反应和炎症。在实际应用中，这种类型的脑机接口可以帮助恢复运动障碍患者的运动能力，或者为严重语言障碍者提供沟通的新途径，例如帮助脊髓损伤患者重新控制手臂运动。大脑也可以充当脑机接口的效应器，并且已经研究通过记录异常信号和施加刺激来缓解疾病，例如用于治疗帕金森氏症的震颤和抑郁症。此外，植入式半导体纤维脑机接口在神经科学研究中也具有巨大潜力，例如用于深入理解大脑的复杂网络和认知过程。

（2）**半导体纤维材料用于生物医用**　目前，医疗和健康监测服务主要依靠医疗机构提供，无法对患者进行实时卫生监测和及时治疗。虽然智能手环、手表等一些便携式电子产品可以在一定程度上弥补，但仍需要功能更强大、可穿戴性更好（灵活、舒适、准确、稳定、低成本）的器件进行实时健康监测和治疗。基于半导体纤维的器件在电生理学和生物质传感方面表现出色，预示着它们在即时反馈的实时健康监测和治疗领域具有巨大潜力。

① 半导体纤维用于实时诊断。半导体纤维材料的发展使智能纺织品能够收集丰富的信息，这些信息可以帮助跟踪健康的姿势、卡路里消耗、压力、睡眠质量和认知能力下降，然后通过患者的衣服提供反馈，以达到健康监测和疾病预防的目的。基于半导体纤维的可穿戴设备不仅可以实现电生理传感和光学检测，而且还以高度生物相容性的方式进行简单的化学生理传感。在便携式医疗中使用的化学传感设备通常通过检测和分析体液或分泌物来定量测量健康状况。人体体液中所含的离子可以反映人体的生理状态，用于诊断各种早期疾病。基于电解质成分的变化是传统的设计方法。Kim 等通过硫酸处理展示了一种由结晶 PEDOT:PSS 组成的水性稳定超细半导体纤维材料，并通过引入源栅混合电极进一步制备了单链纤维状 OECTs（图 4-2）。当阳离子浓度在 10^{-1}mM 和 10^{3}mM 之间时，该装置显示出最高的检测灵敏度（0.16dec^{-1}）[4]。

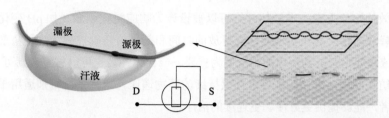

图 4-2　单股通道 PEDOT:PSS 超细纤维 OECT 化学 / 生物传感器，用于检测阳离子浓度

②　半导体纤维用于刺激康复。电刺激是一种用于激发神经元组织的常用技术。在此过程中，微电极施加电位以驱动离子电流注入组织培养基中，从而在目标神经元的外膜上产生超过阈值电位的电压降，从而激活神经元。半导体纤维由于其独特的电学和力学特性，能够作为有效的电刺激介质，帮助恢复受损的神经功能和增强肌肉活动。半导体纤维在刺激应用中，来自外部电路的信号通过半导体纤维材料界面施加到目标神经。根据刺激目标，半导体纤维电刺激参与了重塑感知（人工耳蜗，视网膜和双向脑机接口）、恢复缺失的运动功能、促进神经肌肉再生和缓解神经系统疾病（帕金森病、癫痫）等。大多数电刺激疗法涉及植入，为了在安全范围内有效输出，一个基本原理是避免水电解或不可逆法第反应引起的组织损伤，同时确保更多的电荷注入。双相直流刺激已被开发并用于可逆法第过程，该过程通过频繁变化的相位来平衡电荷。此外，电容式过程也被认为是一种安全有效的注入机制，因为在刺激过程中电极周围的化学物质不会发生价合价或结构变化。Williamson 等最近提出了一种新的结构，他的研究小组报告了一种由 PEDOT OECT 和嵌入聚合物薄膜中的电极制成的柔性纤维状探针用于局部激活海马体（CA3 区域）（图 4-3），由于 PEDOT 单位体积的电容较大，OECT 通道和用于刺激的远端电极之间保持了约 12μA 的电流[5]。

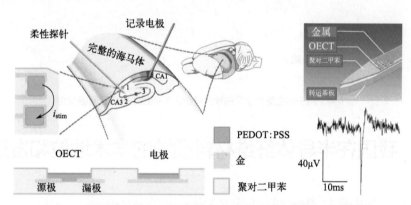

图 4-3　基于 PEDOT OECT 的探针和用于局部激活海马体的刺激电极

③　半导体纤维用于药物递送。药物递送一直是医疗保健中一个非常关键的领域。口服是最常见的方法，但是，有些药物可能会被消化系统分解而失去治疗效果。血管注射可以弥补这种缺陷，但仍然是全身性的，这会降低疗效并损害正常的生理部位。最近的许多研究表明，受控局部给药能够实现药物在靶点的可编程释放，这种方案可以通过调节释放速率、时间和空间位置来可靠地定制。半导体纤维在药物递送系统中的应用是近年来医疗科技领域的一个创新突破，利用它们独特的物理和化学性质，半导体纤维可以作为智能药物递送载体，提供

更精准和高效的治疗方案。半导体纤维可以被设计为响应特定刺激（如 pH 变化、温度变化或光照）而释放药物，从而实现对药物释放的时间和剂量的精确控制。这种精准控制对于治疗慢性病症或需要定时药物治疗的情况尤为重要。半导体纤维也可以被整合到可穿戴设备中，例如贴片或纺织品，为慢性疾病患者提供持续的药物递送。这种系统特别适用于老年人或行动不便的患者，能够提供更方便、更连续的治疗。

④ 半导体纤维用于神经修复。利用电子设备模拟生物神经是一个新的研究方向。人们普遍认为，模拟生物神经是构建类脑智能系统的硬件基础。为了实现神经的基本功能，包括神经之间的信号传递（输入 - 树突、输出 - 突触）和神经内信号传递（轴突），至少需要两种有机电子器件：一种是用于输入和输出信号的人工突触器件；另一种是将信号转换为脉冲并传输到下一个人工神经元或终端的人工轴突器件（一般采用环形振荡器电路实现）。人工突触可以用完全电子化的方式模拟生物突触的信号传导和记忆行为，从而实现快速准确的神经形态计算。目前，用于模拟突触功能的柔性电子设备大多是二维的。这种设计适合在平坦的基板上制造和使用，但在植入或可穿戴应用中可能会受到阻碍。因此，迫切需要开发纤维形式的突触装置。考虑到神经元的突触传递机制和树突状结构，Kim 等提出了一种利用树突状网络提高记忆周期耐受性的 OECT，并将其应用于空间和时间的迭代学习。该 OECT 由电极微纤维的双链组件和离子凝胶电解质组成（图 4-4），可以有效地实时处理信号[6]。

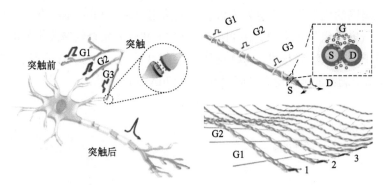

图 4-4　用于时空迭代学习的神经纤维人工突触和树突状网络架构

4.3 ／ 我国在半导体纤维材料领域的学术地位和发展动态

4.3.1 ／我国在半导体纤维材料领域的学术地位及作用

我国在半导体纤维材料与器件应用领域与美国、瑞典和新加坡等国家处于并跑地位。过去 10 余年中，中国的研究者在 *Science*、*Nature* 等国际顶级学术期刊上发表了大量高水平的研究成果，并培养了众多具有巨大发展潜力的青年学者。基于多尺度、多功能半导体纤维材料与器件，我国相继发展出用于脑电信号记录的人机交互接口、织物式逻辑运算以及复合材料无损检测等多项原创性成果，尤其是在基于多功能有机 - 无机杂化半导体纤维和一体化精密流体加工的单纤维半导体器件等领域成果突出。

4.3.2 ／我国在半导体纤维材料领域的发展动态

（1）半导体纤维用于脑电信号记录和脑机接口　半导体纤维在脑电信号记录和脑机接口（BMI）方面的应用是神经科学和生物医学工程的一项重要创新。这些纤维凭借其优异的导电性、灵活性及可微型化的特性，为更精准和敏感地捕获脑电信号提供了新的可能性。在脑电信号记录方面（图4-5），使用共轭聚合物能缓解电极和活性组织之间的阻抗不匹配问题，其固有的柔韧性有利于减少植入和应用过程中的组织损伤。张美宁团队通过湿法纺丝制备了一种具有高边缘取向的CNT-PEDOT:PSS复合纤维，其中少量CNTs作为非均相成核位点，促进PEDOT晶粒沿CNTs的有序生长，此外，CNTs还可以补偿电容损失，增加电荷注入容量，利于神经电信号的高灵敏记录［图4-5（a）］[7]。然而，碳纳米管对人体组织具有潜在的致癌性，而复合电极在手术过程中会在脑组织中弯曲，可能导致CNTs渗漏对人体造成威胁。张美宁团队制备了一种具有低模量的无支撑PEDOT纤维，用于皮质细胞外微物种的高保真时空电生理记录，该纤维与生理组织之间具有优异的机械相容性［图4-5（b）］。这种无支撑的电极大大减弱了机械失配造成的组织损伤，且通过湿法纺丝的参数化调控，能够在不加入导电填料的情况下表现出较高的导电性[8]。

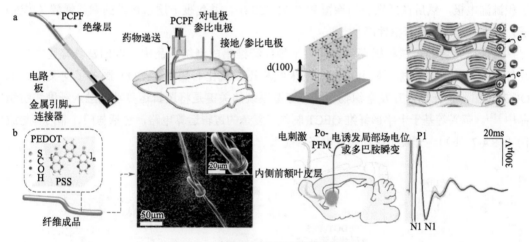

图4-5　半导体纤维器件用于脑电信号记录

（a）具有高度结晶取向的PEDOT-CNT复合纤维；（b）无支撑PEDOT:PSS纤维用于细胞外电生理记录

在脑机接口方面，相关研究包括改善微探针阵列的生物相容性以及提高集成度。陈海兰团队以氧化锌纳米线阵列为模板，直接在微电极上制备了垂直取向的PEDOT纳米管阵列（图4-6）。PEDOT纳米管阵列修饰的微电极电性能显著提高，阻抗下降了两个数量级，电荷容量密度增加了近100倍。此外由于导电聚合物的相对柔性，可以减少植入电极和脑组织之间的机械不匹配，减少排异反应[9]。

半导体纤维的这些应用不仅为脑电信号的记录和分析提供了新的工具，也为开发先进的脑机接口系统提供了基础，有望在医疗康复、人机交互和神经科学研究等领域带来革命性的变化。随着技术的进步，半导体纤维在这些领域的应用将更加广泛和深入。

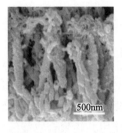
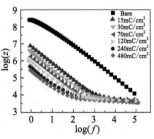

图 4-6　半导体纤维微探针阵列用于脑机接口

（2）半导体纤维材料用于逻辑运算　我国智能纺织品在信息接口领域的研究注重柔韧性、使用寿命、舒适性的提高以及感知、处理、反馈等功能的开发，为智能纤维与织物的多元化应用提供了重要发展思路。智能纤维与纺织品会实时监测人体和周边环境的变化并反馈大量数据，将逻辑计算功能融入纤维和纺织品是实现便携式实时信息处理的潜在策略。

纤维型 OFET 具有柔性、重量轻和体积小的特点，在可穿戴半导体器件方面具有巨大的潜力。胡文平团队使用二维半导体晶体作为活性材料，制造出了高性能纤维状 OFET，实现了优异的载流子迁移率［$1cm^2/(V \cdot s)$］和电压增益（12.4）[10]。在 OECT 方面，我国在 PEDOT:PSS 和聚吡咯（PPy）半导体材料上已经做了许多研究。李莉团队在柔性尼龙纤维上沉积源漏电极，然后在纤维表面涂覆 PEDOT:PSS 层，并包裹一层水溶性的聚乙烯醇（PVA）层，以增强纤维的耐摩擦性能[11]。

我国研究者们正在积极探索如何将半导体纤维集成到纺织品中，以创建具有逻辑运算功能的智能织物。王栋团队利用 PPy 纳米线和还原氧化石墨烯（rGO）制备了交叉形纤维 OECT［图 4-7（a）］，开发全织物柔性可穿戴系统的关键是将逻辑运算功能融入纤维和纺织品中[12]。范兴等基于十字形纤维 OECT 制作了复杂的逻辑运算电路，包括与门、非门和与或门［图 4-7（b）］，开发了织物集成电路智能系统[13]［图 4-7（c）］。

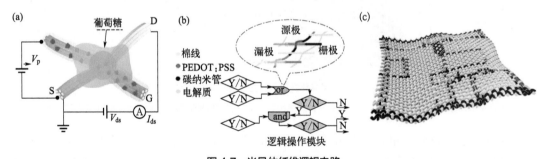

图 4-7　半导体纤维逻辑电路

（a）带有 PPy 纳米线和 rGO 活性层的交叉形纤维 OECT；（b）基于纤维型 OETC 的逻辑门；（c）集成电路智能织物系统

半导体纤维在逻辑织物方面的产业化和商业应用是一个充满潜力的新兴领域，它涉及将新材料与纺织品结合，创造出具有智能功能的织物。这种融合了纺织和电子的创新产品有望在多个市场领域产生显著影响。我国正努力推动这一技术从实验室到市场的转化，众多公司和初创企业开始关注逻辑织物的商业潜力，特别是在消费电子、健康监测和运动服装等方面。

（3）半导体纤维材料用于复合材料无损检测　半导体纤维材料在空天装备的无损检测（NDT）领域的应用是航空航天工程的一项关键技术进步。空天装备，如飞机、卫星和航天器，通常由高性能复合材料制成，这些材料需要定期进行完整性和安全性的检查。在传统的无损检测设备中，需要定期扫描，这个过程通常速度缓慢且仪器笨重。相比之下，将具有射频发射 - 接收等功能的半导体纤维及织物整合到飞机蒙皮中，可以实现实时监测，具有瞬时高效和轻质便携的特点。这种半导体纤维射频新材料的应用，不仅大大提高了检测效率，还降低了运维成本，并提升了飞行安全性。半导体纤维和织物用作蒙皮或集成到飞行器的复合材料结构中，还可以通过电阻变化、应力和应变、电容变化、超声发射、射频发射及光学特性变化等监测方式，提供关于材料内部状态的实时信息，如复合材料内部的微小变化，裂纹、应力和其他潜在的结构缺陷。通过实时监测和分析这些变化，可以及时发现并预防潜在的结构问题，从而确保飞行器的安全运行。这种集成化的无损检测方法是航空航天领域材料科学的一大创新，为未来的空天装备维护和安全管理提供了新的视角。

4.4　作者团队在半导体纤维材料领域的学术思想和主要研究成果

4.4.1　作者团队在半导体纤维材料领域的学术思想

面向国际前沿与国家需求，作者团队率先提出了有机无机杂化构筑智能纤维的学术思想，采用介导（Meso-mediated），即介观尺度的介质（结构子 / 功能子）诱导，自下而上多级构筑，从而将单元组分功能转变为宏观性能的功能与智能纤维。作者团队在半导体纤维材料复合化、功能化与智能化领域取得了系统性和创造性成果。

朱美芳院士、王刚研究员应邀在美国化学学会旗下 *Chemical Reviews*（IF:72.087）发表了题为 *Soft fiber electronics based on semiconducting polymer*（基于半导体聚合物的柔性纤维电子）的综述文章，系统性地介绍和讨论了半导体聚合物纤维和纺织品的材料体系、加工技术、器件机理、应用领域、规模化制造及商业化发展，并对潜在难点的解决方案和未来的发展方向进行了全面的阐述。编辑和审稿人评价该综述论文是对柔性半导体纤维电子领域的首次系统性论述与总结，对半导体聚合物纤维器件领域的发展具有积极的推动作用。作者团队围绕"半导体纤维与电子器件"领域已经开展了一系列原创性工作，涉及基于高精度混合流打印技术的聚合物半导体纤维膜基电子器件、基于一体化精密流体加工的单纤维电化学晶体管、面向人机界面的多维度电子纤维和面向神经工程的电子 - 离子杂化半导体纤维等关键领域。

4.4.2　作者团队在半导体纤维材料领域的主要研究成果

作者团队在半导体纤维领域已开展了一系列创新性研究工作，涵盖了从成丝方法的开发到器件化制备，再到多场景应用的整个技术开发链条。研究成果展示了半导体纤维的多功能性和在不同应用领域的适用性，如智能纺织品、可穿戴电子设备、航空航天和脑机接口等。

（1）半导体纤维材料成丝方法开发　目前"智能服装"的逻辑运算功能仍需外接终端实现，而实现织物与纤维层面的逻辑运算是可穿戴器件未来重要的应用需求与发展方向，因而亟待开发新型高性能半导体纤维材料成丝方法。作者团队提出"混合流微流打印"新思路，实现了对分子链的空间构象、薄膜结晶度及相纯度的控制，可控构筑了半导体微纳米纤维聚集体，为新型高性能半导体纤维材料成丝方法带来了可能。从机理层面上讲，混合流的图案化设计使半导体纳米纤维具有了独特的几何形貌，所带来的限域流体效应显著提升了两相聚合物的相纯度。从加工层面上，混合流的设计理念有效地继承了层流与拉伸流的优势，使半导体聚合物分子链解缠结而且具有取向性，同时使其可以快速地传质传热。从器件制备层面上讲，混合流印刷对于制备高性能聚合物半导体纤维薄膜器件来说具有普适性。作者团队通过开发高精度混合流打印技术，实现了聚合物半导体溶液相中分子链的取向堆叠，使半导体纳米纤维 OFET 的载流子迁移率获得约 15 倍提升，使半导体纤维具有了应用于智能服装等领域的潜力（图 4-8）。

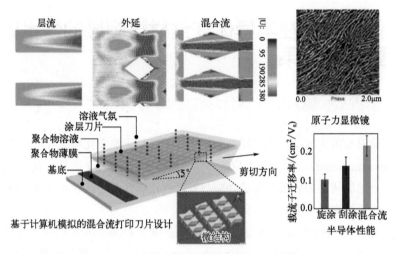

图 4-8　"混合流微流打印"可控构筑半导体微纳米纤维

OECT 具有跨导高（比有机场效应晶体管高 1000 倍以上）、工作电压低（＜ 1V）等特点，因而在智能服装领域独具优势，但其纤维形态器件仍存在半导体纤维力学强度低、环境稳定性差、电化学性能差和难以连续化生产等问题。基于前述工作，作者团队通过采用剪切诱导技术，成功实现了 BBL 在低浓度下的液晶态转变。剪切诱导液晶促进了分子间的 π-π 堆积作用，实现了高取向和高结晶半导体纤维的连续液晶纺丝制备。通过电化学分析和 X 射线衍射数据的结合，作者团队定量描述了剪切力诱导液晶对 BBL 纤维 π-π 堆积、结晶度和电荷传输特性的影响。通过对 BBL 分子有序结构的调控，作者团队开发出了具有创纪录的高 $g_{m,norm}$（2.8S/cm）和 μC^* 值［7.7F/(cm·V·s)］的 n 型纤维 OECT。作者团队还发现液晶分子的自发取向及剪切限域作用使 BBL 纤维展现出显著的轴向优势取向，从而具有了各向异性的电化学性能，其轴向载流子迁移率和跨导相较径向分别提升了 436% 和 397%。同时，BBL 纤维还表现出极高的机械强度（约 600MPa）和在极端温度、辐照和化学环境下的高稳定性。这一发现不仅突破了传统共轭聚合物半导体材料的限制，而且为高性能、可穿戴电子设备的发展提供了新的方向和灵感（图4-9）。

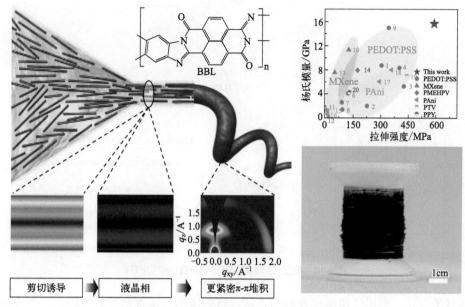

图 4-9 液晶纺丝连续制备 BBL 半导体纤维

（2）半导体纤维器件化设计 半导体纤维要在脑机接口、人机界面或其前沿应用时，需要考虑如何将半导体纤维的特性（如电导率、光电响应等）与其他电子元件（如传感器、微处理器、无线通信模块等）集成，以实现复杂的功能，这就需要对半导体纤维进行器件化设计。

纤维 OECT 将纤维的柔韧性和弹性与 OECT 原有的功能特性相结合，在可穿戴电子产品中具有巨大的潜力。然而，在纤维曲面上进行电极和半导体通道的微纳尺度图案化具有较高的挑战性，导致当前纤维 OECT 的性能普遍较差。因此，亟须在纤维状 OECT 上定义明确的通道尺寸并同时缩小其通道长度，以缩小与平面 OECT 器件的性能差距。作者团队利用表面光刻技术，首次实现对半导体纤维 OECT 器件的精准图案化，在纤维表面上制造高性能 p 型半导体纤维状垂直结构 OECT，并且首次报道了 n 型半导体纤维状垂直结构 OECT。该工作制备的半导体纤维状 OECT 器件均工作在增强模式下，具有卓越的跨导和电流开 / 关比，以及良好的机械稳定性和电化学稳定性。此外，通过传统经纬编制和针织技术展示了基于纤维状 OECT 集成的互补反相器、NAND 和 NOR 逻辑门，证明了半导体纤维 OECT 的编织集成潜力（图4-10）。总而言之，这项研究的结果有助于半导体纤维 OECT 器件化的持续研究，证明了将光刻和纤维涂层技术相结合以实现有效器件制造的潜力。所开发设备的性能和稳定性指标为可穿戴电子领域的进一步研究和潜在应用提供了途径。

另外，因为纺织品具有固有的不规则性、高度的粗糙度和润湿性问题，常规的布线策略不能够很好地适配半导体纤维器件结构。目前，传统的表面功能化策略，如浸涂或印刷，尽管已被广泛采用，但在大面积半导体纤维器件系统制备时，其弊端逐渐显现。密集编织结构和不良的润湿性造成的涂层不均匀、缺乏机械 - 电气稳定性等问题，都限制了半导体纤维

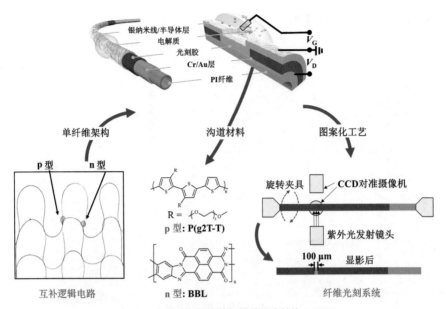

图 4-10 表面光刻图案的纤维状垂直结构 OECT

在此领域的应用。利用气相原位合成的方法，这些问题可以得到有效的解决。更为重要的是，通过引入气相 PEDOT 涂层的半导体纤维器件化设计新方法，作者团队成功地克服了液相涂层的种种问题，如涂层遇水易脱落、织物编织结构的搭桥问题等。这种新的方法不仅提高了涂层的稳定性和耐用性，还确保了涂层的均匀性。制造出的设备在各项性能测试中都表现出色，如出色的导电性、均匀性，以及与长度有关的线性电阻。而且，基于这些半导体纤维和 3D 织物构建的人机通信接口，已成功实现了对输入信息的灵敏响应和逻辑运算功能（图 4-11）。

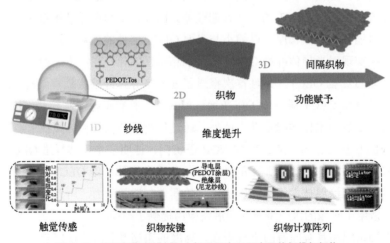

图 4-11 表面气相原位制备人机界面交互用半导体纤维与织物

（3）多场景化应用 半导体纤维具有良好的电子和光电特性，使它们能够有效地传输电子/离子信号。这对于读取和解释大脑活动或肌肉活动的电信号至关重要，使其在织物逻辑电路、神经接口和人机界面交互等领域具有巨大的应用潜力。

实现织物与纤维层面的逻辑运算是可穿戴器件在单兵装备、特种防护、运动医疗、消费电子等领域的应用需求与发展方向,纤维形态的逻辑器件应具备以下两个条件:①低电压驱动,以实现低能耗及符合贴体使用安全性;②足够的力学性能,以满足可编织性及穿戴性。基于作者团队前期工作,制备了具有高取向和高结晶微纳多级结构的千米级电子离子混合传导的全型半导体纤维(p 型纤维、n 型纤维和 p/n 双极型纤维),并通过编织技术实现了智能服装的织物级开关和逻辑电路功能(图 4-12)。通过将一维织物 OECT 阵列用于制造反相器、"NAND"和"NOR"织物逻辑门,实现了将信息转换和数字逻辑运算等功能集成到智能服装中,有望实现"织物芯片"。

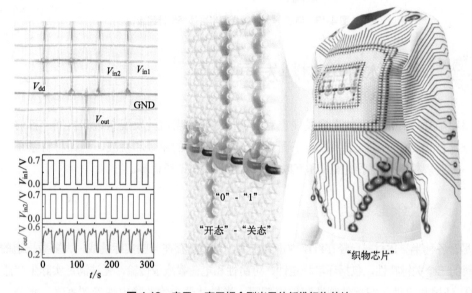

图 4-12 电子-离子耦合型半导体纤维织物芯片

电子是半导体器件中的信号载体,而生物体中的信号传递主要靠离子完成。信息载体的差异导致在为医疗保健和人体增强应用设计生物电子接口时出现信号的不匹配。近年来,有机电子学的发展已经证明了利用阳离子和阴离子选择性输送聚合物构建类似半导体 p-n 结功能的离子异质结。然而,已经报道的离子结器件多基于二维平面或三维块状器件结构,尺寸相对较大,难以与神经、肌肉等纤维状组织集成,阻碍了离子结器件在植入式生物电子中的应用,而半导体纤维在该场景中具有显著的应用价值。作者团队通过一体化反向电荷接枝工艺开发了一种基于聚电解质异质结的电子-离子耦合型半导体纤维器件,可以集成到离子二极管、离子双极结型晶体管、逻辑门等功能中,实现输入信号的"0-1"整流和"开-关"功能。进一步将该纤维与小鼠坐骨神经模拟端侧吻合连接,实现了有效的神经信号传导,验证了下一代人工神经通路在植入式生物电子学中的应用能力(图 4-13)。基于该半导体纤维器件的研发理论和实验基础,未来在对其进行各项优化后能够实现器件的量产化、规范化,最终把它作为神经接口器件,广泛应用于开发诊断和治疗、仿生神经元计算机接口和类脑智能等生物医学设备方面。

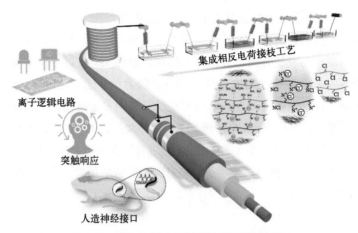

集成相反电荷接枝工艺

离子逻辑电路

突触响应

人造神经接口

图 4-13　电子－离子耦合型半导体纤维神经接口

4.5　半导体纤维材料发展重点

阐明半导体纤维材料的未来发展重点，前提是明确当前的发展瓶颈和挑战。目前，半导体纤维器件仍处于早期发展阶段，下面列举了不同层面的瓶颈和挑战，例如材料系统、器件性能、工业规模制造、系统集成和互联，以及标准化和市场化等。

4.5.1　新型纤维成型半导体材料的设计

尽管各种半导体材料已经在纤维中得到应用，但仍然存在一些实际挑战。大多数报道的半导体材料的三个关键特性，包括环境稳定性、可纺性和电荷载流子传输，无法满足实际生产需求。

① 环境稳定性。在器件制造和使用期间，半导体聚合物的稳定性受到氧气、水分、化学试剂、温度和光线的显著影响。

② 可纺性。缺乏可纺性是一个纤维型半导体材料的关键瓶颈。溶解度、聚合物链形态、分子取向和结晶度都会影响半导体聚合物的可纺性。

③ 电荷载流子传输。有限的半导体特性（电荷传输迁移率、开 / 关比、光电转换效率等）是半导体纤维和纺织品的另一个障碍。

4.5.2　引入高鲁棒性的界面，提高半导体纤维器件性能

半导体纤维器件堆叠界面结构的质量直接影响相关器件的性能和稳定性。例如，在金属 - 有机界面的设计中，通常通过检查功函数来评估电荷注入和提取能力，这与有机物和金属之间费米能级的相对位置密切相关。对于有机 - 有机界面，能级匹配对于有机发光二极管（OLED）的效率提高和有机太阳能电池（OSC）中 D-A 界面的电荷分离至关重要。此外，有机物和电介质界面的电子特性强烈影响电流 - 电压特性，主要表现在 OFET 器件中。为了保持上述过程的稳定运行，界面处的稳定连接与能级匹配至关重要。然而，当前半导体纤维器

件的相关性能尚有不足，关键缺点如下。

① 缺乏一维曲面结构的器件模型。平面半导体功能单元很难平移到曲面集成工艺上，并且尚未开发出适用于曲面的半导体器件模型。

② 界面的不润湿性。界面的不润湿性导致制造过程中的困难和贴片间的差异。

③ 界面层的微观结构（表面粗糙度和取向）控制不佳。半导体纤维器件的界面由于缺乏加工设备和弯曲的几何形状而难以精确控制。

④ 界面稳定性差。由于堆叠结构之间的机械性能不匹配，在使用和加工过程中，特别是在反复弯曲时，容易造成层的分离和剥落，导致寿命短。

4.5.3 / 器件制造的多场辅助技术

开发纤维设备是将传统纤维、纱线和纺织品转变为复杂、集成和网络化系统的第一步。当务之急是保持电子设备的功能和可靠性，并利用纤维和织物的耐磨性。主要挑战总结如下。

① 设计与优化适应应用场景的整体拓扑结构。需要考虑在不同使用场景下可能影响半导体纤维器件稳定性和性能的各种因素，例如环境耐受性、力学性能和热稳定性。与平面器件相比，在不损失性能的情况下为应用场景设计和优化纤维器件的结构变得更加困难。

② 纤维器件结构的缩小。目前的纤维器件设计受到当前制造工艺的限制。器件结构的规模通常难以达到亚微米级。新的技术突破有望使纤维器件结构达到纳米级水平。

③ 缺乏集成技术。目前，平面半导体器件的加工技术不适用于一维纤维结构，半导体纤维的半导体性能落后于其平面器件。纤维器件的制造和互联路线大多是"从纤维到设备"，难以实现大规模、连续的制造和互联。

4.5.4 / 多器件系统级互联

多器件之间的异构集成和互联是纤维器件系统级集成最重要的问题。通过织造、针织、刺绣等纺织工艺开发基于织物的线路板是一个很有前途的方向，可以保持电子元件的电气性能和织物的内在柔韧性。然而，受限于结构，逻辑器件发展缓慢，许多传统刚性电子芯片被应用于集成结构系统，这需要功能性纤维/织物与刚性电子器件之间的可靠连接。传统的方法是焊接和导电黏合剂粘接，但并非理想方法，因此需要在半导体纤维的加工温度和异质集成系统的柔韧性/稳定性之间进行选择。电子器件纤维化是一种自上而下的方法，可以灵活地将商用微电子器件集成到单个纤维中，使纤维具有多种电子功能和优越的电气稳定性。尽管牺牲了部分纤维的灵活性，但电子器件纤维化是迄今为止在系统级实现多个器件连续大规模集成的最有前途的方法。热拉丝是制备电子纤维的常用方法，这种一步到位的方法对加工参数的控制和电路布线的设计提出了更高的要求。

4.5.5 / 标准化和市场化发展战略

目前，大多数半导体纤维器件仍处于实验室阶段。要实现实际商业化，还有很长的路要走。这里总结了半导体纤维器件商业化的一些关键挑战。

① 缺乏标准的纺纱系统。传统的纺织行业测试标准没有涵盖电子器件的特性。同时，现代电子行业规范不符合消费级纤维电子器件指标的要求。

② 纺织工业与电子工业融合困难。智能服装的制造很难与现有的纺织工业和织造技术相结合。

③ 在重点领域缺乏实际应用。尽管半导体纤维器件在神经接口、智能服装、结构材料无损检测中具有巨大潜力，但已经报道的实际应用数量有限。

4.6 半导体纤维材料的展望与未来

随着我国新材料产业"十四五"规划的推进，新材料领域与5G、智能手机、汽车、人工智能、电子商务、智慧城市、智能家居、数字经济等新兴产业的融合日益加深，加快了创新步伐。面向未来，新材料产业必须向高端化、绿色化、智能化方向转型升级，其中半导体纤维作为新型战略材料，在众多高新技术领域发挥着不可替代的重要作用，如可穿戴电子、生物医用设备、智能复合材料以及各种特殊用途的专用场合。

未来，半导体纤维材料与器件的发展应以国民经济支柱产业发展和国家重大需求为牵引，重点围绕以下方向展开。

① 个体健康和人机互融。以个体健康监测和人机交互为核心，开发与人体相容性更好、功能性更强的半导体纤维材料和器件，以满足日益增长的健康管理和人机交互需求。

② 多重纤维结构设计与调控机理研究。探索多种纤维结构的设计和调控机制，提高半导体纤维的功能性和性能，以适应不同应用场景的需求。

③ 纤维态可穿戴性电子元件开发。以穿戴舒适性和功能实用性为导向，开发新型的可穿戴电子元件，以提升智能穿戴产品的用户体验。

④ 智能纺织品及可穿戴系统研发。结合智能材料和纺织技术，开发具有高度集成、智能化的可穿戴系统，为日常生活和专业领域带来新的解决方案。

⑤ 结构功能复合化与集成化。通过智能半导体纤维与可穿戴结构的复合化和集成化，实现更高效的感知、处理和响应功能，推动智能穿戴产品的发展。

⑥ 应用时尚智能化与绿色化。在保持时尚美观的基础上融入智能化元素，同时注重环境友好型设计，实现半导体纤维产品的绿色可持续发展。

最后，面向智能感知、人机交互、健康医疗、家居办公、应急安防和高端时尚领域，半导体纤维材料和产品的发展将集功能性、舒适性、交互性、环境友好性于一体，为未来的智能生活和高科技应用开辟新的道路。随着技术的不断进步和市场需求的不断扩大，半导体纤维材料的应用前景将更加广阔，成为推动新材料产业和相关高新技术领域发展的重要力量。

参考文献

作者简介

王刚，国家重点研发计划项目负责人，东华大学纤维材料改性国家重点实验室主任助理，国家级青年人才，主要从事"半导体纤维材料与器件"研究。在 *Nature Materials*、*Chemical Reviews* 等发表论文 60 余篇，授权发明专利 15 项，PCT 国际专利 1 项。担任 *Advanced Fiber Materials*（Q1区 Top 期刊）执行编辑、国际先进纤维材料学会（筹）秘书长，主持基金委重大研究计划（培育）、荣耀集团等科研项目，所开发的高精度半导体封装设备已供货国内头部企业，"国产化竞技服装系统"服务国家队巴黎奥运会备战。

孙恒达，东华大学材料学院研究员，国家海外优青，上海千人。主要从事有机电子器件的研究，包括器件物理及其生物电子应用。在 *Nature Materials*、*Nature Nanotechnology*、*Advanced Materials* 等期刊发表论文 40 余篇。承担国家重点研发计划子课题，国家自然科学基金面上项目等国家与省部级项目。

朱美芳，中国科学院院士、发展中国家科学院院士，现任东华大学材料科学与工程学院院长、纤维材料改性国家重点实验室主任。在纤维材料复合化、功能化与智能化研究领域取得了系统性和创造性成果，出版著作 10 部（章），发表论文 500 余篇，获授权发明专利 300 余件。获国家技术发明二等奖、国家科技进步二等奖、国家教学成果二等奖、首届全国创新争先奖状等 10 余项奖励，是国家科技创新领军人才和首批"黄大年式教师团队"负责人。

第
4
章

第 5 章

芯片热管理材料

芯片热管理材料是对芯片内热量的产生、传导和排散进行调控的功能材料。近年来，随着芯片晶体管尺寸的不断微缩和封装密度的不断提高，芯片的热流密度已超过 1000W/cm²，对高性能热管理材料提出了迫切需求，当前芯片热管理材料研究成为传热学、材料学、化学、物理学等多学科交叉的国际前沿热点。本章将会介绍几种典型的热管理材料，包括热界面材料、热智能材料、固液相变材料、导热膜、盖板材料和异质结材料，从研究背景、研究进展与前沿动态、我国在芯片热管理材料领域的发展动态、作者团队在该领域的学术思想和主要研究成果、发展重点以及展望与未来等 6 个方面展开介绍。

5.1 芯片热管理材料的研究背景

目前第五代移动通信技术（5G）、人工智能（AI）、云计算和区块链为代表的新一代信息与通信（ICT）技术迅猛发展，大幅增加的计算量对核心电子系统的运算速度和封装密度提出了更高要求，也导致芯片的热流密度急剧升高。例如台湾积体电路制造股份有限公司的3nm 工艺技术，在每平方毫米芯片上集成的晶体管高达 2.5 亿多个，采用的三维集成电路技术进一步增大了封装密度，使芯片级热流密度超过 1kW/cm²，已远超传统冷却技术的性能极限 [1, 2]。在信息领域，理论上微波 GaN 功率放大器的输出功率高达 40W/mm，然而受散热问题无法解决的影响，实际工程中的输出功率仅为 8W/mm [3]。如果不能及时将热量散走，电子器件的温度就会迅速增加，直接导致器件的可靠性、性能和寿命受到影响，据统计电子器件 50% 以上的损坏是由散热问题引起的 [4]。因此，超高热流密度散热已成为电子系统发展亟需解决的问题。

从晶体管产热—芯片内传热—环境中散热的全链条热路径来看，热管理材料广泛应用在芯片内部和外部，如异质结、基板、焊球、底部填充胶、导热塑封胶、热界面材料、金属框架、导热膜、热沉等，开发高性能热管理材料是解决芯片超高热流密度散热问题的关键。近年来，一方面，高热流密度散热需求催生了对高性能热管理材料的要求；另一方面，新型导热填料的层出不穷，如石墨烯、氮化硼、碳纳米管、碳化硅、金刚石、液态金属等，为新型热管理材料的发展提供了机遇。芯片热管理材料研究已经成为传热学、材料学、化学、物理学等多学科交叉的国际前沿热点[5,6]。

热管理材料研究热点包括新型填料的发现和设计、复合材料的制备方法、导热机理、材料热物性的测试技术等。热管理材料通常由高导热填料和基质组成，除了传统的高导热填料，如氧化铝、金属纳米颗粒、氮化硼、石墨烯、金刚石等，近年来，研究人员一方面通过人工智能技术对材料进行高通量筛选，发现了更多种类的高导热填料；另一方面，在复合材料制备方面，通过采用构建高导热填料的导热通路、不同填料尺寸的梯级匹配等方法，实现了复合材料热导率的大幅提升。在导热方面，研究人员通过采用分子动力学模拟、第一性计算、蒙特卡洛模拟等手段，对电子、声子等热载流子的界面热输运特性进行分析和调控，进而减小填料和基质之间的界面热阻[7]；在热物性测试技术方面，除传统宏观热测试方法，如稳态热流法、稳态平板法、热线法、瞬态平板法、激光闪射法和差式扫描量热法之外，研究人员重点研究微纳尺度热物性测试方法，如3ω谐波法、时域热反射测量法和拉曼光谱法。

芯片热管理材料包括导热材料和隔热材料，由于隔热材料在芯片上应用较少，本章不作介绍。本章将会介绍几种典型的热管理材料，包括热界面材料、热智能材料、固液相变材料、导热膜、盖板材料（lid）、异质结材料。

5.2 / 芯片热管理材料的研究进展与前沿动态

5.2.1 / 热界面材料

热界面材料（Thermal Interface Material, TIM）是用于填充固体与固体之间界面间隙的导热功能材料，是解决电子器件、新能源、高能激光等领域热管理问题不可或缺的重要基础材料。热界面材料在集成电路封装中通常分为两类，应用于芯片和盖板（lid）之间的 TIM 一般被称为 TIM1，而位于盖板和热沉散热器之间的 TIM 被称为 TIM2。按照产品形态不同，可以将热界面材料分为导热硅脂、导热凝胶、导热垫片、相变材料、金属焊料、导热胶等。按照材料种类不同，可以将热界面材料分为聚合物基热界面材料和金属基热界面材料，聚合物基热界面材料是以聚合物为基质，然后添加高导热填料，其热导率一般小于 10W/(m·K)；金属基热界面材料是以金属为主体，其热导率通常比聚合物基热界面材料的热导率高一个数量级。

（1）聚合物基热界面材料 聚合物基热界面材料主要是由导热填料与聚合物组成。导热填料的加入提高了聚合物的热导率，同时保留了聚合物良好的柔韧性、低成本以及易于加工成型的优点。典型的导热填料包括氧化铝、氧化硅、氧化锌、氧化镁、金属纳米颗粒、石墨烯、碳纳米管、氮化硼、氮化铝、碳化硅等。研究人员主要从导热填料、基质、导热通路、界面热阻四个方面进行研究，如图 5-1 所示。当填料分数到达一定程度（渗流阈值），连续的导热网络开始形成，使聚合物复合材料热导率呈指数性增加。Xu 等[8]采用电沉积法制备了高度取向的银导热网络，其制备的热界面材料的热导率高达 30.3W/(m·K)，远远高于随机分散法制备的聚合物复合材料[1.4W/(m·K)]。Wang 等[9]研究发现，在同等填料含量下[0.9%（质量分数）]，铜纳米线比银纳米线具有更高的提高聚合物热导率的能力。Zhang 等[10]采用真空抽滤制备了氮化硼（h-BN）膜，将水溶性高分子聚乙烯醇渗入 h-BN 之间，形成 h-BN/ 聚乙烯醇复合材料。当 h-BN 的含量为 27%（体积百分比）时，其面内和面外热导率最高可分别达 8.44W/(m·K) 和 1.63W/(m·K)。此外，导热填料与导热填料之间、导热填料与聚合物之间存在着大量的微纳界面，这些界面产生的热阻会阻碍热量的传递。氮化硼是绝缘高导热材料，被用于导热填料，但是氮化硼与有机材料之间不能成键，界面热阻大。通过对 BN 进行羟基或羧基修饰，可以增加与有机材料之间的键合强度，增加材料热导率。石墨烯与聚合物之间的界面作用很差，通过键合材料可以提高界面结合强度。Song 等[11]先在聚丙烯表面生长一层聚多巴胺，然后在聚多巴胺表面镀上一层石墨烯，聚多巴胺以氢键与聚丙烯形成相连，以共价键与石墨烯相连，显著改善了界面键合强度。测得材料的面内热导率为 10.93W/(m·K)，是纯聚丙烯材料的 55 倍，是聚丙烯 / 石墨烯材料的 4 倍。

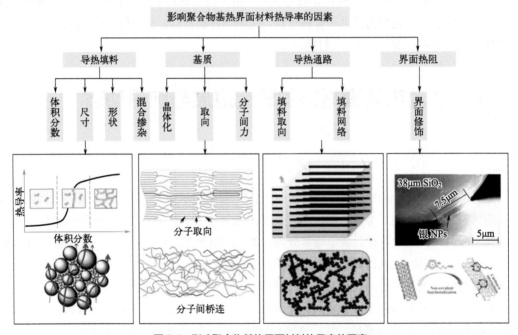

图 5-1　影响聚合物基热界面材料热导率的因素

（2）金属基热界面材料　金属基热界面材料由于其本征热导率很高，近年来引起了人们的关注。Sn-Ag-Cu 基合金或者 Sn-Bi 既可以作为电子封装中的标准无铅焊料，也常被用作热界面材料，其优势在于具有高的热导率、低的界面热阻、高可靠性以及低成本。室温液态金属热界面是一种新型的热界面材料，但液态金属表面张力大，流动性好，且与很多结构材料并不浸润，这极大地阻碍了其作为热界面材料的使用，经过长期摸索，研究人员发现，适当的氧化可以极大地改善液态金属的黏附性能[12]，其热导率为 $10 \sim 40W/(m \cdot K)$。适当掺杂高导热纳米颗粒可以将液态金属热界面材料的热导率提高到 $100W/(m \cdot K)$，但是由于铜与镓之间会生成金属间化合物，降低了预期热导率，而在铜表面镀上一层有机单分子层，既可以增加界面键合力，提高热导率，又可以避免铜与镓之间的腐蚀作用[13]。

5.2.2 / 热智能材料

热智能材料是一种能够实时响应外界环境变化，进而自主调节热导率的材料。其热导率（κ）能够根据外部刺激做出响应，在高/低状态之间切换，或连续改变热导率的大小，衡量热智能材料最关键的指标，是其响应前后热导率的最大变化幅度（r）：$r=\kappa_{on}/\kappa_{off}$。近年来，已有不少研究者研发了不同的材料，通过不同的操纵机制实现了对材料热导率的可逆调节，包括纳米颗粒悬浮液、相变材料、原子插层、软物质材料和铁电材料等，图 5-2 显示了不同种类的热智能材料。

纳米颗粒悬浮液的热导率可以通过电场[14]、磁场[15]或剪切流[16]等外场来调节，具有响应速度快、能耗低、可逆性和连续可调热导率等优点，是一类研究较多的热智能材料。Philip 等[17-19]于 2009 年对悬浮在煤油中的 Fe_3O_4 铁磁性纳米颗粒进行了系统的实验研究，发现在磁场作用下，铁磁性颗粒沿磁场方向定向成链，从而提高悬浮液的热导率。当磁场强度为 $B = 101G$ 时，获得热开关比 $r = 2.16$。为了获得更大的开关比，Sun 等[20]使用悬浮在聚 α 烯烃溶液中的石墨纳米片，在 $B=425G$ 时实现了 $r=3.25$ 的调控幅度。与磁场调控相比，电场调控更直接，响应速度更快且能耗更低。张梓彤等[21]于 2020 年制备了石墨烯纳米片/Mg-Al 层状双氢氧化物（GNS/LDH）悬浮在硅油中，当施加直流电场时，粒子沿着电场方向逐渐堆积成小的有序链，最终形成长链，实现 $r=1.35$ 的调控幅度。

当环境温度达到临界阈值时，相变材料的微观结构发生变化，会导致热导率的突变[22]，如果环境温度恢复到原始水平，相变材料将再次返回其原始状态，这使其成为良好的热智能材料。固态相变材料，包括金属-绝缘体相变材料、磁结构相变材料和相变存储材料，由于转换前后均为固相，材料性质稳定，所以具有广泛的应用前景。VO_2 是一种良好的金属-绝缘体相变材料[23]，其电导率在相变点 $T=340K$ 附近变化 10^5 量级。Dahal 等[24]提出了一种 $V-VO_2$ 核壳结构，在 $T=340K$ 时，其热开关比为 $r=1.2$。Kizuka 等[25]于 2015 年指出，多晶 VO_2 薄膜在相变点处面向热导率的变化幅度可达 1.6。Lee 等[26]于 2017 年发现，在 VO_2 薄膜中掺杂了少量的钨，如图 5-2（b）所示，可将 VO_2 的相变温度降低到 310K，并且实现了 $r=1.5$ 的热开关比。相变存储材料在室温下可以在晶态和非晶态之间切换，如图 5-2（d）所示[27]。GST 在低温下为无定型相，声子震动模态间的耦合对热传导的贡献最大，导致导热性差[28]，随温度升高，GST 变成六方相，电子对热传导的贡献更大，增加了热导率[29]。快速冷却使 GST 变成非晶态，而快速加热将使其再次结晶，GST 的热导率在室温下可变化 7.5 倍[30]。$T=298K$ 下，GST 可实现 $r=3.0$ 的调控幅度[31]。$T=453K$ 下，GeTe 薄膜可实现 $r=6.2$ 的调控幅度。

在电场下自发极化的铁电材料是一种优异的热智能材料。如图 5-2（c）所示，铁电材料由许多具有不同极化取向的畴组成，无外场时，大量的畴区具有不同的极化方向；施加电场后，这些畴将极化并沿着电场方向排列，畴壁密度降低，畴壁引起的声子散射降低，材料的热导率提高。Ihlefeld 等[33]通过操纵 Pb（$Zr_{0.3}Ti_{0.7}$）O_3 双层膜的纳米级铁弹性畴结构，实现了热导率的主动和可逆调节。当 $E = 475kV/cm$ 时，可实现 $r = 1.08$ 的调控幅度。Deng 等[34]使用电场来操纵有机铁电材料聚偏氟乙烯的原子结构，以改变其热导率。聚偏氟乙烯在电场下极化，链间结构变得高度有序，减少声子散射并提高热导率，实现 $r = 1.5$ 的调控幅度。

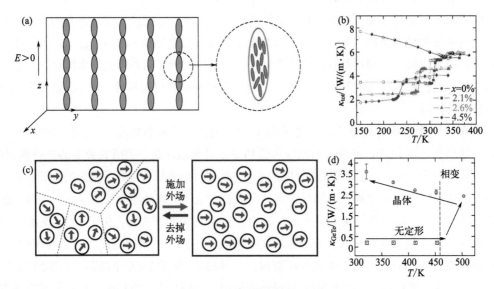

图 5-2 不同种类的热智能材料

（a）纳米颗粒悬浮液在电场作用下定向并连接成链；（b）掺杂钨的相变材料 VO_2 的热导率随温度的变化；（c）铁电材料；（d）GeTe 的热导率随温度的变化

5.2.3 ／固液相变材料

固液相变材料（Phase Change Material，PCM），是指在一定的温度或温度范围内发生固液相转变的一类材料，在相变过程中，相变材料与周围环境交换大量热量，同时其温度几乎保持不变。相变材料可以在稳定的温度下实现大容量的热能储存，具有储能密度大、传热熵损失小的特点，在电子器件温控方面具有明显的优势。Mac Hodes[35]用铝腔封装正二十烷后组成相变控温装置，当手机芯片以 3W 的恒定功率发热时，相变控温装置可使芯片表面温度达到工作温度上限 70℃的时间延长 40min。Dong Won Yoo[36]根据计算机运行时 CPU 存在间歇发热的特性，将低熔点合金填充到铝肋片的空腔中，用于台式计算机 CPU 的温控，结果表明，相比于普通散热温控装置，复合相变温控装置使风扇转动时间减少了 4.2h。F.L. Tan[37]将正二十烷应用到电脑主处理器的控温，实验结果表明，当主处理器以 16W 恒定功率发热时，相变温控装置可使主处理器表面温度达到工作温度上限 65℃的时间延长 30min。

　　按照化学成分的不同，可将相变材料分为三大类：有机相变材料、无机相变材料和金属相变材料，其中无机相变材料在芯片领域应用很少，在本章不作介绍。表 5-1 列举了典型的芯片用相变材料的热物性。有机相变材料是一类中低温相变材料，可细分为石蜡和非石蜡两大类。石蜡是指直链烷烃混合物，一般没有确切的熔点，其熔点范围随着混合物组分和比例的变化而变化。非石蜡类相变材料主要包括酯、脂肪酸、醇和甘醇等。石蜡类相变材料相变潜热值一般为 200 ～ 300kJ/kg，而非石蜡类一般为 100 ～ 200kJ/kg，热导率一般为 0.2W/(m·K)。金属相变材料的热导率比有机相变材料高出两个数量级。高的热导率意味着良好的传热性能和高的储热效率，正因为如此，金属相变材料在近年来备受关注。在室温附近的金属也称为低熔点金属或液态金属，以镓及其合金以及铋基合金为主，镓及其合金的熔点在30℃以下，无毒铋基合金的熔点一般在 60℃以上。关于固液相变材料的研究主要集中在相变材料的强化传热技术和相变材料的封装两个方面。

表 5-1　典型芯片用相变材料的热物性[38]

类别	名称	熔点 T_m/℃	潜热 ΔH/(kJ/kg)	密度 ρ/(kg/m³)	热导率 κ/[W/(m·K)]
有机类	十八烷	29	244	814(s)/724(l)	0.36(s)/0.15(l)
	二十一烷	41	294.9	773(l)	0.145(l)
	二十三烷	48.4	302.5	777.6(l)	0.124(l)
	二十四烷	51.5	207.7	773.6(l)	0.137(l)
	十八烯酸	13	75.5	871(l)	0.103(l)
	羊蜡酸	32	153	1004(s)/878(l)	0.153(l)
	十二烷酸	44	178	1007(s)/965(l)	0.147(l)
	十六烷酸	64	185	989(s)/850(l)	0.162(l)
	十八酸	69	202	965(s)/848(l)	0.172(l)
金属类	Ga	29.78	80.16	5904(s)/6095(l)	33.49(s)/33.68(l)
	$Bi_{44.7}Pb_{22.6}In_{19.1}Sn_{8.3}Cd_{5.3}$	47	36.8	9160	15
	$Bi_{49}In_{21}Pb_{18}Sn_{12}$	58.2	23.4	9307(s)	7.143(s)/10.1(l)
	$Bi_{31.6}In_{48.8}Sn_{19.6}$	60.2	27.9	8043	19.2(s)/14.5(l)
	$Bi_{50}Pb_{26.7}Sn_{13.3}Cd_{10}$	70	39.8	9580	18

注：s 表示固态，l 表示液态。

　　（1）强化传热方面　传统有机相变材料普遍存在的一个问题是热导率较低，这严重阻碍了热量在相变材料内部的传递，降低其换热效率和工作性能。因此，对相变储热单元采取有效的强化换热措施十分必要，这也是近年来研究的热点，如图 5-3 所示。常见的相变传热强化方法可以分为两大类：

　　① 对相变材料的热物性进行改进，最常用的方法是通过添加高导热纳米颗粒来增强相变材料的等效热导率，纳米颗粒主要包括高导热金属纳米颗粒和碳基纳米颗粒；

　　② 延展传热面积或提供高导热路径，如内部翅片、泡沫金属、金属丝网、热管、微封装胶囊等。针对低熔点金属相变传热的研究，最早可以追溯到 20 世纪 80 年代美国普渡大学

Gau 和 Viskanta[39]、Beckermann 和 Viskanta[40] 关于金属镓在竖直方腔内的熔化和凝固过程的研究。2014年，美国佐治亚理工学院 Green 等[41] 将微量低熔点金属 $Bi_{49}In_{21}Pb_{18}Sn_{12}$（熔点58℃）直接植入电子器件内部，以抵抗其在其功率波动时造成的局部热点。2018年，美国波多黎各大学和美国陆军研究实验室[42] 将金属相变材料 $Bi_{32.5}In_{51}Sn_{16.5}$（熔点60℃）和 $Bi_{49}In_{21}Pb_{18}Sn_{12}$（熔点58℃）用于军用电子设备芯片抗热冲击。

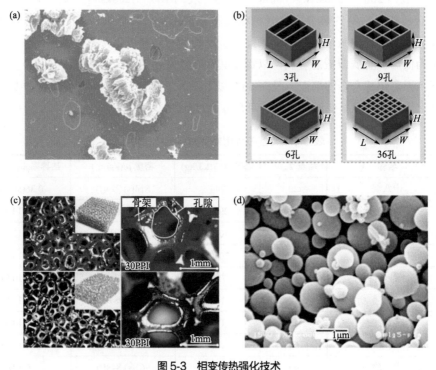

图5-3 相变传热强化技术

（a）膨胀石墨；（b）翅片；（c）泡沫金属；（d）微封装胶囊

（2）封装技术方面 目前相变材料的封装技术主要有共聚法、微胶囊法、聚合物基体插入法、纳米材料封装法、多孔基材料复合法五种。共聚法又称化学法，该方法是使相变介质的分子以嵌段共聚或接枝共聚的形式接枝到基体材料的主链或侧链上，从而保证相变材料在相变过程中保持形态的稳定。Peng 等[43] 以聚乙二醇、二苯基甲烷二异氰酸酯以及 β 环糊精为原料，利用化学法制备出了固态的相变材料，其中二苯基甲烷二异氰酸酯为硬段，起到支撑作用，聚乙二醇为相变介质，负责在相变过程中吸收和放出能量，该相变复合材料的熔化焓高达115J/g。微胶囊封装主要目的是保持相变介质的形状并且防止它与周围环境的相互作用，制备技术包括喷雾冷却、喷雾干燥、流化床、原位聚合、溶剂萃取和蒸发法等。聚合物基体插入法是将相变介质分子分割成极小的单位限制在聚合物基体内部，从而防止相转变过程中渗漏现象的发生。Sari 等[44] 利用丙烯酸聚合物作为支撑材料制备了固态的相变材料，他们将甲基丙烯酸甲酯共聚物和脂肪酸共混，复合材料中脂肪酸的最高含量为70%，并且在50～70℃范围内多次循环都没有渗漏现象发生。纳米材料封装法是将相变介质限制在纵向（一维，1D）、界面之间（二维，2D）、多孔网络（三维，3D）中，从而防止固液相转变介质在相转变过程中的流动，避免了渗漏现象的发生。通过单轴静电纺丝、同轴静电纺丝、多流体静电纺丝将有机相变介质限制在 1D 结构中。其中，单轴静电纺丝是一种较为简单的技术，对相变介质有很高的封装效率。多孔基材料复合法是将相变材料注入多孔基体中，利用多孔结构的毛细力，将相变材料束缚在孔隙中，常见的多孔材料包括泡沫金属、泡沫石墨、石墨烯凝胶。

5.2.4 / 导热膜材料

与传统的导热材料相比，导热膜材料具有优良的柔韧性和超高的面内热导率，具有广泛应用前景。根据材料组成成分不同，导热膜材料可分为纯聚合物膜[45]、全碳膜[46]和聚合物基复合材料膜[47]，如图 5-4 所示。

图 5-4　导热膜材料分类及特点

纯聚合物膜具有足够的力学性能和可加工性，并且拥有强大的抗电和抗腐蚀能力，但是受限于低热导率 [0.02 ～ 0.2W/(m·K)] [48]。为提高纯聚合物膜的热导率，研究人员做了大量工作。美国麻省理工学院陈刚团队[49]设计了一种由结晶和非晶域纳米纤维组成的聚乙烯薄膜，其中非晶区域中的非结晶链通过链解和重新排列可实现较高的热导率，最终聚乙烯薄膜的热导率可达到 62W/(m·K)；英国拉夫堡大学的 Ronca 教授等[50]在没有任何溶剂的固态中进行单向和双向拉伸，制备了具有较少纠缠链的聚乙烯薄膜，实现了热导率的提升；纽约州立大学的 Ren 教授团队[51]设计了一种简单的溶液 - 凝胶剪切方法来制备聚乙烯薄膜，在超高分子量结晶链的排列和紧密堆积下，薄膜的面内热导率达到 10.74W/(m·K)。

全碳膜具有较高的热导率，但表现出脆性和刚性特征。由于石墨烯低原子质量、简单的晶体结构、低非谐性和强键合性的特点，石墨烯的本征热导率可达到 5300W/(m·K)，已成为构建超高热导率薄膜的研究热点[52-53]。加利福尼亚大学河滨分校 Balandin 教授团队[54]在 1000℃以上的高温下对氧化石墨烯膜进行退火和热压处理，制备了热导率为 60 ～ 1940W/(m·K) 的还原氧化石墨烯膜；浙江大学高超教授团队[55]使用平均横向尺寸为 108μm 的巨型氧化石墨烯作为原料，在 3000℃的高温和 300MPa 的超高压条件下制备了无缺陷的还原氧化石墨烯膜，表现出 1940W/(m·K) 的高热导率和良好的柔韧性。除热处理工艺外，化学还原法和化学气相沉积法也是制备石墨烯导热膜的有效方法。复旦大学李卓教授团队[56]采用化学还原法，以氢碘酸为还原剂还原氧化石墨烯膜，得到了热导率为 1102.6W/(m·K) 的还原氧化石墨烯膜；韩国基础科学研究所 Ruoff 等[57]采用化学气相沉积法制备了堆叠 100 层的石墨烯膜，其面内热导率为 2292W/(m·K)。此外，研究人员还通过真空过滤开发了一些其他导热全碳膜，如氟化石墨烯膜[58]、还原氧化/氟化石墨烯杂化膜[59]、还原氧化石墨烯/碳纤维膜[60]、碳纳米管膜[61]和碳纳米环/还原氧化石墨烯杂化膜[62]。

综合纯聚合物膜和全碳膜的特点，在全碳膜中引入聚合物可以提高碳膜的柔韧性，同时确保较高的热导率。澳大利亚昆士兰大学 Song 等[63]采用层层自组装方法制备了一种苯基膦酸包覆石墨烯纳米片/聚乙烯醇复合导热膜，表现出 82.4W/(m·K) 的面内热导率、高柔性和 259MPa 的高拉伸强度等特点；复旦大学武培怡教授团队[64]制备了一种含 93% 氟化石墨烯的聚乙烯醇复合膜，面内热导率可达 61.3W/(m·K)；湖南大学王建锋教授团队[65]使用纳米纤维对石墨膜进行改性，发现排列的石墨和坚固的三维纳米纤维网络不仅赋予了改性石墨膜优异的力学性能，而且使改性石墨膜的面内热导率达到 179.8W/(m·K)。这些研究为提高聚合物基复合材料导热膜的韧性和同时保持其优异的导热性能提供了可行的途径。

5.2.5 / 盖板材料

在芯片封装方面，工作温度过高和热膨胀系数失配会导致组件之间产生热应力，进而引发翘曲问题[66-71]。在倒装芯片封装中，盖板通过热界面材料与基板上的芯片相黏结，其热、力学性能对于芯片封装的可靠性具有重要影响[72]。盖板材料的热导率与芯片内的最高温度以及温度分布直接相关，从而会影响芯片的可靠性，盖板材料的弹性常数、热膨胀系数与芯片内部半导体材料的相容性则会影响器件在工作时产生的热应力大小，而盖板材料的密度则与芯片封装的轻量化有关[73]。随着芯片特征尺寸不断减小、晶体管数目不断增加，传统芯片封装采用的铜盖板已经难以满足高功率密度芯片的热管理需求，为提升芯片封装盖板的散热与均热性能，需要开发和使用新型盖板材料。

表 5-2 电子封装材料的物理性质

发展趋势	种类	密度/(g/cm³)	室温热导率/[W/(m·K)]	热膨胀系数/(10⁻⁶/K)
第一代电子封装材料：单质金属	Al	2.7	237	23.2
	Cu	8.9	397	16.5
第二代电子封装材料：金属合金	Cu-W	15～17	157～190	5.7～8.3
	Cu-Mo	9.4～10	184～197	7.0～7.1
第三代电子封装材料：高热导率金属基复合材料	Al-SiC	约3	150～254	6.5～9.5
	Al-金刚石	约3	350～760	7～9
	Cu-金刚石	约6	400～1000	4～7

铝-碳化硅（Al-SiC）金属基复合材料，作为代表性的第三代电子封装材料，与以单质金属材料为代表的第一代电子封装材料和以合金材料为代表的第二代电子封装材料相比，具有高热导率、可调热膨胀系数、低密度、低成本等优势（表5-2），在芯片盖板领域受到广泛关注[74]。铝-碳化硅是发展较为成熟的高热导率金属基复合材料，在电子封装领域还常常被用作热沉、功率电子器件基底、均热板与电子器件外壳，面向芯片热管理，现有研究主要关注新型金属基复合材料的制备开发与导热性能提升。

铝-碳化硅复合材料已经在热管理领域得到了大量实际应用，在开发导热性能更优的金属基复合材料方面，金刚石具有自然界最高的热导率，是理想的高热导率填充材料，综合考虑热学、力学性能的调控潜力以及材料制备成本，铝-金刚石和铜-金刚石金属基复合材料研究价值较高，是目前学术界和产业界较为关注的两类材料[75-77]。金属基复合材料的制备方法主要包括粉末冶金法、喷射沉积法、搅拌铸造法、压力铸造法和气压浸渍法等[76]，针对铝-金刚石复合材料，通过优化制备过程中的压力、温度以及反应时间等，采用气压浸渍法，目前能够实现超过 700W/(m·K) 的热导率[78, 79]，对于铜-金刚石复合材料，目前能够实现的最大热导率约为 930W/(m·K)[77, 80]。

复合材料的导热性能取决于多种因素，包括各组分的热导率、几何分布和体积分数、基体材料和填充材料的微观界面结构及界面热阻。对于金刚石金属基复合材料来说，由于金属和金刚石材料间的相容性较差，其界面热阻通常较高[81, 82]，限制了复合材料达到其导热性能的理论上限。基于此，学者们针对金刚石/金属复合材料的界面改性进行了大量的研究，常见的界面改性方法包括基体合金化和金刚石表面金属化[75, 76]。Wang 等通过改变铜基体中锆（Zr）元素浓度实现了对其与金刚石界面结构的调控，实现了对复合材料热导率的提升[80]。Bai 等则通过在金属基体中掺杂硼元素能够实现界面结构的调控，实现了热导率可达 868W/(m·K) 的铜-金刚石复合材料[83]，这类方法依赖于合金元素的扩散及其与金刚石发生化学反应形成界面层，从而增强金刚石与基体材料的结合力。在金刚石表面进行金属化，常常采用气相沉积、化学电镀、熔盐法和磁控溅射等方式，为增强金刚石与基体材料界面结合的强度，需要镀覆材料同时与金刚石和基体具有良好的相容性，常选用碳化物形成元素，包括 Ti、Zr、W、Cr、Mo 等[84-86]，镀层材料的引入一方面能够提升复合材料的致密度，使其受金刚石含量的影响减小，另一方面则能够有效降低界面热阻[88]，实际应用复合材料的导热性能与界面热阻还与镀层材料厚度[88, 89]、镀层材料与金刚石及基体材料的润湿性、声学适配情况[90]等因素有关。

5.2.6　半导体异质结材料

半导体异质结材料是半导体材料与导热衬底之间形成的异质界面结构。随着电子器件功率密度的提升和尺寸的减小，散热能力已经成为限制器件实际性能的主要瓶颈，特别是在宽禁带和超宽禁带半导体材料中。宽禁带和超宽禁带半导体材料包括 GaN(3.4eV)、SiC(3.26eV)、β-Ga_2O_3(4.8eV) 和 AlN(6.23eV) 等。电子器件工作时会在栅极附近产生纳米级大小的局部热点，大多数近结热管理策略的目的都是通过将热量扩散到下侧的衬底来降低峰值温度。因此，采用高热导率的衬底材料、增强器件与衬底之间的界面热导是降低热点温度的主要途径。例如，GaN/金刚石的界面热导约为 50MW/(m² · K)，相当于 4μm 厚的 GaN 或 44μm 厚的金刚石的热阻。采用高导热衬底可以直接提升器件的散热能力，从而提升器件实际性能。例如，Si 基 GaN 的直流功率密度为 4.5W/mm[91]，具有更高热导率的 SiC 基 GaN 的直流功率密度可以达到 15W/mm[92]，而金刚石基 GaN 的直流功率密度可达 56W/mm[93]。

在过去的几十年里，人们开发了许多先进技术来制造高质量的宽禁带和超宽禁带异质结构。这些技术包括分子束外延（MBE）、原子层沉积（ALD）、物理气相沉积（PVD）、化学气相沉积（CVD）、金属有机化学气相沉积（MOCVD）、等离子键合、亲水键合、疏水键合、表面活化键合（SAB）等。以上方法可以分为两大种类：生长方法和键合方法。其中生长方法是在衬底上外延或沉积生长半导体材料，而键合方法是将两种已经制备好的材料结合在一起。MBE 和 ALD 方法能获得高质量界面，然而它们是通过逐层沉积原子实现的，速度慢且价格昂贵。CVD 方法价格更低，目前广泛用于获得高质量的 GaN 晶圆，但是它的精度更低，需要高温生长条件，界面结合情况更加复杂。生长方法面临的普遍问题是对衬底的选择性高，晶格不匹配度大的半导体异质结材料往往难以实现生长。此外，从生长过程中的高温退火到常温时，容易因为热膨胀系数的不同导致晶圆的弯曲和开裂。因此，尽管金刚石具有自然界最高的热导率，但它极高的硬度和晶格不匹配度导致使用金刚石作为衬底材料十分困难。键合方法在近期被视为实现半导体异质界面的另一途径。SAB 方法在室温超高真空条件下实现直接固态共价键合，它首先在样品表面沉积一定厚度的过渡层，通过氩离子束轰击样品表面诱导表面活化，产生表面悬空键，然后通过机械压力将两个表面压在一起。但是键合法的界面质量较差，容易出现气泡等现象，界面的过渡层需要高温退火才能转化为晶体。

大多数异质结构中间都有过渡层。不同材料之间由于晶格常数和热膨胀系数不匹配，会产生应力和位错，过渡层可以起缓冲作用。通过不同的过渡层材料，可以优化界面处原子间的化学键结合情况，增强界面键合力。然而，由于过渡层引入了额外的界面和非晶层，其往往导致界面热导的降低。对于 GaN/金刚石界面，过渡层主要采用 SiN$_x$ 或 AlN，过渡层越薄，界面热导越高，可达 147～400MW/(m² · K)[94, 95]。对于 GaN/SiC 界面，过渡层一般为 AlN，随着过渡层变薄，界面热导提高，可达 230MW/(m² · K)[96]。对于 GaN/Si 界面，过渡层主要为 AlN，更厚的过渡层反而导致了更高的界面热导，这可能是由更好的 GaN 质量带来的[97, 98]。通过 SAB 方法获得 GaN/金刚石界面，随后在 1000℃退火，过渡层仅有 3nm 非晶 SiC，对应的界面热导约为 170MW/(m² · K)。进一步退火转变非晶层为晶体后，界面热导提高到 230MW/(m² · K)[99]，这说明过渡层的存在及其厚度对异质结的界面热导有很大影响。

5.3 我国在芯片热管理材料领域的发展动态

5.3.1 热界面材料

我国高端热界面材料依赖从日本、韩国、欧美等发达国家进口，国产化电子材料占比非常低，大大阻碍了我国的电子信息产业发展和限制终端企业的创新活力。2018 年开始，中美贸易摩擦升级导致的"中兴芯片制裁"事件和"华为制裁"事件，充分说明：发展国产化热界面材料对于避免芯片核心技术和集成电路产业受制于人具有重要的现实意义。面对激烈的竞争，我国在国家层面也充分重视。表 5-3 总结了我国发布的热界面材料基础研究与技术开发的相关政策。科技部从 2008 年部署、2009 年开始启动 02 重大专项（极大规模集成电路成套工艺与装备），2014 年启动集成电路大基金，经过近十年的支持，我国集成电路产业取得了长足的发展，封测产业跻身全球前三。但作为物质基础的高端电子封装材料，仍然基本依赖进口。热界面材料在电子等行业应用广泛，国家也出台了相关扶持政策促进国内热界面材料产业的发展。例如，2016 年科技部启动"战略性先进电子材料"专项，布局了"高功率密度电子器件热管理材料与应用"，其中研究方向之一为"用于高功率密度热管理的高性能热界面材料"。2022 年"纳米前沿"重点专项，布局了"纳米尺度的声子热输运"，其中研究方向之一为"开发高性能热界面材料"。

目前，我国在传统的聚合物基热界面材料方向处于跟跑阶段。自 20 世纪 90 年代以来，以美国为代表的发达国家大学和科研机构（如麻省理工学院、佐治亚理工学院等）、美国军方（DAPA 项目）和骨干企业（Intel、IBM 等）都投入巨大力量持续进行热界面材料的科学探索和技术研发。这带来了美国和日本的企业，如 Laird（莱尔德）、Chomerics（固美丽）、Bergquist（贝格斯，汉高收购）、Fujipoly（富士高分子工业株式会社）、SEKISUI（积水化学工业株式会社）、DowCorning（道康宁-陶氏）、ShinEtsu（信越化学工业株式会社）和Honeywell（霍尼韦尔）等占据了全球热界面材料 90% 以上的高端市场。我国在聚合物基热界面材料研究方面起步较晚，而得益于国内电子行业国产化替代的迫切需求，近年来国内的中石科技、飞荣达、深圳德邦的热界面材料逐渐进入华为、小米等手机行业的供应链。在一些新兴热界面材料方向，我国在科学研究和行业应用上走在了世界前列，如液态金属热界面材料，我国的云南中宣液态金属科技有限公司在世界上首先实现液态金属导热膏的大规模商用化，已用于索尼 PS5 游戏机、联想笔记本等。

表 5-3　我国发布的热界面材料基础研究与技术开发的相关政策[100]

时间 / 年	政策名称	单位	内容
2012	《新材料产业"十二五"》发展规划	工业和信息化部	高导热材料纳入发展重点
2012	《广东省战略性新兴产业发展"十二五"规划》	广东省	高性能有机高分子材料及复合材料、重点发展高性能合成树脂、导电（热）胶
2015	《中国制造 2025》重点领域技术路线图	国家制造强国建设战略咨询委员会	光电领域用石墨烯基高性能热界面材料被列为前沿新材料中的发展重点
2016	《关于加快新材料产业创新发展的指导意见》	工业和信息化部、发展和改革委员会、科学技术部、财政部	加快热界面材料技术和产业发展
2016	国家重点研发计划 - 战略性先进电子材料专项	科学技术部	用于高功率密度热管理的高性能热界面材料
2018	深圳十大基础研究机构 - 深圳先进电子材料国际创新研究院	深圳市	热界面材料是五大重点研发方向之一
2022	国家重点研发计划 - 纳米前沿重点专项	科学技术部	开发高性能纳米热界面材料，以突破纳米热界面研发瓶颈

5.3.2 / 热智能材料

　　清华大学航天航空学院曹炳阳教授课题组首次提出热智能材料概念，发展了计算纳米颗粒的扩散系数及扩散张量的方法，验证了旋转扩散系数与颗粒定向性之间的关系，模拟证明了电场下低维纳米颗粒会在溶液中转动并首尾相接形成链状结构，形成有效导热网络[101, 102]。此时，热量的传输主要通过颗粒形成的网络进行，热导率得到有效提升，达到"热渗流"的效果。在电场作用下，低维纳米颗粒极化形成偶极子，两个极化后的低维纳米颗粒受到库仑力作用而相互吸引，形成链状结构。在此基础上，利用石墨烯片状纳米颗粒作为悬浮颗粒，利用电场作为外场调节，实现了 $r=1.4$ 的调节幅度，其响应时间在毫秒量级。北京师范大学郑瑞廷[103]于 2011 年最早开始研究石墨烯/十六烷复合材料，观察到石墨烯片相互接触形成团聚体，并在十六烷相变过程中聚集晶界，形成导热网络。有效的导热网络增加了复合材料的热导率，在 $T=291K$ 下实现了 $r=3.2$ 的热开关比，且在几个循环后热开关比没有显著变化，后续研究结果表明，将石墨烯纳米片更换为其他低维碳纳米材料，基本都能取得类似的调控效果[104]。台湾"清华大学纳米工程与微系统研究所"[105]于 2015 年研究了铁磁性 Ni 纳米线，在 $B=0.2T$ 的磁场强度下实现 $r=2.7$ 的调控幅度。一些反铁磁性材料在极低的温度下也表现出热开关行为。中国科学院赵继民教授课题组[106]于 2016 年提出了一种反铁磁 $Co_3V_2O_8$ 单晶，该单晶可以在低于 12K 的温度下工作。当施加磁场时，$Co_3V_2O_8$ 通过一系列磁相变在顺磁和铁磁状态之间转换。声子散射在整个过渡过程中增强，$Co_3V_2O_8$ 的热导率降低，实现了大约 $r=100$ 的热开关比。清华大学杨颖[107]于 2022 年发明了一种热智能材料的制备方法，将黏结剂、导热材料、热膨胀材料和溶剂混合，以便得到第一混合物，然后对第一混合物进行冷冻处理，以便得到第二混合物，最后对第二混合物进行浸渍处理、固化，即可得到热智能材料。该方法简单易行，可以实现热智能材料的大规模生产。

　　利用应力调控材料热导率变化的特性可以得到热智能材料，我国在应力调控热导率方面的研究比较成熟。华中科技大学杨诺教授课题组在应力法得到热智能材料领域具有良好的研究基础，基于大面积石墨烯上的声子折叠散射效应，提出了一种使用可折叠石墨烯的瞬时可调热敏电阻器[108]。通过施加应变折叠和展开石墨烯，可以实现热导率的连续变化，最大可达 $r=3.0$。之后，于 2018 年通过分子动力学模拟发现环氧树脂单链的热导率通过拉伸应变提高了 30 倍[109]。应变也会影响单层二硫化钼的热导率，研究发现，应变对热导率的影响归因于应变引起的声子群速度的降低，使声子模飘移到低频区[110]。该课题组又于 2021 年系统地研究了由碳和氮化硼纳米管组成的一维异质结构的热导率，发现轴向应变可以将热导率调节大约 43%[111]。中国农业大学何志祝教授课题组[112]于 2020 年提出了一种可拉伸的液态金属泡沫弹性体复合材料，该复合材料在应变下具有可调的电导率和热导率，并且拉伸增强了电磁干扰屏蔽效果。由于导电网络的延伸和重新定向，在 400% 的大应变下实现了 $r=16.0$ 的热切换比。山东大学杜婷婷等[113]于 2021 年使用可压缩石墨烯泡沫复合材料制备了一种可变热阻，该复合材料具有开孔和互联网络。当压缩复合材料并挤出孔隙中的空气时，会产生热传导路径，从而增加复合材料的热导率。改变压缩强度可以呈现出不同的热导率，当压缩比为 80% 时，可以实现 $r=8.0$ 的切换比。

5.3.3 / 固液相变材料

固液相变材料最大的应用对象是建筑节能，即相变材料在白天时吸热熔化，晚上时放热凝固，得益于我国在大规模基建方面的优势和对节能减排的重视，我国在固液相变材料方面开展了大量的研究，积累了丰厚的科学成果和工程经验。考虑到成本和用量，建筑节能用的固液相变材料主要是有机相变材料，而在芯片热管理用的固液相变材料还包括金属基相变材料。下面将介绍我国在芯片热管理用的固液相变材料的研究进展。

目前有研究学者将有机相变材料应用在功率模块领域，华中科技大学的胡晶艳等[114]尝试将相变材料填充在散热器的鳍翅间，利用相变材料的潜热，吸收功率过载时产生的热量，通过实验与仿真，验证了该方式能抑制单次结温的上升，避免其超过额定工作温度，使模块具有一定的短时过载能力。此后，研究者[115]又研究了相变材料填充在散热器中对周期性结温波动的抑制效果，结果表明结温波动可以被降低 10 ~ 20℃，但其时间响应尺度较慢，并且只能对持续时间尺度为几十分钟的功率波动有一定的效果。重庆大学的邵伟华等[116]提出了一种新型的模块结构，在芯片和陶瓷基板之间添加一个特殊结构的铜块，铜块内部开槽填充有机相变材料，利用相变材料相变过程吸收潜热的性质，将模块的短路能力提升到 10s 水平，大大提高了模块的短路耐受能力。相变材料也用于石油测井仪的热管理。Ma 等[117]提出了一种基于保温瓶和相变材料相结合的测井仪热管理方案，通过实验发现单独使用保温瓶可以使电子器件温度降低 156℃，单独使用相变材料可以使电子器件温度降低 37℃，将两者相结合，在 200℃环境下作业 6h 后，电子器件温度低于 120℃。Lan 等[118]对吸热体模块进行了高温泄漏检测，确保其封装工艺的可靠性，同时对测井仪骨架结构进行了重新设计，采用分布式储热的方法，将测井仪中吸热体模块分散到骨架中去，使吸热体模块的整体储热能力增强了 3.5 倍。为了减小测井仪中热源和储热模块的热量传递过程中的热阻以及提升相变材料的潜热利用率，Peng 等[119]提出一种集成化的储热散热结构，通过有限元分析和实验对其性能进行了评估，最终热源最高温度从 165.8℃下降到 133.4℃，潜热利用率从 52.8% 提高到 63.5%。除此之外，还在储热模块中添加热管增强导热，将最高温度降至 110.7℃，并将潜热利用率提高至 99.0%，该方法可在 9h 内将大功率器件的温度控制在 125℃以内。华中科技大学徐东伟和罗小兵等[120]基于大量仿真结果采用神经网络结合平均影响值的方法，对测井仪中相变材料的选型进行了研究，给出了一种有效的选型依据。

金属基相变材料领域的主要研究团队包括中国科学院理化技术研究所刘静团队、武汉理工大学程晓敏团队、西安交通大学王秋旺团队、中国科学院大学李骥团队、浙江大学范利武团队。中国科学院理化技术研究所刘静团队于 2012 年提出了基于低熔点金属相变材料的移动设备智能温控技术[121]，并于 2013 年进一步验证了这一技术的优异性能[122, 123]。浙江大学范利武课题组[124]实验测试了 $Bi_{49}In_{21}Pb_{18}Sn_{12}$ 热沉的瞬态温度响应曲线，并与相近熔点温度的有机相变材料十八醇（熔点 56℃）做了对比测试。结果表明，金属相变材料的温升明显低于有机相变材料，特别是在热流密度较大的情形。该实验测试中，最高测试热流达到了 105.3W/cm^2。

5.3.4 / 导热膜材料

我国在导热膜材料领域研究进展迅速，从基础理论到材料制备均开展了大量工作，在国际导热膜领域中基本处于并跑地位，涌现出一批具有代表性的优秀科研团队，如中国科学院金属研究所成会明院士团队、北京大学刘忠范院士团队、清华大学康飞宇教授团队、浙江大学高超教授团队、上海大学张勇教授团队、北京航空航天大学朱英教授团队等。

在导热膜的传热理论研究方面[125-128]，清华大学康飞宇教授团队、四川大学杨伟教授团队、上海交通大学鲍华教授团队和江平开教授团队、南京大学姚亚刚教授团队和西北工业大学顾军渭教授团队等利用第一性原理或者分子动力学理论构建了导热膜的微观导热网络，揭示了导热膜的热输运本质。

在新型导热膜的制备方面[129-132]，浙江大学高超教授团队、复旦大学武培怡教授团队、四川大学李忠明教授团队、中山大学郑治坤教授团队、西北工业大学顾军渭教授团队、华东理工大学王健农教授团队、山东大学高学平教授团队、天津大学封伟教授团队、湖南大学王建锋教授团队和上海大学丁鹏教授团队等采用先进的微观调控和纳米合成技术制备了一系列具有优异热导率和良好柔韧性的导热膜，为我国导热膜材料的理论与应用体系构建做出了重大贡献。

在导热膜的热物性测量方面[133-135]，清华大学张兴教授团队、北京大学白树林教授团队、上海交通大学鲍华教授团队、武汉大学岳亚楠团队和深圳大学陈光明教授团队等采用热桥法、闪射法和 3ω 法对导热薄膜材料的热导率和热膨胀系数等参数开展了大量的测量工作。

5.3.5 / 盖板材料

面向芯片盖板等电子封装用新型高热导率金属复合材料研究在我国开展较多，涉及范围较广，在铝 - 碳化硅、铝 - 金刚石和铜 - 金刚石等先进金属基复合材料的制备、性能表征与优化方面取得了一系列重要进展，目前报道的极高热导率铝 - 金刚石和铜 - 金刚石复合材料均来自我国的研究团队[136, 137]。北京科技大学张海龙教授团队近年来在金刚石金属基复合材料的制备、性能优化、界面热输运调控机制方面取得了一系列研究成果[138-140]，团队主要关注使用气压浸渍法制备的铝 - 金刚石和铜 - 金刚石复合材料：对于铝 - 金刚石复合材料，通过工艺优化形成非连续原位 Al_4C_3 界面层，使用 701μm 粒径金刚石颗粒制备的复合材料热导率最高可达 854W/(m·K)，采用双粒径金刚石颗粒作为增强相可以进一步增加复合材料的金刚石体积分数，实现高达 1021W/(m·K) 的热导率，且其热膨胀系数保持 $3.72×10^{-6}$ K^{-1} 这一较低水平；对于铜 - 金刚石复合材料，使用 B、Ti、Zr 等元素进行基体合金化和金刚石表面金属化，显著增强了铜复合材料的热导率，结合时域热反射测试方法，对于铜和金刚石之间插入不同中间层对界面热导的影响规律及其作用机制进行了深入研究，发现铜/中间层/金刚石"三明治"结构的界面热导与中间层的种类、厚度、结晶度、碳化过程等因素密切相关，而增加中间层/金刚石界面热导是提升铜/中间层/金刚石整体结构界面热导的关键。此外，上海交通大学、哈尔滨工业大学、中国有研科技集团有限公司等研究单位就铝 - 碳化硅与金刚石金属基复合材料的制备工艺、微观组织结构、导热性能也开展了大量研究工作，涉及电镀制备方法改进[141]、金属基复合材料热导率计算预测模型[142]、复合材料热变形机制及本构方程[143]、界面结构及其性质的模拟计算[144,145]等。总的来说，我国研究者对于推动高热导率金属基复合材料在芯片盖板等电子封装领域的应用、提升芯片热管理性能方面做出了重要贡献。

5.3.6 / 半导体异质结材料

我国在半导体异质结领域进展迅速，发展了许多高质量异质结制备方法和工艺，特别是在宽禁带和超宽禁带半导体方面成果丰硕，在国际上处于并跑地位。

在宽禁带半导体 GaN 的生长方面，北京大学沈波教授团队围绕 GaN 的 MOCVD 异质外延技术和缺陷控制开展了系统研究，例如蓝宝石衬底上 AlN 及高 Al 组分 AlGaN 量子阱的外延生长和缺陷 / 应力控制、AlGaN 的 p 型掺杂、Si 衬底上 GaN 厚膜及其异质结构的外延生长、半绝缘 GaN 中 C 杂质行为及其掺杂技术等问题[146,147]。中国科学院半导体研究所刘志强、伊晓燕、李晋闽团队提出了二维材料辅助的氮化物外延机制[148,149]。西安电子科技大学张进成教授团队在宽禁带半导体 GaN 和超宽禁带半导体 Ga_2O_3、AlN 等薄膜生长技术上取得了一系列研究突破[150,151]。

在超宽禁带半导体 Ga_2O_3 的生长方面，国内的研究团队主要有深圳大学毛军发团队、南京大学叶建东教授团队、南京大学顾书林教授团队、天津工业大学马小华研究员团队、山东大学陶绪堂教授团队、北京邮电大学吴真平教授团队等。

在半导体异质结材料的热物性测量和调控方面，国内领先的研究团队有清华大学曹炳阳和张兴教授团队、华中科技大学杨荣贵教授团队、大连理工大学唐大伟教授团队等。

5.4 / 作者团队在芯片热管理材料领域的学术思想和主要研究成果

5.4.1 / 热界面材料

高性能热界面材料要求同时具备良好的热学和力学特性，即高热导率和低杨氏模量，然而，通常材料的热导率提高与杨氏模量降低是一对内在矛盾。根据经典的麦克斯韦 - 加内特（Maxwell-Garnett）模型，复合材料的热导率随着导热填料掺杂量的增加而增加，而根据额舍耳比（Eshelby）理论，复合材料的杨氏模量也会随着导热填料的增加而急剧增加。因此，如何同时实现高热导率和低杨氏模量成为热界面材料研发的难点。目前工程上制备热界面材料使用的典型导热填料包括 α- 氧化铝、氮化铝、氮化硼、石墨烯等，但是由于固体导热填料的力学强度（约 GPa）远大于基体聚合物（约 100kPa），导致高掺杂复合材料的柔性较差。

为了解决这一难题，曹炳阳课题组[152]提出了一种固体颗粒和液态金属协同掺杂策略用于制备高性能热界面材料。将液态金属与固体颗粒共同作为导热填料，其中液态金属作为主体导热填料，起到构建导热通路的作用，而固体颗粒填料起到进一步强化导热的作用。由于固体颗粒填料的掺杂量较小，复合材料的杨氏模量只略微增加。通过液态金属与固体颗粒导热填料的协同作用，既能提高热界面材料的热导率，又能使其保持较小的杨氏模量。测试表明，体积分数为 55% 镓基液态金属和 15% 铜颗粒作为填料时，制备出的热界面材料具有 3.94W/(m·K) 的热导率和 699kPa 的杨氏模量。采用其他体积分数填充时，热界面材料的热导率为 0.2～4.0W/(m·K)，杨氏模量为 15～1500kPa。参考介电固体的热导率与杨氏模量之间的近似关系，作者团队提出了描述热界面材料性能的热力综合性能系数，综合性能系数 η 越大，热界面材料的热学和力学综合性能越好。制备的热界面材料经过 200 次的 35～55℃ 高低温循环测试，其热导率和杨氏模量基本保持不变，具有很好的应用可靠性。

5.4.2 热智能材料

在原理创新方面：作者团队于 2014 年提出了 3 种分子动力学模拟统计计算转动扩散系数的方法，分别是均方角位移法、角速度自相关法和非平衡方法[101]。纳米颗粒的定向控制与其作为热智能材料的性能直接相关，作者团队于 2017 年发现转动扩散系数与定向性呈负相关[153]。其后，作者团队于 2017 年提出了分子动力学模拟计算任意复杂形状颗粒转动扩散系数的方法[102]。基于前期的理论基础，作者团队于 2020 年提出了一个考虑颗粒聚集和定向性变化影响的两步理论模型，该模型可以预测纳米颗粒悬浮液的热导率。并将二维石墨烯纳米片悬浮在硅油中，利用电场作为外场调控，实现了 $r=1.4$ 的调节幅度，其响应时间在毫秒量级。作者团队于 2022 年综述了各种热智能材料的基本物理机制、热开关比、研究进展及其应用价值[154]，对热智能材料的发展具有指导意义。

在应用创新方面：利用纳米颗粒悬浮液作为热智能材料，制作了热阻可随外加电场而实时变化的热智能器件，验证了该热智能器件在实际工况中的工作性能，证明其可在发热功率和环境温度变化的情况下降低约 5℃ 的设备温度，节约 10% 的散热能耗，且调控具有可逆性的特征。此外，该热智能器件可以适应实际工况中复杂的变热流情况，具有智能调控的潜力，有良好的应用前景。

综上所述，作者团队致力于研究纳米颗粒悬浮液作为热智能材料的机理、制备和应用，推动了热智能材料的发展。

5.4.3 固液相变材料

传统航天用相变材料以石蜡类有机材料为主，石蜡相变材料相变潜热值为 200～300kJ/kg。有机相变材料的热导率普遍较低，约为 0.2W/(m·K)，这严重限制了其传热性能。此外，航天器运行处于微重力环境下，自然对流被抑制，导致热传导作用在相变传热中被极大强化，即材料热导率的因素比地面环境下更为显著。液态金属是近年来兴起的一大类新型相变材料，具有高热导率和大体积相变潜热的优点[7-8]。虽然液态金属的热导率和体积潜热优于石蜡，但是液态金属的密度远大于石蜡，限制了其在航天领域的应用范围。因此，在航天设备热控应用中，寻找液态金属相变材料的适用领域具有重要意义。作者团队[155,156]使用数值模拟手段，比较分析了以镓为代表的低熔点金属与以正十八烷为代表的石蜡类相变材料之间的传热性能和控温时间，得到了如下结论：

① 得益于镓的高热导率，镓模块更适用于应对瞬时高热流冲击，即高热流、短时间工作

的电子设备散热，而正十八烷模块适用于低热流、较长时间工作的电子设备控温；

②单位体积镓模块的热控时间大于正十八烷模块；单位质量，镓模块在短时间内占优，长时间内正十八烷模块占优；

③针对两种航天应用场景进行分析，表明了低熔点金属相变材料可以用于天线 TR 组件和高功率激光器芯片控温。

5.4.4 / 导热膜材料

作者团队采用第一性原理和分子动力学等微观模拟方法，在石墨烯和碳纳米管薄膜的热输运特性等方面进行了深入的理论研究[157-159]，为研制新型碳基导热膜材料提供了较完整的技术路线和理论指导，主要包括以下几个方面。

在原理揭示方面：为了进一步明晰石墨烯固有的热传输机制，作者团队使用非平衡分子动力学模拟研究了自由悬浮和受支撑石墨烯中纳米带对热导率的模式贡献[160]。在模式分析的前提下，发现悬浮石墨烯中的声学贡献随着特征长度的增加而增加，而这种尺寸依赖性在受支撑石墨烯中受到限制。研究结果揭示了自由悬浮和受支撑石墨烯中的模式热传递规律。

在应用指导方面：作者团队采用分子动力学模拟和晶格动力学理论相结合的方法，研究了六方氮化硼表面石墨烯的声子热输运特性[161]。研究发现，由于层间耦合过弱而无法改变谐振声子性质，受支撑石墨烯的色散曲线变化较小。由于对称性选择规则的破坏，受支撑石墨烯的声子寿命显著降低。在 300K 时，石墨烯的主导平均自由程从 90 ～ 800nm 降低到 60 ～ 500nm，自由石墨烯和受支撑石墨烯的热导率分别为 3517W/(m·K) 和 2200W/(m·K)。研究结果为石墨烯与其他导热材料的层间组合提供了理论指导。

在聚合物 / 碳复合薄膜材料的热输运特性方面：作者团队采用光滑粒子流体动力学和耗散粒子动力学方法，通过介观模拟分析了碳纳米管、碳纳米管 / 环氧树脂复合材料、石墨烯 / 环氧树脂和碳纳米管 / 石墨烯 / 环氧树脂复合材料的热导率，并研究了碳纳米管长度、质量密度和填充材料对热导率的影响[162]。研究表明，在环氧树脂中同时引入碳纳米管和石墨烯填料可以最有效地提高复合材料的导热性能。

总而言之，作者团队在全碳导热膜和聚合物 / 碳复合导热膜方面取得了一些理论研究进展，对于高性能导热膜的开发具有一定指导意义。

5.4.5 / 盖板材料

对于高热导率金属基复合材料芯片盖板来说，金属与填料之间的微观界面热输运性质是决定其宏观导热性质的关键，准确表征热输运性质、掌握界面热输运机理和调控机制对于提升芯片盖板导热性能具有重要意义。在实验测试方面，作者团队开发了能够准确表征复杂结构或材料热输运性质的电学、光学测试手段[163, 164]，能够实现热导率、界面热阻等热物性的同时测试，能够为表征复合材料盖板、基体、填料的热导率以及基体 - 填料间的界面热阻提供重要的测试工具。在认识和调控复合材料热导率方面，作者团队重视从微观原子结构和原子间成键方面给出机理解释和调控机制。作者团队利用量子力学精度的机器学习势函数实现了对非晶材料这一无序体系的原子结构建模，并建立了热输运性质与微观结构的定量关系[165]，这对于理解和调控界面热输运性质具有重要的参考价值。针对界面热输运性质的调控，作者团队提出了适用于金属-金属、金属-半导体以及半导体-半导体在内各类界面的热输运调控准则——热键合策略，界面处的成键机制（范德瓦尔斯作用、氢键、共价键、金属键）决定了不同界面热输运中热载流子及其作用机制的差异，通过设计界面层材料与两侧材料的成键机制能够有效实现对界面热导的调控，对于实际应用，作者团队还强调力学、电学与热键合协同设计的重要性[7]。

5.4.6 半导体异质结材料

在半导体异质结热物性测量方面，作者团队开发了三电极 3ω-2ω 测试方法[163]，原则上可实现单个异质结样品的绝缘层等效热导率（包含电极-绝缘层界面热阻、绝缘层自身热阻、绝缘层-薄膜界面热阻三部分贡献）、薄膜热导率、衬底热导率和薄膜-衬底间界面热阻的同时测量。通过采用优化算法最小化测试中锁相放大器读取的加热电极、探测电极热响应信号与三维有限元仿真结果之间的差异，通过最优拟合得到待测热物性。由于所面临的测试任务一般是多参数拟合问题，因此全局最优解的收敛性问题不可避免。灵敏度分析结果表明，如果能够通过优化三电极布局方式来充分利用不同电极信号对每个热物性灵敏度的显著差异，则多参数拟合问题可以分解为多个相互独立的单参数拟合问题。

在异质结构热学表征方面，作者团队开发了半导体异质结材料的反射热成像测试方案[164]。通过瞬态脉冲激励，结合瞬态温度场测试，只需进行三次瞬态测试，即可在单个异质结构样品内测定薄膜热导率和比热、衬底热导率和比热、薄膜与衬底间的等效界面热阻、绝缘层等效热导率六个热物性。该方法通过给样品表面的电极施加脉冲加热电流，使用反射热成像系统测试样品表面不同区域在不同时刻的温升变化，提取温度场的时空变化信息，结合有限元仿真反演计算得到异质结构热物性，具有较高的灵敏度。

在异质结构界面热导的预测方面，作者团队开发了模态分辨声子透射率的晶格动力学稳定算法[166]。界面热阻与界面原子结构息息相关，由于纳米级厚度的过渡层无法用连续介质模型描述，只能通过原子尺度模型描述，影响界面热阻的因素主要有键合强度和无序程度，此外，还需要考虑缺陷及热应力的影响，这些都依赖原子尺度的建模。晶格动力学方法采用原子间的二阶力常数作为输入，能够计算粗糙界面上任意入射声子的透射率，并结合朗道尔公式预测界面热导。通过分析界面原子振动，揭示了界面上的倏逝波模式和局域声子态密度。通过对第一布里渊区中声子透射率自上而下的分析，揭示了声子透射率的统计规律，为跨尺度耦合仿真提供了新的机遇。

5.5 芯片热管理材料的发展重点

（1）在基础研究方面

① 复合材料导热机理与测试方法。面向电子和光子器件的热管理在纳米尺度下对超高热

导率材料的迫切需求，预测并观测非傅里叶热传导机制，阐明纳米尺度下声子热输运机制；研究声子与光子、电子、磁子、极化子等载流子在低维、异质、界面纳米材料中的相互耦合机制；研究导热复合材料的热物性测试技术。

② 热界面材料。理想的热界面材料应具有的特性是高热导性、高柔韧性、表面润湿性、适当的黏性、高压力敏感性、冷热循环稳定性好、可重复使用等。因此，需要进一步解决以下问题：一是在聚合物基复合材料的设计方面，需要更先进的增强体设计，在保证力学性能的前提下，提高热传导性能；二是在材料的制备与加工方面，需要改善填料、增强体与基体的界面结合，获得理想的复合材料构型；三是在基础理论研究方面，需要进一步深入理解多尺度上的声子热传导、载流子传导机制、声子 - 电子耦合机制、界面处复杂的电子与声子传输机制等，为热界面材料的设计提供理论依据。

③ 高性能柔性导热吸波材料。面向 5G 通信基站关键芯片散热需求，研究不同导热填料、吸波填料复配实现超高填充量的最优配比筛选计算方法，研究填料电气特性、添加量、微观结构与复合材料吸波性能、导热性能和力学性能的关联规律；研究在严酷温度应力、机械应力耦合作用下导热吸波材料的老化和失效机制，考察导热吸波材料对 5G 关键芯片结温及射频性能影响，形成可靠的导热吸波材料及 5G 通信设备应用解决方案。

④ 高性能石墨烯导热膜。提高石墨烯导热膜的面内方向热导率；提高石墨烯导热膜的厚度，扩大导热通量，同时保持良好的热传导性能；有效成本控制下的宏量制备。针对高性能石墨烯导热膜产业化而言，主要需要克服两大关键技术障碍：高定向组装石墨烯导热膜的规模化制备技术；石墨烯导热膜的结构修复与热导率提升技术。

⑤ 金属基复合材料。金属基复合材料综合了金属基体优良的导热性、可加工性和增强体高导热、低热膨胀的性能优点。铝基、铜基和银基的金刚石、石墨烯等复合材料是目前应用最为广泛的，但是这些金属基体与金刚石或石墨烯之间润湿性较差，界面效应成为制约其性能提升的瓶颈。

⑥ 热智能材料。热智能材料的调控机理仍有待深入研究，包括不同外场对材料微观结构的改变、微观导热机理等，这既需要发展更先进的实验探测技术，也需要导热理论的不断推进。探索新型的热智能材料，实现调控幅度和其综合性能的提升，构建新型热功能器件，仍然是今后最重要的努力方向。

⑦ 基于金刚石衬底及衬底剥离的 GaN 基 HEMT 器件的散热封装技术。在美国先期研究计划局（DARPA）"热管理技术"项目中的"近结热传输"子研究方向的支持下，美国雷神公司使用金刚石替代碳化硅（SiC）作为 GaN 器件的衬底研制出金刚石基 GaN 器件（GaN on diamond），金刚石做衬底材料可将器件的热传导能力提升 3 ～ 5 倍。理解金刚石与 GaN 的界面热输运机理，在此基础上提出调控方案，并实现工业化生产是该技术发展的关键。

（2）在产业发展方面

① 需要加强资源整合。通过政策引导等方式，加强对相关研发和产业资源的整合，形成完整的上下游创新链、产业链，走专业化发展道路，推动上游原材料的快速突破，以满足我国电子工业发展的需求。

② 加快专利布局和标准建设。引导大学、研究院所、企业根据其不同的优势特点，在全

产业链布局核心专利，建立对核心专利的保护网，巩固我国在此方向的技术及知识产权地位，突破国际技术专利壁垒。

③ 完善创新平台。目前，国内部分热管理科研单位已成立"热管理技术联盟"，应进一步吸引国内外优势企业，特别是热管理需求单位加入，建立技术、人才、项目、应用的交流合作机制，推动创新资源融合和共享。

5.6 芯片热管理材料的展望与未来

芯片热管理材料是电子信息行业发展的关键支撑性材料，需要深度融入芯片产业链，其发展速度强依赖于电子芯片产业的发展速度。由于发达国家在芯片设计和制造领域长期领先于中国，因此，我国在芯片热管理材料领域也长期落后于国外先进水平。近年来，得益于国产替代的政策推动，我国企业在芯片热管理材料方向迎来了宝贵的时间窗口期。一方面，高功率电子器件的发展对芯片热管理材料提出了更高的要求，迫使国内外公司开发新产品，给了我国企业追赶的机会，目前我国在高导热石墨烯膜、液态金属导热膏等新型材料方面已经取得了重大突破。另一方面，以石墨烯、氮化硼为代表的高导热填料的出现为高性能芯片热管理材料的开发提供了新的技术路径。总体来说，我国芯片热管理材料已经积累了宝贵的研究和工程经验，推动了国产热管理材料在芯片龙头企业和终端企业中的验证与应用。未来，应该继续加强高校科研院所与企业之间的协作关系，突破高端芯片热管理材料的国产化。

参考文献

作者简介

张旭东，清华大学航天航空学院助理研究员，从事液态金属流动传热和导热复合材料研究。近 5 年发表学术论文 22 篇，以第一作者在 *Energy Conversion and Management*、*ACS Applied Materials & Interfaces*、*Advanced Materials Interfaces* 等期刊发表 15 篇，以第一完成人申请专利 19 项。主持国家自然科学基金青年基金项目和中国博士后基金面上项目，担任 *International Journal of Fluid Mechanics & Thermal Sciences* 期刊编委，获得中国科学院院长奖、博士生国家奖学金、2023 年中国材料大会优秀学术报告、*Frontiers in Energy* 期刊年度优秀论文等荣誉。

曹炳阳，清华大学航天航空学院教授，院长，国家杰青，国际先进材料学会、亚洲热科学联合会和美国工程科学学会会员。曾获得中国工程热物理学会吴仲华优秀青年学者奖、教育部自然科学一等奖、爱思唯尔高被引学者奖、华为公司星辰奖等荣誉。担任国际传热大会常务理事会理事、国际传热传质中心科学理事会理事、亚洲热科学与工程联合会秘书长、中国航空教育学会常务理事、中国工程热物理学会理事、中国复合材料学会导热复合材料专业委员会副主任等学术职务。主要研究领域为微纳尺度传热、热功能材料及电子系统热管理，担任 *ES Energy & Environment* 创刊主编，*International Journal of Thermal Sciences* 副主编和 10 多个国际期刊编委。

第6章

富勒烯

王春儒　王太山　甄明明　甘利华

6.1 / 富勒烯材料的研究背景

6.1.1 / 富勒烯发现与发展历程

富勒烯是一系列由纯碳原子构成的封闭笼形分子的总称，它和金刚石、石墨都是碳的同素异形体，并且在一定条件下可以相互转化。不过值得指出的是，人类认识石墨和金刚石已经几千年了，而发现和认识富勒烯却是最近 30 多年的事。主要是由于富勒烯的形成需要特殊的高能量环境，这个条件在宇宙空间中极为常见，但在地球上却不容易达到。因此，富勒烯在宇宙星云中是一种普遍存在的物质，在地球上却基本没有。也正因为此，富勒烯的发现始于天文学家对于宇宙星云的研究。

实际上，天体物理学家很早就对宇宙尘埃的形成产生浓厚的兴趣，他们推测宇宙尘埃中应该含有大量的碳原子簇。为了模拟星际空间及恒星附近碳原子簇的形成过程，早在 1942 年科学家就用质谱法进行研究。1984 年就有人用质谱仪研究在超声氦气流中以激光蒸发石墨所得产物时，发现碳可以形成较大的碳原子簇，并且还发现 C_{60} 的质谱峰明显高于其他原子簇的峰，但其没有对 C_{60} 的结构进一步研究。

20 世纪 80 年代，英国萨塞克斯大学天文波谱学家 Harry W. Kroto（1940—2016）教授立志在实验室人工合成宇宙星云中可能存在的物质，他最感兴趣的是线形碳链分子，因为已经有证据表明，在星际暗云富含碳的尘埃中有氰基聚炔分子存在，他非常想研究该分子形成的机制，但没有相应的仪器设备。1984 年，Kroto 赴美国参加学术会议，经莱斯大学的 Robert F. Curl（1933—2022）教授介绍，认识了莱斯大学研究原子簇化学的 Richard E. Smalley（1943—2005）教授，也见到了 Smalley 设计的激光气化超声束流仪。Smalley 在美国普林斯顿大学取得博士学位，然后在美国芝加哥大学从事博士后研究，他从事的是超声束流激光光谱研究。

1985 年，Kroto 和 Curl 以及 Smalley 一同在美国的莱斯大学设计实验，在实验室模拟宇宙星云的高能量高真空环境，他们把一块石墨置于真空系统中，用高功率激光轰击石墨使其中的碳原子气化，再用氦气流把气态碳原子迅速冷却后形成碳原子簇并用质谱仪检测。他们解析质谱图后发现，该实验产生了含不同碳原子数的团簇，其中相当于 60 个碳原子，质量数落在 720 处的信号最强，其次是相当于 70 个碳原子，质量数为 840 处的信号。他们受建筑学家 Buckminster Fuller（1895—1983）设计的加拿大蒙特利尔世界博览会网格穹顶建筑的启发，认为 C_{60} 可能具有类似球体的结构。Kroto 等提出 C_{60} 是由 60 个碳原子构成球形 32 面体，即由 12 个五边形和 20 个六边形组成，相当于截顶 20 面体。其中五边形彼此不相连接，只与六边形相邻。每个碳原子以 sp^2 杂化轨道和相邻三个碳原子相连，剩余的 p 轨道在 C_{60} 分子的外围和内腔形成 π 键。为了向美国建筑师 Buckminster Fuller 致敬，Kroto 提议将这种新的碳同素异形体命名为 Buckminster fullerene，简称 Fullerene（富勒烯），并将成果发表在国际顶级学术期刊《自然》上[1]。

Kroto 等在以上装置得到的富勒烯量极为有限，仅能够从质谱检测到，而几乎无法对其进行详细的表征和研究。这时，另一组天文物理学家登场了。很久以来，德国的天文物理学家 Wolfgang Krätschmer 和美国的 Donald Huffman 等一直利用在真空室内电弧放电蒸发石墨电极的方法模拟宇宙星云的环境，1990 年，他们终于在优化的实验条件下，通过设置合适的氦气气氛成功地合成了克量级的 C_{60} 和 C_{70} 的混合物，并将成果发表在国际顶级学术期刊《自然》上[2]。

从此，富勒烯的研究走上了快车道。从发现富勒烯到今天的 30 多年里，历史见证了这种新材料的成长过程。

1996 年，Robert F. Curl（美国）、Harry W. Kroto（英国）和 Richard E. Smalley（美国）因富勒烯的发现获诺贝尔化学奖。

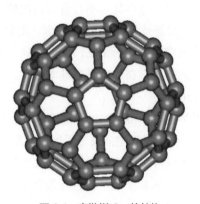

图 6-1　富勒烯 C_{60} 的结构

6.1.2 ／富勒烯材料种类

富勒烯材料目前主要包括本体富勒烯、富勒烯的笼外化学衍生物、内嵌富勒烯、富勒烯组装体等。

富勒烯 C_{60} 是富勒烯家族的代表性成员，它是 60 个碳原子构成像足球一样的 32 面体，包括 20 个六边形和 12 个五边形，如图 6-1 所示。处于顶点的碳原子与相邻顶点的碳原子各用近似于 sp^2 杂化轨道重叠形成 σ 键，每个碳原子的三个 σ 键分别为一个五边形的边和两个六边形的边。碳原子杂化轨道理论计算值为 $sp^{2.28}$，每个碳原子的三个 σ 键不是共平面的，键角约为 108° 或 120°，因此整个分子为球状。每个碳原子用剩下的一个 p 轨道互相重叠形成一个含 60 个 π 电子的闭壳层电子结构，因此在近似球形的笼内和笼外都围绕着 π 电子云。

由于其笼状结构，富勒烯碳笼还可以内包原子、分子、离子和团簇，形成内嵌富勒烯，如 $N@C_{60}$、$H_2@C_{60}$、$Gd@C_{82}$、$Sc_3N@C_{80}$ 等。富勒烯碳笼含有大量双键，因此可以发生多种加成反应，从而对分子进行功能化修饰。这些富勒烯内嵌或外接形成的衍生物又带来了更加丰富的性质。经过 30 多年的发展，富勒烯及其衍生物已经具有相当数量的成员，在化学、物理、材料、生物、医药等领域展现出了广泛的应用潜力。

6.2 / 富勒烯材料的研究进展与前沿动态

富勒烯于 1985 年被发现，但初期研究仅限于在科学实验装置上得到的有限质谱数据信息，以理论研究为主。直到 1990 年 Kräschmer 等利用 He 气氛下石墨棒电弧放电法制备了克量级的富勒烯，以及 1991 年美国 IBM 的 Howard 等利用燃烧法制备宏观量级富勒烯以后[3]，才广泛吸引了科学家进行应用研究探索。2001 年日本三菱化学公司基于美国 IBM 的苯燃烧法专利，开发工业化生产富勒烯装置，2003 年完成了吨级富勒烯的产能，为富勒烯应用奠定了物质基础。作为新型纳米碳材料，富勒烯及其衍生物在多个领域展现出了独特的性能。

6.2.1 / 富勒烯材料化学方向研究

在化学方面，富勒烯及其衍生物在化学反应性、催化性能、氧化还原性、分子组装、主客体化学、分子光谱等方面具有特殊性质。富勒烯具有独特的化学反应性质。富勒烯 C_{60} 的 60 个碳原子的未杂化 p 轨道则形成一个非平面的共轭离域大 π 体系，使它兼具给电子和受电子的能力。C_{60} 中每个碳原子以 $sp^{2.28}$ 轨道杂化，类似于 C—C 单键和 C=C 双键交替相接，整个碳笼表现出缺电子性，可以在笼外引入其他原子或基团。C_{60} 能发生一系列化学反应，如亲核加成反应、自由基加成反应、光敏化反应、氧化反应、氢化反应、卤化反应、聚合反应、环加成反应等。

富勒烯由于其 π 共轭体系和圆形的分子外形，在超分子化学上具有重要地位。一些主体由于其结构与富勒烯有较好的匹配度，与富勒烯分子形成了各种各样的主客体系，主体分子包括碗状结构分子、环状结构分子、笼状结构分子等。主体分子与富勒烯之间因存在电子转移，可用于设计制备新型的复合材料。富勒烯与杯芳烃的主客体研究较早，人们后续还开发了其他的杯芳烃用于和富勒烯结合形成超分子。碳纳米环是由多个苯环相连形成的环状分子，它们的尺寸可调，有的能与富勒烯形成很好的超分子，例如 [10] 环对苯撑可与 C_{60} 较好复合，而 C_{70} 则与尺寸稍大的 [11] 环对苯撑较好复合，富勒烯与环对苯撑形成的超分子复合物改变了富勒烯的电子结构，给富勒烯带来了更多的光电性质，例如在光电化学中，超分子复合物会产生更大的光电流，可用于能量转化以及传感器件的应用。卟啉具有大的分子面积，与富勒烯分子之间具有较强相互作用，基于此卟啉镍多用于富勒烯单晶的培养，获得高质量的有序结构。在超分子体系研究中，科研人员将两个卟啉连起来，做成夹子状甚至笼状分子，用于容纳富勒烯，由于富勒烯与卟啉的 π-π 相互作用，实现了稳定的超分子组装。由于富勒烯具有球形结构，人们还设计了碗状分子来包合富勒烯，这些碗状分子的凹面与富勒烯的球面相互作用，形成稳定的超分子结构。

随着纳米科学和技术的迅速发展，自组装技术已成功地应用于纳米尺度物质的形貌和功能等的调控。作为构筑有序功能结构和有序分子聚集态结构的关键技术，自组装技术也有力地推动了富勒烯材料的发展。这种"从下到上（bottom-up）"的分子自组装方法在纳米科技中已经被成功应用于构建多种纳米结构，同样亦可应用于富勒烯的形貌控制，进而获得优良的富勒烯器件。例如，富勒烯可组装成纳米线、纳米管、纳米片等结构，富勒烯也可进入碳纳米管形成豆荚状结构，人们还研究了富勒烯分子聚集态结构材料的分子排布、光物理过程、光诱导电子转移和能量转移现象等。多种模板用于调节富勒烯的组装过程，如溶剂分子、氧化铝孔道、蛋白质等。富勒烯在表面的组装也具有重要意义，人们通过扫描隧道显微镜技术探究富勒烯在金、石墨等表面的自组装过程与特点，并研究通过分子模板法获得有序的表面组装结构。

6.2.2 ／富勒烯材料物理方向研究

在物理方面，富勒烯及其衍生物在非线性光学材料、超导体、单分子磁体、分子陀螺、光限幅薄膜、半导体器件、耐摩擦剂等方面具有重要应用前景。其中，掺杂有碱金属的 C_{60} 在特定温度下具有超导电性；C_{60} 添加到润滑油中可以提高润滑性能；C_{60} 晶体或薄膜可作为场效应晶体管。

超导特性是富勒烯的一个重要性质。1991 年，美国科学家首次发现掺钾的 C_{60} 具有超导性，超导起始温度为 18K，超越了当时的有机超导体的超导起始温度[4]。我国在这方面的研究也开展较早。此后，人们深入拓展了富勒烯的超导研究，掺杂多种金属（碱金属以及碱土金属）甚至有机物（如三氯甲烷和三溴甲烷），提高富勒烯复合材料的超导转变温度。富勒烯超导体的优点很多，例如这种分子超导体复合物容易加工，导电性各向同性等。今后，富勒烯超导体仍需要进行大量的研究去揭示微观机理，进一步去提高超导转变温度。

富勒烯具有独特的光学性质。富勒烯具有较大的离域 π 电子云，在外电场的作用下容易发生极化，可表现优异的非线性光学性能。20 世纪 90 年代，北京大学的研究人员就测定了 C_{60}、C_{70} 的非线性光学系数，证实了 C_{60} 的非线性效应起源于 C_{60} 的 π 电子，并研究了 C_{60} 电荷转移复合物的非线性光学性质。后续人们还研究了 C_{60}、C_{70}、C_{76}、C_{84} 等空心富勒烯，并发现了结构依赖的非线性光学效应。对富勒烯进行碳笼修饰，可以改变其对称性和电荷分布，调控非线性光学响应性。已研究的富勒烯衍生物包括富勒烯小分子加成化合物、富勒烯外接高分子、富勒烯外接纳米粒子等，研究表明富勒烯衍生物的非线性光学响应都比单纯的 C_{60} 要好。另外，有研究表明体系共轭越大，结构越不对称，越有利于非线性光学响应。富勒烯小分子加成化合物优点在于易于调控以及结构确定，可获得较为单一的光学性能，缺点在于其成膜性较差，容易聚集，后面发展的富勒烯外接高分子衍生物可解决这个问题，例如将富勒烯引入高分子主链中形成珠链型共聚物、将富勒烯引入高分子侧链中形成悬挂式结构、富勒烯与多个高分子链相连形成网状交联型共聚物、以富勒烯为核形成树枝状共聚物等。在非线性科学 20 多年的发展历程中，C_{60} 及衍生物以其特殊的非线性光学效应，一直是非线性材料研究的热点。具有高的非线性光学系数的富勒烯材料在现代激光技术、光学通信、数据存储、光信息处理、光动力学治疗等许多领域存在着非常重要的应用。

富勒烯及其衍生物是别具特色的磁性材料。因为富勒烯大多是闭壳层的，没有未成对电子，因此不具有磁性。但是，富勒烯具有较好的得电子能力，其可与还原剂生成有机盐，进而表现出磁性。后续人们还研究了其他类型如富勒烯电荷转移复合物的磁性质。需要指出的是，内嵌金属富勒烯具有优异的磁性质，包括顺磁性、分子磁体等，这些磁性来源于分子轨道上的未成对电子或者内嵌金属离子的 f 电子。内嵌金属富勒烯的分子磁性具有重要研究价值。

6.2.3 ╱ 富勒烯材料生物方向研究

在生物方面，富勒烯及其衍生物在抗肿瘤、抗艾滋病毒（HIV）、酶活性抑制、切割 DNA、光动力学治疗、清除有害自由基、延缓衰老、造影增强剂、免疫治疗、糖尿病、肺纤维化、重度贫血等方面有显著的治疗效果。例如，$Gd@C_{82}$ 羟基衍生物具有核磁共振成像造影剂的功能；溶解在橄榄油中的富勒烯具有延长生物体寿命的功效；添加在化妆品中的富勒烯具有优异的清除表皮有害自由基的能力；富勒烯光照下产生的活性氧使其具有光动力治疗的能力；富勒烯材料可实现对巨噬细胞免疫功能的调控。

6.2.4 ╱ 富勒烯材料能源方向研究

在能源方面，富勒烯及衍生物作为电子受体材料广泛用于太阳能电池器件，代表材料如 $PC_{61}BM$、$PC_{71}BM$ 和 $IC_{60}BA$。基于富勒烯的有机太阳能电池具有柔性、可穿戴、透明等特点，有望广泛用于人们的生产生活中。电子受体是富勒烯的重要功能。富勒烯独特的三维共轭结构使其具有较好的电子特性和电子传输性质，是聚合物太阳能电池优良的电子受体材料。聚合物太阳能电池之所以选择富勒烯衍生物作为电子受体材料，是因为富勒烯特有的低重组能和高还原电位使其能够加速光致电荷转移并有效抑制电子回传，从而大大提高光伏器件的性能和效率。1992 年，人们发现了共轭高分子聚苯乙烯撑衍生物 MEH-PPV 与 C_{60} 之间的光诱导电子转移现象[5]。1995 年，科研人员将新型富勒烯电子受体 $PC_{61}BM$ 与 MEH-PPV 共混旋涂成膜制作太阳能电池，称为本体异质结太阳能电池，本体异质结使给体和受体在整个活性层范围内充分混合，电池效率有了突破性的提高[6]。随后 $PC_{61}BM$ 又与最具代表性的给体材料 P3HT 共混制备太阳能电池器件，效率得到进一步提高。$PC_{61}BM$ 材料推动了有机聚合物太阳能电池的快速发展，现今 $PC_{61}BM$ 及 $PC_{71}BM$ 已经成为常用的电子受体材料。C_{60} 双加成衍生物 $IC_{60}BA$ 的研究进一步推动了富勒烯衍生物受体的发展，这种材料具有高的 LUMO 能级，

可提高 $IC_{60}BA:P3HT$ 光伏器件的开路电压。

富勒烯也是 n 型场效应晶体管的重要材料。有机场效应晶体管（Organic Field-Effect Transistor，OFET）是一种利用有机半导体组成信道的场效应晶体管，器件的原料分子通常是含有芳环的 π 电子共轭体系，其应用目标包括低成本、大面积的电子产品和可生物降解电子设备。按不同的化学和物理性质划分，富勒烯属于 n 型场效应晶体管的有机小分子化合物材料。由于 n 型有机材料相对较少，现有 n 型材料大部分为富勒烯及衍生物。C_{60} 作为活性材料被用于制备有机场效应晶体管，最初采用超高真空蒸镀的方法进行制备，后续人们发展了分子束沉积的方法、热壁外延生长的方法等制备富勒烯活性层。然而，由于本体 C_{60} 成膜性差的原因，影响了富勒烯的电子传输效率，热沉积法获得的器件面积较小，提高了制备成本。因此，研究人员后续采用衍生化的方法提高电子传输效率。例如，人们将 $PC_{61}BM$、$PC_{71}BM$ 等材料采用旋涂法制备了 OFET 器件，获得了较好的结果。目前来看，富勒烯的 OFET 性能依然存在问题，未来随着单分子器件技术的发展，单个富勒烯组成的器件有望成为新的热点。

6.2.5 / 不同国家的富勒烯材料研究

富勒烯科学研究的开端是由英国、美国科学家协同完成的，因此，英国和美国在富勒烯研究上起步最早。紧接着，德国、日本、中国、俄罗斯和西班牙等国开展了相应研究。近年来，英国和俄罗斯在富勒烯科学研究上的研发投入不足，日本的研发投入也有所减弱。现在主要的研究活动集中在中国、美国、德国和日本。国外的研究机构主要包括德国德累斯顿固体材料研究所、日本名古屋大学、日本京都大学、日本筑波大学、美国弗吉尼亚理工大学、英国谢菲尔德大学、英国伦敦大学玛丽皇后学院、西班牙罗维拉·威尔吉利大学、美国印第安娜普渡大学、美国加利福尼亚大学戴维斯分校、美国得克萨斯大学埃尔帕索分校、美国莱斯大学等。

6.3 / 我国在富勒烯领域的学术地位及发展动态

6.3.1 / 我国在富勒烯领域的研究机构和研究人员

中国也是较早开展富勒烯研究的国家。从 1990 年年底，中国科学院化学研究所和北京大学就开始了 C_{60} 的合成研究，发表了 C_{60} 和 C_{70} 制备与分离的研究论文。而后中国科学院物理研究所、浙江大学、复旦大学、南京大学、厦门大学等也开展了 C_{60} 的相关研究。目前中国已成为富勒烯材料的研究高地，多个科研院所和大学的科研人员投身于富勒烯研究中，取得了世界瞩目的成绩，研究实力已跃居世界前列。

北京大学是国内从事富勒烯科学研究的重要机构，主要研究人员包含顾镇南、施祖进和甘良兵等。1991 年，北京大学顾镇南等用直流电弧法成功地合成了 C_{60}，这种开拓性合成工作为国内富勒烯的研究奠定了重要基础，他是我国最早从事富勒烯研究的学者之一，在富勒烯化学研究方面取得了显著的成果，不但在国内首先合成出 C_{60} 和 C_{70} 以及 K_3C_{60} 超导体，而且在国际上首先完成了用重结晶法分离 C_{60} 和 C_{70}。我国的第一篇富勒烯专利申请于 1992 年，就是由北京大学顾镇南提出的关于分离、提纯富勒烯 C_{60} 方法的专利。施祖进等继续开展了内嵌金属富勒烯的研究，取得多项进展。甘良兵主要研究领域是富勒烯衍生物的合成，如开孔富勒烯、杂富勒烯、富勒烯包合物等。

中国科学院化学研究所是较早从事富勒烯科学研究的机构之一，主要研究人员包含朱道本、李玉良、李永舫、王春儒、舒春英、王太山、郑健、甄明明等。中国科学院化学研究所的朱道本和李玉良等在 20 世纪 90 年代初开始研究富勒烯。1992 年，朱道本等开始富勒烯领域的研究，包括富勒烯的合成、结构与性能研究，开展以 C_{60} 为基质的电荷转移复合物，C_{60}、C_{70} 及衍生物的薄膜结构及性能等研究。后来在 1999 年和 2002 年朱道本等的研究成果"C_{60} 的化学和物理基本问题研究"相继获得中国科学院自然科学二等奖和国家自然科学二等奖。中国科学院化学研究所王春儒团队自 2001 年组建课题组以来，相继开展了富勒烯的组装、内嵌金属富勒烯的合成、富勒烯功能材料、富勒烯生物材料、富勒烯产业化等研究。

厦门大学是国内从事富勒烯科学研究的重要机构，主要研究人员包含郑兰荪、谢素原、吕鑫、谭元植等。主要研究进展包括富勒烯氯化物的合成和生成机制、富勒烯单晶、富勒烯结构理论计算、富勒烯器件、富勒烯产业化等。

1997 年，厦门大学的郑兰荪等开始研究氯代碳簇。郑兰荪于 1986 年获美国莱斯大学博士学位，师从 Richard E. Smalley，回国工作后研究原子团簇。他运用激光溅射、交叉离子-分子束、离子选择囚禁等技术，设计了独特的激光溅射团簇离子源，研制了多台激光产生原子团簇合成装置，并发现了一系列新型团簇；建立了液相电弧、激光溅射、辉光放电、微波等离子体等多种合成方法，制备了一系列特殊构型的团簇及相关纳米结构材料；通过合成与表征一系列富勒烯形成的中间产物，研究了 C_{60} 等碳原子团簇的生长过程，发现和总结了原子团簇的统计分布规律，建立了团簇形成的动力学方程及相关理论。

厦门大学谢素原研究团队发现了"张力释放"和"局域芳香化"两个原理来稳定新型富勒烯，从而突破了"独立五元环规则"的制约，并发明了多段燃烧合成法，大规模制备了多种富勒烯及衍生物。实现了一系列具有代表性的富勒烯（氯化物或氢化物）的合成。围绕具有相邻五元环的新型富勒烯合成的整体成果进入国际领先行列，获得国家自然科学奖（二等奖）2 次（分别为第一和第三完成人）。同时，他还延伸了富勒烯宏量合成与分离的研究成果和技术基础，实现了富勒烯工业化生产，为推动富勒烯的研究做出了积极贡献。21 世纪初，厦门大学的郑兰荪和谢素原等用微波等离子体和氯仿合成出 1g 左右的团簇混合物，通过质谱，发现一种奇异的原子团簇，而且比较稳定，质谱确定这种分子包含了 50 个碳原子和 10 个氯原子，经过很多次的合成和复杂的分离纯化，终于得到了 1.6mg 的 $C_{50}Cl_{10}$，并于 2004 年 4 月 30 日，将该工作发表在《科学》期刊上 [7]。

2005 年，国家纳米科学中心的赵宇亮和陈春英等发现羟基化修饰的钆基金属富勒烯具有优异的抗肿瘤效果 [8]。他们研究了 $Gd@C_{82}(OH)_{22}$ 的抑瘤效率，在小鼠肝癌模型上发现其可以有效地抑制肿瘤在小鼠体内的生长，并与临床常见的抗肿瘤药物环磷酰胺（CTX）和顺铂（CDDP）做了对比，结果显示，虽然钆富勒醇 $Gd@C_{82}(OH)_{22}$ 在肿瘤组织富集不到 0.05%，但是却可以更有效地抑制肿瘤在小鼠体内的生长，而且没有明显毒副作用。

2010 年，中国科学院化学研究所的李永舫等合成了茚的 C_{60} 富勒烯双加成衍生物 $IC_{60}BA$[9]。李永舫针对传统富勒烯衍生物受体 PCBM 的 LUMO 能级太低的问题，提出通过使用富电子的茚双加成来提高富勒烯衍生物的 LUMO 能级的分子设计思想。$IC_{60}BA$ 的 LUMO 能级比 $PC_{61}BM$ 提高了 0.17eV，$IC_{60}BA$:P3HT 光伏器件的开路电压随之提高到 0.84V，能量转换效率达到 5.44%，而 P3HT:$PC_{61}BM$ 器件在相同条件下开路电压和能量转换效率分别只有 0.58V 和 3.88%。$IC_{60}BA$ 的优异性能使其成为 $PC_{61}BM$ 之后又一个里程碑式的富勒烯受体材料。

北京大学的甘良兵在富勒烯衍生物的合成领域做出了很多创新性工作，包括开孔富勒烯、杂富勒烯、富勒烯包合物等，具体研究了富勒烯过氧化物的选择性制备与转化，探索开孔富勒烯的选择性合成路线，合成了一系列可内包水和氧气的开孔富勒烯，这些开孔富勒烯在递氧材料方面有潜在应用价值。

吉林大学刘冰冰在国内率先开展了高压下纳米材料的研究，在超高压下原位结构相变、光学性质等方面取得了有国际影响的重要研究成果，发现了纳米尺度和限域条件下特有的压致新结构、新现象和新规律。他们获得了多种压致聚合富勒烯材料；提出了共晶与高压相结合的新思想，发现了一类由压致 C_{60} 塌缩形成的"非晶团簇"构筑的长程有序碳结构，这些结果是继晶体、非晶和准晶后又一全新的结构类型。随后进一步在 C_{70} 等大碳笼、金属富勒烯等其他系列共晶体系中再现了这种新结构，通过调控非晶碳团簇的尺寸以及这种结构的对称性和周期，创制了一类全新碳材料。

华中科技大学卢兴和鲍立飘团队发现了内部金属元素与碳笼间的电子作用及尺寸效应带来复杂的结构、奇特的性质和潜在的应用，揭示了亚纳米尺度下金属原子间的反常作用规律。在金属富勒烯分子的可控定向构筑、富勒烯笼内亚纳米尺度微观调控、富勒烯笼外高效精准功能化修饰等方面取得了系列研究成果。

中国科学技术大学是富勒烯科学研究的重要机构。较早期，侯建国、杨金龙等通过扫描隧道显微镜和量子化学计算，研究了富勒烯的自组装行为，并取得了重要进展。目前，杨上峰、王官武、朱彦武、杜平武等开展了各具特色的富勒烯研究，已经成为国内富勒烯科学研究的重要力量。

中国科学技术大学杨上峰研究团队发现了多个新结构内嵌原子簇富勒烯。主要创新点包括：

①设计合成了一系列新型内嵌富勒烯，发现了内嵌金属原子簇构型随着外部富勒烯碳笼改变而"自适应"的现象；

②发展了富勒烯化学修饰的新方法，实现了内嵌富勒烯分子构型的调控；

③通过将富勒烯与石墨烯、黑磷等二维纳米材料进行杂化，开发了富勒烯功能材料在光电能量转换以及生物医学中的新应用。

中国科学技术大学的王官武研究团队一直从事富勒烯化学与绿色有机合成方向的研究。其中，绿色有机合成侧重于研究无溶剂机械化学反应，目前已经在构建富勒烯衍生物和功能有机小分子等领域取得了诸多成果。他们在富勒烯化学反应研究上做了大量工作，广泛而深入地研究了富勒烯的液相和固相化学反应，开展了富勒烯的自由基化学，特别是开创性采用高频振荡研磨技术研究富勒烯的固相反应。

苏州大学谌宁团队一直从事基于锕系和镧系元素的内嵌富勒烯的结构与物理化学性质研究。近年来，其以锕系金属内嵌富勒烯为研究对象，对纳米碳笼限域条件下的锕系化学键与锕系金属团簇开展系研究，取得了一系列研究成果。发现了锕系金属原子与富勒烯碳纳米结构之间4电子转移效应及相互稳定作用；利用纳米碳笼的限域配位环境，在国际上率先获得了含有锕系金属 - 金属键，轴向 U＝C 双键的一系列分子化合物，回答了这些化学键在凝聚态下是否稳定存在的科学问题。这一系列研究成果为内嵌富勒烯以及锕系化学键研究提供了新的思路，对富勒烯化学和锕系元素结构化学研究都具有重要意义。

北京理工大学王太山研究了金属富勒烯的电子自旋特性，设计了多种基于金属富勒烯的分子自旋体系，开发了基于金属富勒烯的分子自旋探针等功能，致力于推动金属富勒烯在纳电子器件、传感、精密测量等领域的创新性应用。

华南理工大学蒋尚达在富勒烯量子效应方面取得了系列成果，在磁性分子量子相干性研究方面提出团簇笼状结构保护的方案，将磁性分子自旋通过法拉第笼，与环境分子振动及磁噪声等退相干因素隔绝起来，可以显著降低量子退相干，有效延长量子相干时间。

西安交通大学赵翔等主要是通过理论计算与模拟的方法来研究富勒烯、金属富勒烯和富勒烯衍生物的结构、性质以及形成机理等。西南大学甘利华等主要是通过理论计算的方法研究金属富勒烯、富勒烯衍生物和非经典富勒烯的结构、性质和形成机理，在金属富勒烯的结构阐释上取得了不错的成绩，在非经典富勒烯的结构构造以及各种富勒烯基化合物的结构演化关系上取得了系列进展。河北工业大学金朋基于密度泛函理论研究富勒烯及衍生物的结构和性质。

目前，国内还有很多新兴的研究团队正在投身富勒烯材料的研究浪潮中，这里就不再一一列举，他们在实验和理论上对富勒烯材料进行全方位的探索，都做出了瞩目的研究成果。需要指出的是，还有很多来自物理、生物、医学方面的科技工作者对富勒烯材料怀有极大兴趣，对富勒烯材料的研究做出了重要贡献，起到了它山之石可以攻玉的效果，这种学科交叉极大推动了富勒烯材料的发展。

6.3.2 ／我国近期在富勒烯领域取得的重要研究成果

下面简要介绍一下近几年国内科技工作者在富勒烯材料领域取得的重要研究成果。

2020 年，来自南京大学、厦门大学、中国人民大学等单位的一个联合团队在《自然·纳米技术》上发布了一个三端子的新原理金属富勒烯 $Gd@C_{82}$ 单原子存储器，这是一个以单个 Gd 原子在富勒烯笼中的位置作为信息的存储方案[10]。他们通过理论计算和实验测量发现了世界上首个单分子驻极体（Electret）——$Gd@C_{82}$，在驻极体被人类合成 100 年后将其物理尺寸压缩到极致的单分子水平（约 1nm），这是目前人类所知最小的驻极体。该单分子电偶极矩的可控翻转，实际是内嵌原子的位置移动，即该器件是一种以单分子电偶极矩翻转模式运行的单原子存储器。两个不同的原子位置可以用来编码信息，为未来存储器件小型化提供一种方案，展现出作为一个新兴研究方向的潜力。

2021 年 11 月，吉林大学刘冰冰、姚明光团队在国际顶级学术期刊《自然》上发表了题为 "*Ultrahard bulk amorphous carbon from collapsed fullerene*" 的新成果[11]。课题组采用自主发展的大腔体压机超高压关键技术，利用 C_{60} 碳笼压致塌缩形成的"非晶碳团簇"这一新的构筑基元，探索了其在 20～37GPa 压力范围内的温压反应相图，首次成功实现了毫米级近全 sp^3 非晶碳块体材料的合成，基于富勒烯制备了一系列硬度高于金刚石的新型超硬材料。

2021 年 11 月，由北京高压科学研究中心的缑慧阳带领的国际研究小组，利用富勒烯 C_{60} 作为前驱体通过极端高压的大腔体压机技术（30GPa 和 1500～1600K 的温压条件下）成功合成了一种新型的金刚石——次晶态金刚石（Paracrystalline diamond），该项工作发表在顶尖学术期刊《自然》上[12]。

2022 年，厦门大学谢素原、洪文晶团队与英国兰卡斯特大学 Colin Lambert 教授合作，基于对单分子器件进行可编程序列电学信号读写的科学仪器，采用内嵌金属富勒烯 $Sc_2C_2@C_{88}$ 构筑了两端电极连接的金属富勒烯器件，该项工作发表在《自然材料》上[13]。该工作利用电场方向的变化实现了室温下基于电场控制的单电偶极子翻转，并通过向单金属富勒烯结施加低电压，发现二进制信息可以原位可逆地编码并存储在不同偶极子状态之间，从而实现了基于单个富勒烯分子中内嵌金属团簇构型的非易失性存储。

2022 年，厦门大学谢素原和袁友珠团队在富勒烯电子缓冲效应应用于草酸二甲酯常压加氢催化合成乙二醇研究方面取得进展。相关成果以 "*Ambient-pressure synthesis of ethylene glycol catalyzed by C_{60}-buffered Cu/SiO$_2$*" 为题在《科学》上发表[14]。研究团队开发了一种富勒烯 - 铜 - 二氧化硅催化剂（C_{60}-Cu/SiO$_2$），利用铜与富勒烯之间可逆的电子转移，形成了富勒烯的电子缓冲效应（electron buffering effect），稳定了催化剂中的亚铜成分，实现了草酸二甲酯加氢制乙二醇从高压到常压的催化性能显著提升。

2022 年，中国科学院化学研究所郑健等制备了二维单层聚合富勒烯，研究结果发表在国际顶级学术期刊《自然》上[15]。研究人员制备了嵌入镁的 C_{60} 块状晶体作为剥离反应的前体。然后，他们利用配体辅助的阳离子交换策略将层间键切割成块状晶体，这导致块状晶体剥落成单层纳米片。通过单晶 X 射线衍射和扫描透射电子显微镜（STEM）探索了单层聚合物 C_{60} 的结构。在这种单层聚合物 C_{60} 中，C_{60} 的簇笼在一个平面内彼此共价键合，形成不同于传统二维材料的规则拓扑结构。此外，单层聚合物 C_{60} 表现出有趣的面内各向异性特性和 1.6eV 的适中带隙，这使其成为用于电子设备的潜在候选者。

2023 年 1 月，中国科学技术大学朱彦武团队在《自然》期刊上发表题为 "*Long-range ordered porous carbons produced from C_{60}*" 的研究论文，报道了在常压条件下通过化学电荷注入技术，将富勒烯 C_{60} 分子晶体转变为聚合物晶体和长程有序多孔碳（LOPC）晶体的相关进展[16]。LOPC 晶体是由 C_{60} 分子之间通过共价键连接而成的新型人工碳晶体，既具有多孔特性，又保留了 C_{60} 分子晶体的长程有序特征。团队利用氮化锂对富勒烯 C_{60} 分子晶体进行电荷注入，在常压条件下和 440～600℃范围内将面心立方堆积的 C_{60} 分子晶体转变为聚合物晶体及 LOPC 晶体，实现了克量级制备。从分子晶体到聚合物晶体和 LOPC 晶体的结构转变过程中，其室温电导率逐渐升高；电子从局域在单个分子上逐渐发展为远程离域特性。

总的来说，国际上富勒烯研发中心历经多次转变，从美国到日本，再慢慢转移到中国。

现在中国无论是富勒烯的生产还是富勒烯应用都居于国际前列。因此，我们应具有战略定力，稳扎稳打，引领富勒烯材料的发展。

6.4 作者团队在富勒烯领域的学术思想和主要研究成果

中国科学院化学研究所王春儒研究员多年来一直致力于富勒烯碳纳米材料的制备与应用研究，引领了富勒烯的产业化生产以及富勒烯的生物应用研究。前期开展了富勒烯新结构的研究，2006 年起就率先开展富勒烯工业化生产的探索，先后与炭黑研究院、内蒙古碳谷纳米材料、厦门福纳新碳纳米材料、北京福纳康生物技术有限公司等单位合作，成功将富勒烯制备从实验室的克量级提升到吨量级生产，大大降低了富勒烯的生产成本和销售价格，填补了国内富勒烯工业化生产的空白。并在此基础上开展富勒烯碳纳米材料的生物医学应用研究，发展了多种基于富勒烯的疾病治疗新策略，相继研究实现了基于富勒烯的肿瘤治疗、再生障碍性贫血的治疗、代谢类疾病的治疗、糖尿病的治疗、肝脏脂肪变性治疗等新技术，取得了多项专利技术成果并进行了转化。下面将列举一些研究成果。

① 肿瘤免疫治疗：通过重新激活机体的免疫反应进行肿瘤免疫治疗，目前已经成为一种非常前沿的研究领域。肿瘤相关巨噬细胞是肿瘤免疫细胞中最常见的一种类型的细胞，它们在肿瘤发生、发展和转移过程中都起到了非常关键的作用。由于肿瘤微环境的调节作用，在肿瘤部位，肿瘤相关巨噬细胞往往以 M2 型存在，通过分泌抑炎因子来促进肿瘤生长，与其相对应的是 M1 型巨噬细胞，亦成为促炎因子，因为它们可以分泌促炎因子来抑制肿瘤生长。目前，常用的调节肿瘤相关巨噬细胞的试剂大多数与细胞有关，虽然能起到一定的效果，但安全性没有保障。王春儒和甄明明等研究发现金属富勒烯氨基酸衍生物具有高效的抗肿瘤生长的作用，并发现其可以通过调节肿瘤相关巨噬细胞的表型，即从 M2 型巨噬细胞到 M1 型巨噬细胞，发挥肿瘤治疗的效果[17]。同时发现，金属富勒烯不仅可以有效地调节巨噬细胞介导的天然免疫，还可以激活 T 细胞特异性免疫反应。进一步地，将金属富勒烯氨基酸衍生物与临床使用的免疫检查点抑制剂抗 PD-L1 药物联合使用，大幅度地提高了肿瘤免疫治疗效果。

近期，王春儒、甄明明等使用可以激活免疫细胞的富勒烯作为关键成分，与一些药用辅料混合，设计了供口服使用的免疫增强富勒烯（IEF），发现 IEF 可以通过降低氧化磷酸化代谢将促进肿瘤生长的免疫细胞转化为具有糖酵解代谢的抗肿瘤型免疫细胞[18]，如图 6-2 所示。在斑马鱼和小鼠异种移植肿瘤中，IEF 表现出显著的抗肿瘤和抗转移效果。此外，IEF 可以直接作用于肠道，重建肠道中的免疫抑制微环境，并增强全身的免疫功能。随后，肿瘤中的强大免疫反应被大大增强，实现了出色的肿瘤杀伤效果，而且没有明显的免疫相关副作用。通过调节自身免疫细胞，这种口服免疫增强剂被证实在肿瘤免疫治疗中具有高度的临床转化潜力，以实现安全有效的抗肿瘤效果。

② 肿瘤血管靶向治疗：传统的免疫治疗大多数针对肿瘤细胞，效率低、毒副作用大。即

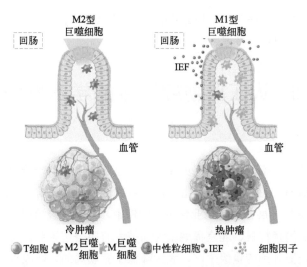

图 6-2　口服富勒烯重编程肠道免疫抑制微环境激活全身抗肿瘤免疫实现对于冷肿瘤的有效免疫治疗[18]

使是肿瘤免疫治疗，也需要重新激活人体的免疫系统，去杀伤数以万计的肿瘤细胞。20 世纪 70 年代末，人们发现血管可以作为肿瘤治疗的新型靶点。肿瘤细胞的异常扩增离不开肿瘤血管持续的营养及氧气供应，是肿瘤发生、生长和浸润与转移的重要条件，因此抑制肿瘤新生血管的生成或者阻断现有肿瘤血管，从而切断肿瘤组织的营养通道和转移途径，从根本上切断肿瘤的命脉，其相比于直接攻击肿瘤细胞的疗法，在一定程度上能更有效地抑制肿瘤的扩散和转移，且能克服反复使用化疗药所产生的抗药性缺点。

2015 年，王春儒和甄明明等报道了基于金属富勒烯纳米颗粒（GFNCs）的肿瘤治疗技术，即通过设计特定尺寸的水溶性金属富勒烯纳米颗粒，当其到达肿瘤部位后，由于内皮细胞间较大的间隙而被嵌在血管壁上并破坏了肿瘤血管，导致肿瘤的营养供应被迅速切断，达到"饿死"肿瘤细胞的目的[19]。借助不同的表征测量手段实现了实时观测评估其对肿瘤血管的特异性破坏，从不同角度均得到了证实。背脊皮翼视窗（Dorsal Skin Flap Chamber，DSFC）模型在本工作中建立和发展，在此基础之上结合显微镜技术，组织血管网的形态功能得以实时直观地被评估观测。在明场条件下，治疗过程中发现，治疗前完整的血管逐渐变得模糊，进而断裂，在短时间内视窗中出现了若干出血点，并不断扩大形成血晕。在荧光场下，静脉注射荧光分子标记肿瘤血管后，可以实时直观地观测血管网的血液循环状态，为深入研究其机制提供了更多的信息。通过对肿瘤血管治疗效果的实时定性定量评估，作者团队发现该技术具有高效、快速、高选择性地损伤肿瘤血管形态和功能的作用，对正常组织血管无毒副作用。作者团队还系统地研究了肿瘤治疗的机理。GFNCs 进入血管，在穿过肿瘤内皮间隙的过程中施加射频，可以通过破坏肿瘤血管内皮细胞特异性连接 VE- 钙连蛋白，阻断破坏肿瘤血管，从而导致破坏肿瘤组织快速坏死，实现高效靶向的肿瘤治疗达到治疗肿瘤的目的。除此之外，GFNCs 还显示出了良好的生物相容性，无明显的毒副作用。该结果证实显示 GFNCs 可以快速高效地治疗具有较为复杂肿瘤血管结构的人源肝癌，拓展了金属富勒烯治疗肿瘤的适用性。

③ 放化疗辅助治疗：王春儒和甄明明等借助富勒烯纳米颗粒在骨髓组织中高效富集以及

清除自由基的特性，发展了多种基于富勒烯的高效低毒的放化疗辅助治疗方法[20]。首先，证实富勒烯纳米材料能有效缓解由化疗药物环磷酰胺引起的骨髓抑制症状，保护小鼠骨髓细胞和造血功能，调节体内氧化应激状态，以及协同体内各种自由基相关酶，在不影响化疗药物肿瘤治疗效果的情况下，最大限度保护了小鼠免受化疗药物的毒副作用损伤，并且对于放疗造成的白细胞减少的症状，富勒烯也可以进行有效地缓解。作者团队还系统地研究了富勒烯氨基酸衍生物对阿霉素（Doxorubicin，DOX）引起的心脏及肝脏毒性的缓解作用，实验结果表明，富勒烯氨基酸衍生物具有优异的细胞保护及抗 DOX 心脏及肝脏毒性能力，可以有效地减轻心脏及肝脏功能的下降，从体内氧化还原水平的测试中进一步证明了富勒烯能维持体内的氧化还原酶的平衡，通过改善心脏及肝脏代谢酶 CYP2E1 的表达来降低 DOX 的心脏和肝脏毒性。

④ 肺纤维化：肺纤维化是一种致命的肺部疾病，其主要特征是肺部纤维细胞的增生、胶原蛋白的过度积累和广泛的细胞外基质沉积。虽然目前肺纤维化的发病机制尚未明确，但是已有大量的研究结果证明，肺纤维化的进程与炎症、氧化应激、损伤诱导产生细胞因子等有着密切的联系。在肺部炎症的初期阶段，ROS 作为氧化应激的介质，在脂质过氧化及刺激炎症细胞产生更多 ROS 等过程中起着关键性作用。因此，在肺纤维化的早期，清除过剩的自由基，调节体内氧化应激水平，减少活性氧产生的机体损伤对于肺纤维化的治疗有着重要的作用。王春儒和甄明明等提出了使用金属富勒醇治疗炎症引起的肺纤维化病症[21]。通过雾化吸入给药，将富勒醇纳米颗粒直接输送到肺部病灶点，通过发挥它们优异的自由基清除性能，调节机体的氧化应激状态，减少 ROS 引起的损伤，从而影响肺纤维化进程。相对于空心富勒醇 C_{70}-OH，金属富勒醇 GF-OH 治疗效果更加明显，并且呈现浓度依赖的关系。从病理学结果能证明富勒醇能显著缓解肺泡隔的增厚，降低肺纤维化程度，减少胶原蛋白沉积。

⑤ 糖尿病：糖尿病是一种以高血糖为主要临床特征的内分泌代谢疾病。王春儒和甄明明等合成了氨基酸衍生化的金属富勒烯，通过腹腔注射进入小鼠体内，发现金属富勒烯衍生物能够显著地降低血糖，改善肥胖，改善葡萄糖耐受和胰岛素耐受，并且在停止给药后的一段时间内血糖不回升[22]。金属富勒烯衍生物一方面能够激活 PI-3K-Akt 信号通路，从而抑制糖异生关键酶的表达，进而抑制糖异生作用，另一方面可以降低糖原合成酶激酶的表达，解除其对糖原合成酶的抑制，增加糖原合成。并且金属富勒烯衍生物可以修复胰腺损伤，使其结构和功能正常化，从而能够高效地治疗 Ⅱ 型糖尿病。

⑥ 肝脏脂肪变性疾病：糖尿病往往伴随着很多并发症，例如肝脏脂肪变性等，目前临床上可以有效缓解糖尿病并发症的治疗药物非常稀缺。王春儒和甄明明等证实金属富勒烯对肝脏脂肪变性具有很好的改善作用[23]。对各组小鼠肝脏组织进行了蛋白质组学分析，结果发现相比于脂质合成和脂质分解过程的蛋白，将脂质转运出肝脏的脂质转运蛋白 ApoB100（主要负责输运肝脏中甘油三酯）的表达水平在金属富勒烯治疗后显著提高。随后，利用油酸诱导肝细胞建立了脂肪变性的细胞膜进行进一步研究，发现金属富勒烯作为一种高效的 ROS 清除剂，可抑制 ApoB100 蛋白的翻译后在细胞质中的降解，进而促进肝细胞中甘油三酯的转运过程。此外，金属富勒烯还可以改善受氧化应激损伤的肝细胞线粒体，促进其结构、膜电位和呼吸链功能的恢复。代谢研究表明金属富勒烯腹腔给药后主要分布在胰腺、肝脏、脾脏、肺

和肾脏，而且可以逐渐代谢出体外，并且治疗后对于主要脏器未显示有明显毒性。

⑦ 神经退行性疾病：王春儒和甄明明等提出了一种新的帕金森疾病（PD）的治疗手段，即通过短期服用低剂量的富勒烯橄榄油（C_{60}-oil）预防或治疗帕金森疾病[24]。通过口服 C_{60}-oil，明显改善了 MPTP 诱导的 PD 小鼠的行为学障碍，增加脑内多巴胺的含量。C_{60}-oil 能够穿过血脑屏障，在脑中富集，通过调节线粒体的功能，降低线粒体依赖的细胞凋亡，抑制神经炎症，调节抑制氧化应激以及其引起的 ASK1-JNK 信号通路来抑制多巴胺能神经元，增加多巴胺的释放，减少多巴胺的分解，从源头上增加多巴胺的效应。与传统的治疗 PD 的药物相比，C_{60}-oil 无明显的毒副作用，治疗方式简单，从根本上保护多巴胺能神经元是一种具有很大价值的治疗帕金森的药物，具有很大的临床应用潜力。

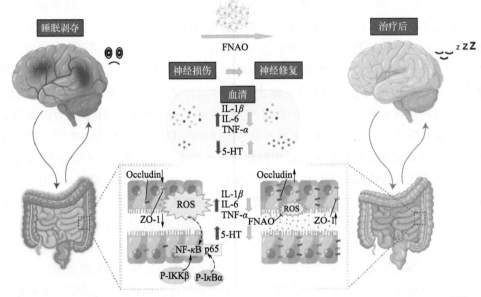

图6-3　口服富勒烯修复肠道上皮屏障，降低系统炎症，改善睡眠和降低睡眠剥夺导致的神经损伤[25]

⑧ 治疗睡眠障碍：白春礼、王春儒、甄明明等开发了一种口服的富勒烯纳米抗氧化剂，阐述了其修复肠道屏障和抑制全身炎症来改善睡眠的分子生物学机制，并评价了其改善睡眠的效果，为治疗睡眠障碍提供了新的研究思路[25]，如图6-3所示。首先，利用高压均质法制备了用于口服的富勒烯纳米抗氧化剂（FNAO），接着，利用质谱成像（MALDI-MSI）的手段检测了 FNAO 在斑马鱼模式生物的分布情况。结果显示，口服后，在斑马鱼脑中未检测到FNAO，而是大量 FNAO 主要分布在肠道以及肠道内容物中。随后，研究人员用持续光照的方法对 6 天龄的斑马鱼幼鱼进行睡眠剥夺实验，连续喂食 FNAO 5 天后，用行为分析仪分析斑马鱼的睡眠行为情况，发现 FNAO 明显改善了斑马鱼的睡眠。同时，发现 FNAO 能通过调控巨噬细胞和中性粒细胞的迁移显著降低睡眠剥夺引起的斑马鱼幼鱼肠道的氧化应激和炎症反应。此外，FNAO 还能有效延长睡眠剥夺斑马鱼的寿命。研究结果表明，口服的 FNAO 直接作用于小鼠肠道，通过调节肠道氧化还原稳态和降低肠道炎症，全面恢复肠道内稳态平衡，降低全身炎症，以发挥改善睡眠的效果。此研究为纳米技术改善睡眠障碍或治疗其他脑 - 肠

轴相关疾病提供了新的研究思路。

 6.5 / **富勒烯材料的发展重点**

富勒烯材料已经取得瞩目的研究成果，今后将进一步开展富勒烯材料的创新研究，在已有突破的方向深入研究功能和应用，在仍具有挑战的方向开展交叉合作研究，力争将富勒烯材料推向研究更前沿，拓展富勒烯的应用领域，开发富勒烯相关的产品，将富勒烯材料发展成为21世纪的明星材料。

富勒烯聚集体材料：在前期富勒烯聚合组装、聚合晶体、非晶碳簇等研究的基础上，进一步开展富勒烯聚集体材料的制备和性质研究，开发富勒烯聚集体材料的特殊性质，如硬度、导电、光学、催化、储能等性质，推动富勒烯聚集体材料的重点应用。

内嵌富勒烯材料：在前期内嵌富勒烯研究的基础上，开发更好的合成技术，发展更有效的分离方法，探究内嵌金属富勒烯的磁性材料、光学材料、电学材料、量子材料等，探究内嵌氮原子富勒烯的量子效应和操控，推动内嵌富勒烯的应用进程，关注其在量子计算、信息存储、传感、电子器件等领域的应用。

富勒烯能源电子材料：进一步开展富勒烯在光伏电池上的应用，在受体、活性层等方面开展创新性研究，推动富勒烯材料在光伏电池上的规模化应用。

富勒烯单分子器件材料：研制富勒烯适用的单分子器件表征平台，在富勒烯单分子检测稳定性、重现性、可调性、功能性方面开展研究，探索具有优异分子器件功能的富勒烯材料，在分子半导体、传感器、纳电子器件等方面开展研究。

富勒烯生物材料：在前期研究基础上，更新迭代材料制备技术，创新发展富勒烯制剂，探索富勒烯的生物效应，聚焦优势方向推进临床应用，特别是推动富勒烯材料面向肿瘤、心脑血管疾病、代谢类疾病等重大疾病的治疗。

富勒烯复合材料：将富勒烯添加到功能材料中，利用富勒烯分子的特性改善功能材料的性能，例如利用富勒烯抗氧化性质改善聚合物抗老化性能，利用富勒烯球形特征改善润滑油性能。探索基于富勒烯的新型复合体系，开发新的功能和应用，提高复合材料的经济价值，拓展富勒烯的产业化应用。

富勒烯催化材料：开展富勒烯材料在催化方面的应用，构建新型催化体系，重点发展富勒烯材料在催化合成上的应用。

 6.6 / **富勒烯材料的展望与未来**

 6.6.1 / **富勒烯材料应用的挑战**

今后富勒烯材料应用的主要挑战集中在性价比问题上。富勒烯的形成一般需要2000℃以上的高温，电弧法生产还需要高纯氦气，生产出富勒烯后还需要分离纯化。生产条件苛刻，导致富勒烯的生产成本居高不下，即使工业化应用不要求过高的纯度，市场上也需要每千克超过 10 万元的高价，高纯度的富勒烯每千克价格更是高达 100 万元。因此，谈到富勒烯的应用，首先要考虑性价比。解决富勒烯性价比问题，需要从两个方面着手：第一是进一步改进富勒烯生产技术，降低生产成本。例如对于润滑油添加剂和复合材料等不要求高纯度富勒烯的领域，苯燃烧法的生产成本实际上并不高，毕竟生产过程中主要消耗的原料甲苯和氧气都不是稀缺品。目前市场上的高价主要由于后端应用没有充分开发，所以前端的材料生产缺乏规模效益。第二是充分利用富勒烯的优异性能，开发富勒烯的高端应用，毕竟有些行业本身就是不惜代价不计成本的，例如生物医药、微电子、量子等领域的应用等。以上问题的开发研究不但具有重要的经济利益，而且更具有重要的社会意义。需要相关领域科学家奋发图强，再接再厉，及早获得突破。

6.6.2 ／ 富勒烯在能源和复合材料上的机遇

富勒烯在能源和复合材料方面仍具有重要机遇。例如在有机或高分子光伏器件方面，富勒烯受体材料的引入，一举突破了有机光伏器件 1% 的较低效率，而且经过艰苦的基础研究，目前单节光伏器件能量转化效率已经接近 17%。不过 2015 年非富勒烯小分子受体材料异军突起，并在光谱吸收能力和可修饰性方面优于富勒烯材料，相当一部分研究者转向了非富勒烯受体研究。但是，人们随即发现富勒烯衍生物可用作相应光伏器件的电子传输层材料或界面修饰材料，进一步提高了有机光伏器件的性能，这一特性甚至外推到无机钙钛矿太阳能电池中，富勒烯衍生物也同样作为电子传输材料改善其性能而受到广泛关注。可以肯定，如果以上任何一款光伏器件投入实际应用富勒烯均大有用武之地。

6.6.3 ／ 富勒烯在护肤品中的前景

富勒烯在护肤品领域中仍有进一步发展空间。2005 年日本 VC60 公司率先推出了可用于化妆品的富勒烯原料，当时售价 7 万元 /kg（含有 200×10^{-6} 富勒烯的水溶性液体）。2014 年富勒烯被列入了中国《已使用化妆品原料目录》中第 02372 号。从 2014 年开始，国内陆续有化妆品品牌注册含有富勒烯的化妆品，从 FDA 注册信息查看，此类化妆品在命名时也大多含有"富勒烯"三个字，也足以证明了品牌商对富勒烯的重视和认可。目前，国内护肤品界已经基本认可了富勒烯的功效及在护肤品领域的地位。富勒烯在护肤领域优越的抗氧化能力所带来的淡化黑色素值、提亮肤色、美白肌肤、淡化皱纹、修复角质层等功效已经被广泛认可。至今为止，没有发现纯富勒烯化妆品的安全性问题。当然，由于目前富勒烯原料价格相对还是比较昂贵，也不乏一些以次充好的伪富勒烯产品存在，而造成富勒烯的一些负面影响。相信随着科技的发展，富勒烯的成本必定会继续降低，纯度会更有保障，富勒烯也必将会成为护肤品界不可或缺的一分子。

总的来说，1985 年 Kroto 等通过模拟宇宙星云环境发现富勒烯，第一次揭开了这一完美笼状结构全碳分子的神秘面纱，30 多年来，全世界科学家通过艰苦的努力，已经扫清了富勒烯应用路上的主要拦路虎，特别是在富勒烯材料制备方面已经基本不存在障碍。富勒烯产业正蓄势待发，在护肤品、复合材料等若干领域已经开始起飞，还有一些领域如能源、催化、量子、生物医药等方面的应用正在积蓄力量，也将于不久迎来大规模的市场应用。

参考文献

 作者简介

王春儒，中国科学院化学研究所研究员，获国家基金委杰出青年基金资助。1992 年在中国科学院大连化物所获博士学位，先后在中国厦门大学、中国香港大学、日本名古屋大学、德国德累斯顿固体研究所进行博士后和访问学者研究，2002 年到中国科学院化学所工作至今。长期致力于富勒烯材料的产业化，实现了富勒烯材料的工业化生产，并在富勒烯的基础和应用研究方面做出开拓性贡献，例如在国际上首次发现了金属碳化物内嵌富勒烯，以及开发富勒烯在治疗恶性肿瘤、糖尿病、心脑血管疾病等重大疾病方面的应用。

王太山，北京理工大学化学与化工学院教授，首届香江学者计划入选者，中国科学院青年创新促进会优秀会员，获国家基金委优秀青年科学基金资助。2010 年在中国科学院化学所获博士学位。从事内嵌稀土富勒烯的结构、性质和功能研究，近年来重点研究了基于内嵌稀土富勒烯的电子自旋性质和材料。以第一或通讯作者在 *Nat. Commun.*、*J. Am. Chem. Soc.*、*Angew. Chem. Int. Ed.* 等期刊发表论文 60 余篇。曾获中国科学院院长优秀奖、徐元植顺磁共振波谱学优秀青年奖等。

甄明明，中国科学院化学研究所副研究员，中国科学院青年创新促进会会员。2009 年本科毕业于吉林大学化学学院。2014 年在中国科学院化学所获博士学位。2014 年留所工作至今。长期从事于富勒烯碳纳米材料的生物医学应用研究。以第一作者和通讯作者在 *Sci. Adv.*、*PNAS*、*NSR*、*ACS Nano*、*Adv. Sci.*、*Nano Today* 等学术期刊上共发表文章近 40 篇，获得授权发明专利 20 余项。曾获中国科学院北京分院科技成果转化二等奖等奖励。

甘利华，西南大学化学化工学院研究员。2005 年在中国科学院化学研究所获博士学位，先后在重庆大学、英国谢菲尔德大学和德国固体和材料研究所（IFW）从事博士后、访问学者和高级访问学者研究工作。目前主要从事金属富勒烯的结构、性质和形成机理以及天然气重整的原理和工艺研究，已在 *Chem. Eng. J.*、*J. Mater. Chem. A*、*J. Comput. Chem.*、*J. Chem. Phys.* 等刊物发表论文 80 余篇，出版专著一部。

第
6
章

第7章

摩擦纳米发电机及新材料

王中林 唐 伟 王廷宇 王 可

摩擦纳米发电机（TENG）通过结合接触电荷和静电感应的效应，能够有效地将机械能转化为电能或信号。在过去的十年里，TENG 的发展迅速，从基础科学理解发展到先进技术和应用。本章概述了 TENG，包括接触电荷和电动力学机制、应用、材料发展重点、未来机遇和局限性。作为一个跨学科的领域，TENG 的理论和实验方面都有着长足的发展和进步。全世界有分布在 83 个国家与地区的 12000 名科学家从事 TENG 的研究与应用。例如，将麦克斯韦方程与发电机的理论理解相结合，用于机械驱动、缓慢运动系统的解释，而面向器件未来的应用，还有大量的材料需求值得深入探索和研发。

摩擦纳米发电机于 2012 年发明[1]。通过耦合摩擦起电和静电感应效应，TENG 能够有效地将机械能转化为电能[1-3]，可用于制造自供电传感器和小型电子设备。摩擦电效应是一种接触电荷现象，即两种材料在分离后会带上电荷[2, 3]。在接触电荷现象中，电荷通过电子转移传导，传导方向取决于所涉及的材料。麦克斯韦位移电流充当驱动力。TENG 对不规则、低频率和低幅度的机械能转化为电能非常有效，使其非常适合从生活环境中收集能源。作为能量收集装置，TENG 整合了多个学科，包括材料科学、化学、物理学、电气工程、医学等[4, 5]。

TENG 已经被广泛应用于实践中，主要包括微 / 纳米能量收集[6,7]、自供电传感器 / 系统[8,9]、蓝色能源收集[10, 11]、高电压源[12, 13]和液体 - 固体界面探测[14, 15]。本章系统地讨论了 TENG 的基础科学和先进技术，探讨了摩擦电荷的产生、电荷流动以及电流如何用于先进技术，最后讲述了材料研究的局限和未来发展方向。在详细讨论这些主题之前将介绍理论背景。

7.1 / 摩擦纳米发电机的研究背景

7.1.1 / 机械能量的浪费

　　能量收集是一种技术（图 7-1），通过它，自然界或日常生活中通常被浪费的环境能量可以被转化为有用的电能，为各种实际应用提供可持续的电力解决方案。这种环境能量包括风能、太阳能、流体能、热能和机械能，如图 7-1（a）所示，在转化后成为宝贵的电力输入源。根据输入的能量收集源，可以选择并研究每种不同的能量收集技术，从风力发电厂、太阳能（光伏）电池，到热能、机械能和生物能收集。这些各种能量收集技术并不互相竞争；相反，它们可以根据运行环境和潜在的功率水平提供互补的电力解决方案，如图 7-1（a）底部箭头线所示。例如，风力发电可以是兆瓦级电力生成的可行解决方案，但对于毫瓦级电力解决方案来说，实际上并不切实际，因为它需要额外的装置或组件来将高级电力降低到几个数量级较低的电力水平。在这种情况下，利用机械能源的收集技术会更合适。因此，根据目标应用和所需的功率水平，可以有选择地利用每种能量收集技术。机械能量丰富，并且更有优势，因为它们不受任何环境条件（如天气）的限制。这些机械能源范围从海洋波浪、结构噪声和振动、声音，到超声波，如图 7-1（b）所示，其频率的函数，一般来说，通过机械能源的频率、振幅和／或加速度水平来表征机械能源是有用的，基于这些特性，可以估算潜在的电力生成水平。

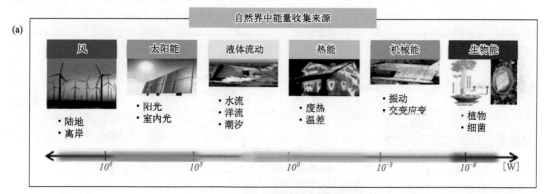

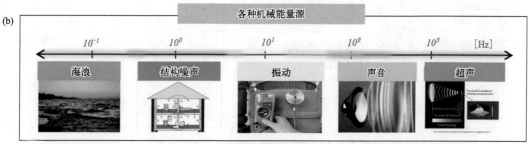

图 7-1　能量收集

（a）自然界中的能量收集源以及与每个源对应的潜在功率水平（底部）；（b）各种机械能源与频率的函数关系

TENG 在广泛的材料可用性和选择、相对简单的设备结构以及低成本加工方面提供了许多优势，因此被视为一种有效的技术，用于收集各种环境机械能源，如图 7-2 所示。风力或轻微的微风已被证明是通过超可伸缩 TENG 生成电力的宝贵输入源，正如 Wang 等的研究所示［图 7-2（a）］[25]。通过 TENG 收集高速列车产生的风能为大规模信号和传感器网络提供了强大的供电策略[26]，除各种基于风能的 TENG 演示之外[27-31]。与此同时，研究者通过 TENG 进行海洋波浪收集已经得到了深入研究，作为一种可再生电力解决方案[32-35]。由张等提出的主动谐振 TENG 是近期报道的海洋波浪收集的 TENG 示例之一，其中探讨了一种灵活的环形结构，以应对低频和海洋波浪随机变化方向的挑战性特征［图 7-2（b）］[36]。此外，过去几年中提出了许多有趣的 TENG 设计，用于海洋波浪能量收集，包括基于水平衡臂杠杆结构的 TENG[37]、基于水球的多频 TENG[33]、带有中空球浮标的管状 TENG[38]，以及基于弹簧辅助多层结构的多向功能球形 TENG[32]。近年来，超声波已被重新视为将电能安全输送到植入式医疗设备的一种有前途的方法。TENG 被证明在将外部施加的超声波转化为体内电能方面发挥了关键作用，消除了需要更换电池并需要额外手术的需求［图 7-2（c）］[39-43]。声音是一种普遍存在的可收集绿色能源。已经报告了各种 TENG 的声音能量收集概念，包括基于压电摩擦电效应的人工耳蜗应用的声学核壳谐振收集器［图 7-2（d）］[44]，基于赫姆霍兹共振器的双管 TENG[45]，带有电纺聚合物管的集成 TENG[46]，以及用于自供电边缘感知系统的 3D 打印声学 TENG[47]。结构振动是一种机械运动类型，在我们的日常生活中无处不在，从汽车、铁路、建筑物和桥梁到工业环境中都存在，为能量收集提供了无处不在的来源[48]。各种 TENG 装置已经被制造出来，用于结构振动的收集和应用，包括用于火车车轮能量收集和监测的自由固定 TENG［图 7-2（e）］[49]，用于货车车厢连接处能量收集和自供电货车监

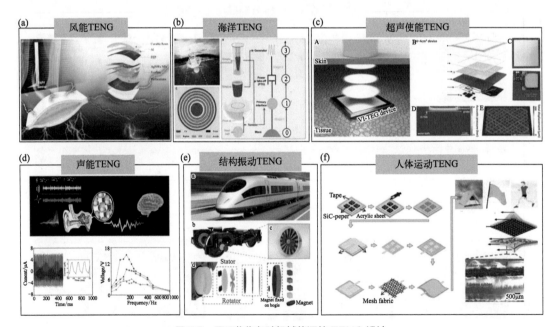

图 7-2　用于收集各种机械能源的 TENG 设计

（a）基于风的 TENG；（b）基于海浪的 TENG；（c）超声波功能 TENG；（d）声音驱动的 TENG；（e）基于结构振动的 TENG；（f）基于人体运动的 TENG

测的多模式 TENG[50]，以及基于电纺纳米纤维的铁路紧固件紧固度安全检测的自供电振动 TENG[51]。另一方面，人体运动能量也是可穿戴设备和生物医学能量收集应用不可或缺的能源来源[52-54]。通过各种类型的 TENG 已经成功实现了人体手势感应和实时临床人体生命体征监测，包括基于防水织物的多功能 TENG［图 7-2（f）］[52,55]，以及采用铁电钛酸钡耦合的 2D MXene（Ti$_3$C$_2$T$_x$）纳米片[56] 的层次设计的高性能可伸缩 TENG 等。从上面提到的示例案例中可以看出，TENG 通过将来自风、海洋波浪、超声波和声音、结构振动以及人体运动等各种机械能源转化为可持续的电力生成提供了一个有前途的平台。

7.1.2 / 摩擦电纳米发电机的最新研究趋势

自 2012 年首次报道摩擦电纳米发电机（TENG）的重要研究以来[57]，TENG 的研究领域已经成为备受关注的有前景的能量收集技术。TENG 的优势包括高功率发电、多种材料选择、简单的结构以及成本效益的制造过程，因此 TENG 的研究领域已经通过其应用广泛扩展（图 7-3），包括自供电触觉传感器[58-60]、机器人电源[61-63]、医疗康复以及[64-66]人机交互等领域[59,67,68]。在过去的十年里，研究 TENG 的文章数量和国家数量大幅增加［图 7-3（a）］。特别是，研究摩擦材料已经在通过增强接触电荷化来最大化发电方面取得了巨大的成就［图 7-3（b）][59,69,70]。此外，对于基于柔性[57,71,72]、可拉伸[59,73,74]和透明[59,69,74]材料的 TENG 的显著发展，以满足人机界面的需求。摩擦电材料设计创新为 TENG 的研究范围向系统化和最终工业化方向做出了贡献[70,75,76]。与商业化趋势一致，机械转换系统和电力管理的研究逐渐受到关注［图 7-3（c）］，并可以为可持续性和工业化提供有希望的机会。根据王教授领导的研究团队提出的路线图，他是 TENG 研究领域的先驱[77,78]，过去十年已经进行了全球范围内的 TENG 研究[77]。除了这些路线图，许多研究人员已经为 TENG 的商业化付出了巨大的努力。因此，尽管最初预计将在 2024 年左右发生，但系统化和样机生产已经在进行中[78]。摩擦电应用主要集中在能量收集和自供电触觉传感方面。最近，它的应用正在扩展到更广泛的研究领域，如生物医学[64-66]和机器人[61-63]应用。由于 TENG 的研究领域在短短的 10 年内发展迅猛，预计其未来 10 年的增长将远远超出预期。这项工作的目的是提供摩擦电研究的综述，以帮助为未来 10 年的工业化研究做好准备。本章将概述 TENG 的基础知识，并讨论

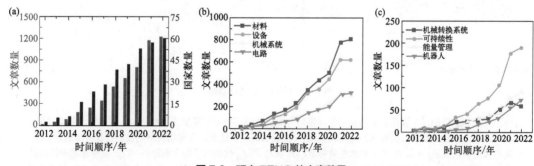

图 7-3 研究 TENG 的文章数量

（a）摩擦纳米发电机研究领域发表的文章数量和国家数量的年度趋势；（b）材料、设备、机械系统、电路方面的出版物；（c）机械转换系统、可持续性、能量管理和机器人相关的出版物

TENG 的发展，包括材料、设备、机械系统、电路和应用五个主要研究领域。此外，还将涵盖 TENG 商业化的关键挑战和展望。

7.2 摩擦纳米发电机的研究进展与前沿动态

7.2.1 物理图像和基础科学

TENG 的物理基础如图 7-4 所示。典型的 TENG 包括电极和介电材料。在外部机械力的作用下，摩擦电荷在接触表面上产生，电荷密度在几个周期后增加并饱和。摩擦电荷最终在接触表面上均匀分布，其大小相似但极性相反，经过理论和实验证明[79-83]。摩擦电荷，也称静电荷，属于不可移动的表面电荷。TENG 装置中有两类主要电荷：分布在介电材料中的摩擦电荷，无法自由移动；在电极表面诱导和分布的自由移动电荷。摩擦电荷的生成取决于接触电荷机制，关于机制是基于电子转移、离子转移还是材料种类转移一直存在争议。通过辛勤工作，已经证明，在两种固体之间的接触电荷主要，甚至可以说是完全，由电子转移控制[1, 3, 83]。图 7-4（b）展示了一个重叠电子云模型，用于解释两个原子之间的接触电荷和电荷转移的一般情况。电子转移是由于两个接触原子或分子之间的电子云强烈重叠。该模型被视为理解任意介电材料的接触表面之间的接触电荷的通用模型。该模型已经通过实验证实，并可以扩展到液体 - 固体、液体 - 液体、气体 - 固体和气体 - 液体的相互作用。通常，这种电荷转移模型被称为接触电荷的王氏转移[3]。

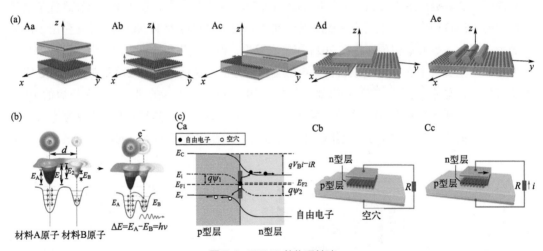

图 7-4 TENG 的物理基础

（a）五种 TENG 的基本模型，包括接触分离模型（面板 Aa）、单电极模型（面板 Ab）、横向滑动模型（面板 Ac）、自由悬浮模型（面板 Ad）和滚动模型（面板 Ae），请注意，介电层材料用浅蓝色长方体表示，金属电极用金色表示；（b）电子云和势能阱模型，其中 E_A 和 E_B 代表电子的占据能级；（c）能带图和空间电荷分布（面板 Ca），以及直流纳米发电机的连接电路（面板 Cb 和 Cc），其中，E_F 代表费米能级，E_v 代表价带顶部，E_C 代表导带底部，E_i 代表固有能级，V_B 代表内建电位或化学势差，$q\psi$ 代表功函数，p 型和 n 型指的是半导体材料

7.2.2 / 摩擦纳米发电机的应用

微/纳米能量（例如风能、水能、振动能和人体运动能）在周围环境中随处可见。微纳技术（包括TENG）已被用于高效地收集和储存来自自然环境或人体运动的能量（图7-5），以提供持久、免维护、自驱动的能源。TENG可以广泛应用于智能交通、智能工厂和机械传感等领域[110-114][图7-5（a）]。如图7-5（b）所示，为环境能源收集设计和制造的TENG具有各种运动类型，例如线性[115]、旋转[116]、摆动[117]和振动[118]，它们为小型电子设备提供微功率源。基本单元的组装和集成使大规模能源收集成为可能。然而，TENG具有高负载输出，导致高电压和低电流输出。因此，现有的交流输出特性限制了TENG的应用和发展，研究者已经提出了许多能源模块[119]来解决这个问题。TENG的功率管理组件、整流器和能量储存组件使其能够输出适当的直流电压[图7-5（c）]。此外，整流的脉冲输出可以直接用于驱动电子设备和电化学应用[120-122]。在图7-5（d）中，展示了各种基于TENG的自供能系统[123-126]。

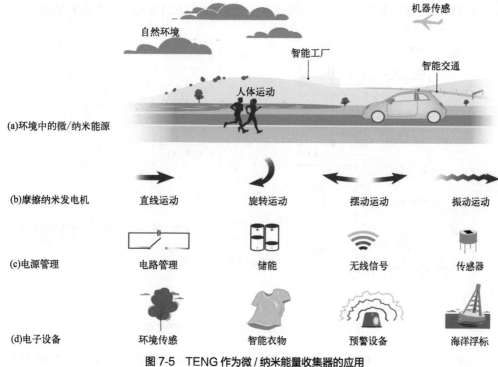

图7-5 TENG作为微/纳米能量收集器的应用

（a）微/纳米能量的场景，包括自然环境、人体运动、智能交通、智能工厂和机械传感；（b）各种运动类型的摩擦电纳米发电机（TENG），包括线性、旋转、摆动和振动，用于能量收集；（c）TENG的电源管理，包括电路管理、能量存储、无线操作和传感器；（d）TENG用于为环境传感器、智能服装、警示设备和水上浮标供电

随着快速发展的物联网，需要一种新一代的传感技术来跟上潮流，而TENG在传感技术中变得越来越关键，如图7-6所示。基于TENG的传感器是被动传感器，将测量信息转换为电信号，称为摩擦电传感器（TES）。

在图 7-6（a）中，TES 使用间隔排列的电极通过机械运动将机械能转换为脉冲信号。TES 产生的波形信息包括物理参数，例如波形相位（φ）、脉冲频率（f）和脉冲幅度（A），如图 7-6（b）所示。图 7-6（c）展示了根据电极和运动形式将 TES 进行分类的方式。此外，TES 产生的原始信号需要由微控制单元（MCU）采集，并输入数字模拟转换器（DAC），在这里，数字信号被转换为模拟信号并发送到操作控制器。在图 7-6（d）中，TES 基础的自供能系统包括用于信号生成的自供能传感器、用于将信号转换为方波的处理电路、用于计算生成的脉冲数的 MCU、用于发送命令信号的无线发射模块、无线信号接收器和操作系统。TES 的波形信号反映的物理参数在特定环境条件下具有不同的应用。对于脉冲数，基于光栅结构的 TENG 的卷轴式拉伸传感器被用于实现低滞后和高耐用性[127]。对于脉冲频率，使用 3D 打印制造的轴承式 TENG 被用作能量收集器或自供能传感器[128]。对于波形相位，提出了一种轻薄、高分辨率的摩擦电自供能角度传感器[129]，以帮助传感器的集成应用。例如，高灵敏度的摩擦电自供能角度传感器可以装配在医用支架上，记录关节的屈伸角度，以促进个性化治疗。最后，对于脉冲幅度，提出了一种轻薄、舒适、透气、柔软和自供能的全纳米纤维电子皮肤 TENG。这种电子皮肤简单、低成本、高度敏感（0.217kPa^{-1}）、舒适和柔韧[130]。

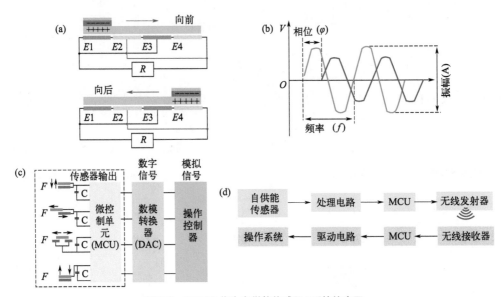

图 7-6　TENG 作为自供能传感器 / 系统的应用

（a）光栅状电极部分和滑块部分；（b）摩擦电传感器（TES）的输出波形和感测参数标签；（c）具有四种工作模式的 TES 的信号处理流程；（d）TES 的无线传输流程图，MCU 表示微控制器单元

世界的海洋中蕴藏着大量的海洋能源。各国纷纷将目光投向这个能源源泉[131]。由于海洋波浪的低频、间歇性和随机性，海洋波浪的高效能量转换受到限制。TENG 对于收集蓝色能源具有优势（图 7-7），因为它们对低频能量有极高的转换效率[106,132]。有人提出使用 TENG 浮网从海洋中收集波浪能量[133]，如图 7-7（a）所示。在这种设置中，网络结构与多个 TENG 单元集成。为了提高系统的自主性和稳健性，封装的多 TENG 单元被构建成用于水波能量收集的宏观自组装网络[134][图 7-7（b）]。具有电荷穿梭的高性能 TENG [图 7-7（c）]

可以提高表面电荷密度[135]。为了增强耐久性，可以使用高效的摆动结构 TENG 来收集超低频水波能量[136]，如图 7-7（d）所示。内部摆动结构延长了运行时间，增加了性能输出。可以通过连接数百万个球形 TENG 组件来构建电力网络。这些组件可以在水面上方或下方排列，形成 3D 网络结构。构建 TENG 网络是收集大规模蓝色能源的潜在方法[137]。在图 7-7（e）中，展示了基于 TENG 的自供能智能浮标系统[125]。通过电力管理模块，输出的交流电被转换为直流电以供电控制模块使用。为了实现能量收集和自供能传感，可以使用带弹簧辅助的多层结构球形 TENG 来收集多方向的水波能量［图 7-7（f）］。输出的能量由电力管理模块[119]进行管理。

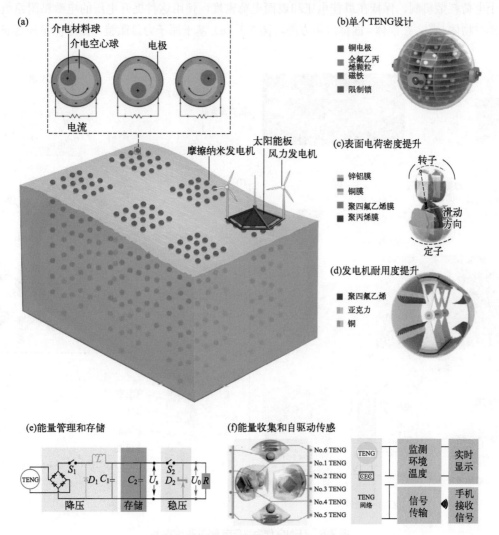

图 7-7　TENG 在蓝色能源收集中的应用

（a）用于收集蓝色能源的摩擦电纳米发电机（TENG）；（b）单个 TENG 单元；（c）具有高表面电荷密度的 TENG；（d）摆式 TENG 的 3D 结构和截面；（e）管理和存储用于收集水波能量的 TENG；（f）由 TENG 收集的自供电传感器的水波能量，其中，CEC 表示电荷激发电路

　　TENG 可以被视为高电压电源（图 7-8）。与传统的高电压电源相比，使用基于 TENG 的电源具有诸多优势，如提高了安全性、结构更简单、更便携且更具成本效益。通过结合基于

TENG 的高电压电源和等离子体源，可以创建一个由机械刺激驱动的大气压等离子体，称为摩擦电微等离子体[12][图 7-8（a）]。图 7-8（b）展示了一个由尼龙和聚四氟乙烯（PTFE）组成的多层可重复使用的摩擦电空气过滤器（TAF）。当尼龙和 PTFE 织物相互摩擦时，TAF很容易被带电。在充电后，TAF 对 $PM_{0.5}$ 和 $PM_{2.5}$ 的去除效率分别为 84.7% 和 96.0%，展示了基于 TENG 的空气净化的潜力。研究者提出了一种带有电荷积累策略的 TENG，可以提供可持续的超高输出电压[138]。超高电压使通过触发持续的电泳和介电电泳效应进行自供电油污净化成为可能［图 7-8（c）]。如图 7-8（d）所示，TENG 电极通过一个电荷补给通道，基于一个电荷耗散机制，保持在最佳电压和表面电荷密度，使用这种提升电压的电致粘附系统可以操控物体[139]。在固体 - 固体应用方面，图 7-8（e）基于原子力显微镜，用于测量局部表面

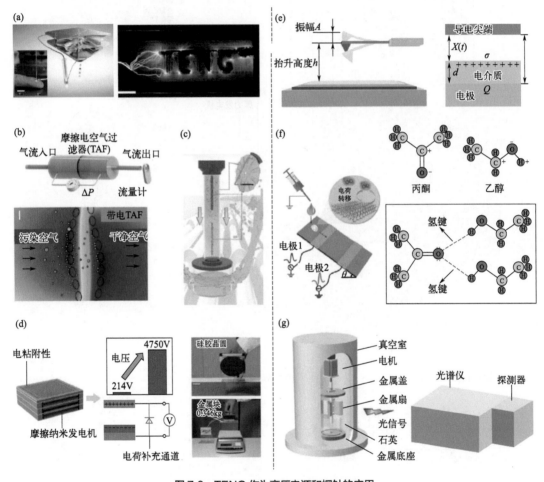

图 7-8 TENG 作为高压电源和探针的应用

（a）由两个串联的自由旋转摩擦电纳米发电机（TENG）直接驱动的大气压非平衡等离子体喷射器；（b）测量流速、压降和颗粒物去除效率的装置；（c）用于油净化系统的 TENG 及实际效果演示；（d）TENG 的自供电静电吸附系统；（e）用于固体 - 固体界面监测的扫描 TENG 的设置；（f）用于固体 - 液体界面监测的扫描TENG；（g）TENG 用于界面光谱学的应用；（a）部分摘自参考文献 [56]，ACS 出版；（b）部分获得了参考文献 [13] 的许可，Wiley 出版；（c）部分获得了参考文献 [75] 的许可，Springer Link 出版；（d）部分获得了参考文献 [76] 的许可，Elsevier 出版；（e）部分摘自参考文献 [14]，得到了 AIP Publishing 的许可；（f）部分获得了参考文献 [15] 的许可，ACS 出版；（g）部分获得了参考文献 [77] 的许可，RSC 出版

电荷密度[14]。在导电的探头和介电底部电极之间发生静电感应。在扫描 TENG 中，一个导电探头在带电介电表面上方轻轻敲击，扫描 TENG 是探测接触电气化中纳米级电荷转移的强大工具。为了测量液固界面的电荷转移，已经开发了一种自供电的液滴 TENG[15][图 7-8（f）]。在空间排列的电极上，电子是液滴和固体之间主要的电荷转移物种。对于界面光谱学，可以在两种固体材料之间的接触电气化过程中测量光子发射光谱[140]，如图 7-8（g）所示。在这个过程中，电子在两种材料的界面之间转移。

7.3 / 我国在摩擦纳米发电机领域的学术地位及发展动态

7.3.1 / 首席科学家具有独特的影响力

王中林院士是国际公认的纳米科技领域领军型科学家和纳米能源研究领域奠基人，国际能源领域的著名科学家 . 王中林院士在多个国际科研大数据排名中位列前列。根据世界科学期刊最大出版商 Elsevier 与美国斯坦福大学在 2023 年 10 月公布的数据，王中林院士在世界横跨所有领域前 10 万科学家终身科学影响力排第 2 名，2019—2022 连续四年年度科学影响力排第 1 名。2022 年 11 月国际知名科技数据网站 Research.com 发布数据，王中林院士在材料学领域排名第 1，全科排名第 9 位。根据 2022 年 12 月 Google Scholar 最新数据，王中林教授论文被引数超 40 万次，标志影响力的 H 指数是 303，在全球纳米科技和材料领域排世界第 1 名。此外，微软学术官网在 2019 年公布的 1929 年以来材料与工程领域 100 万学者排名中，王中林获得 5 项指标中的 3 项世界第 1 名。王中林院士还是国际纳米能源领域著名刊物 Nano Energy（最新 IF: 17.6）的创刊主编和现任主编。王教授凭借在微纳能源和自驱动系统领域的开创性成就，先后获得 19 项国际科技大奖，包括 2023 年全球能源奖（Global Energy Prize）、2019 年爱因斯坦世界科学奖（Albert Einstein World Award of Science）、2018 年世界能源与环境领域最高奖——埃尼奖（Eni Award），此两项大奖均为华人科学家首次获得，以及 2015 年有"诺贝尔奖风向标"之称的汤森路透引文桂冠奖，此外还包括 2011 年美国材料学会奖章、2014 年美国物理学会詹姆斯·马克顾瓦迪新材料奖等。

7.3.2 / 多个国内外权威机构认可

2022 年 6 月 17 日，由欧盟各国和俄罗斯共同设立的全球能源协会（Global Energy Association）发布的年度报告《未来十年能源领域的十大突破性构想 2022》中，以摩擦纳米发电机为核心的高熵能源技术入选其中。2022 年 12 月 15 日，在中国工程院、科睿唯安公司与高等教育出版社联合发布的《全球工程前沿 2022》报告中，摩擦纳米发电技术入选该报告中的机械与运载工程领域前 10 大工程研究前沿问题，并排序在第 3 位。本年度两次入选国际重要评估报告，进一步体现了国内外能源界、产业界与工程界对纳米能源领域的高度认可，体现了在工程和工业领域的巨大应用前景。2022 年 12 月 27 日，中国科学院与科睿唯安联合发布的《2022 研究前沿》报告中，遴选和展示了 11 大学科领域中的 110 个热点前沿和 55 个新兴前沿。纳米能源所原创的基于摩擦纳米发电机的自供电可穿戴织物技术，入选化学与材料科学领域十大热点前沿。

7.3.3 / 全球的拥趸和跟随者越来越多

截至 2022 年 12 月 25 日，根据对 WOS 进行文献梳理，有 83 个国家和地区，超过 1500 个科研机构或单元，12000 余名研究人员参与纳米发电机相关研究。全国 50 余个高校和科研机构设立纳米发电机相关的研究单元，自 2019 年开始，美国可再生能源国家实验室（National Renewable Energy Laboratory）和美国西北太平洋国家实验室（Pacific Northwest National Laboratory）两家美国的国家级能源实验室正式将王中林院士创立的纳米能源相关方向列入实验室研究方向，并建立研究单元。在另外一个原创领域——压电电子学研究方面同样呈现出生机勃勃的发展态势。据不完全统计，目前全球有 40 多个国家，400 多个研究单元，近 4000 人在跟随纳米能源所开展压电（光）电子学的相关研究。美国、韩国、新加坡以及欧洲数十个国家和地区相继开展了该方向的研究和探索，美国 Sandia 国家实验室将其列为在后场效应三极管（FET）时代与量子电子学、自旋电子学等平行的新生关键技术。

7.4 / 作者团队在摩擦纳米发电机领域的学术思想和主要研究成果

7.4.1 / 创立"一棵树"的发展蓝图，坚持原始创新、主线发展

用"一棵树"来展现研究布局是王中林院士 2010 年首创的一种模式：树有根系，代表学科有深厚的科学原理与理论；树有年轮，代表建立一个领域或学科要经过多年的发展与培育；树有主干，代表该领域是有基本科学原理原创的主线；树有枝叶，代表学科有多方面的重要应用领域；树是向上生长的，代表着纳米能源所是科研主线引导下的自由发展式科研模式；树有果实，代表纳米能源所的科研成果枝繁叶茂、硕果累累。

图 7-9 中的这棵学科树已成为纳米能源所标志性的科研图腾。树根就是基于动生麦克斯韦方程组理论的纳米发电机技术和第三代半导体的压电电子学、压电光电子学及摩擦电子学等学科理论。树干代表着基于纳米发电机技术的纳米能源、纳米自驱动系统和基于压电（光）电子学的第三代半导体技术。树枝树叶和果实，代表着上述原创理论和技术在复合能源、海洋蓝色能源、自驱动传感、物联网传感器、半导体器件、医疗健康、环境保护、人工智能等重大领域的应用和重大成果。如今，该所的相关原创成果已经开始应用到一些重大科技需求和关键技术领域的攻关方面。纳米能源所的原创技术具有极强的产业应用前景，至少可在微纳能源与蓝色能源产业、自驱动传感产业、微纳医疗健康与环保产业、自供能安防监测产业、压电（光）电子半导体产业等方面带来可预期的前景。

可以说，纳米能源所的原创技术对现代工业、科技和人们生产生活来说，是一个横切面式的技术，相信在不久的将来会广泛影响每个人的生活。

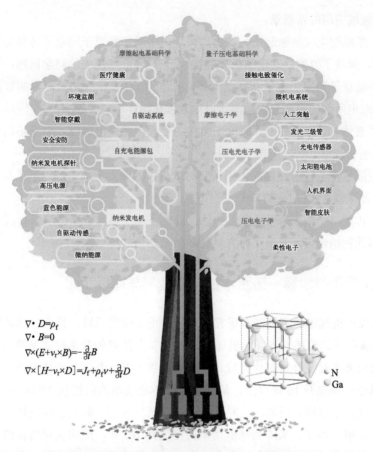

图7-9 基于纳米发电机的自驱动系统与蓝色能源宏大领域及基于压电电子学与
压电光电子学效应的第三代半导体的崭新领域

7.4.2 ／源体系

十多年来，王中林院士带领纳米能源所取得了诸多世界一流的成就。这些成就可以概括为1-2-3-4-5-6-7。具体如下。

建立1个全新的研究体系：基于纳米能源的高熵能源与新时代能源体系（高熵能源是指散落在环境中的低密度、低质量、碎片化的机械能和热能，并可通过纳米发电机收集转换为电能）。开创2个研究领域：基于纳米发电机的自驱动系统与蓝色能源宏大领域，基于压电电子学与压电光电子学效应的第三代半导体的崭新领域。创立3个国际公认的学科：压电电子学、压电光电子学和摩擦电子学。研发出4项核心技术：微纳能源、自驱动传感与系统、蓝色能源、微型高压电源。奠定5大产业方向：微纳能源与蓝色能源产业、自驱动传感产业、微纳医疗健康与环保产业、自供能安防监测产业、压电（光）电子半导体产业。发现6个新的物理效应：压电电子学效应、压电光电子学效应、压电光子学效应、摩擦伏特效应、热释光电子效应和交流光伏效应。做出7个方面的具体科学贡献：

① 初步建立了动生麦克斯韦方程组（Maxwell Equations for a Mechano-Driven Slow-Moving Media System），奠定了纳米发电机的理论基础，开启了非惯性系中麦克斯韦方程组

在能源与传感领域应用的新篇章;

　　② 统一了摩擦起电（接触起电）的物理模型，明确了跨原子间电子转移与跃迁的接触起电的根本机理，解决了"摩擦起电的机理"这一已有 2600 年历史的科学问题;

　　③ 提出并验证了跨原子电子转移是气体 - 液体 - 固体多相间接触起电的普适性机理，并首次提出接触起电所致的界面光谱学与接触电致催化学;

　　④ 确定了液体 - 固体接触中界面电子转移的过程，并提出形成双电层结构的两步走机理模型，即先是电子转移，然后是离子吸附;

　　⑤ 系统发展了声子散射在高能电子衍射与成像中的动力学理论，提出了高角度环形暗场扫描透射电子显微镜（HAADFSTEM）成像模拟理论;

　　⑥ 发现了称量单个纳米颗粒质量的方法，开创了电子显微镜原位纳米测试技术;

　　⑦ 发现氧化物纳米带，开启了研究氧化锌纳米结构的历程。

做出了具有世界一流水平的科研成果与科学贡献

　　基于纳米发电机技术的高熵能源研究是该所的主干研发领域。目前，纳米能源所研发团队不断开发出高性能的摩擦纳米发电机（TENG），如采用接触分离模式摩擦纳米发电机并抑制空气击穿效应并通过复合材料优化设计将电荷密度提升到新的里程碑高度，TENG 的最大功率密度可以进一步提升 10 倍以上，从而为低成本连续制造高性能 TENG 及其广泛应用于国家能源发展奠定了基础。再如，在海洋蓝色能源研发方面，研发团队设计了蜂窝式多层立体结构发电单元组，每立方米阵列峰值功率密度达到 76.7W，成功驱动航标灯工作，并成功实现了给大容量的商用磷酸铁锂电池充电，为 TENG 技术高效收集海洋蓝色能源、海洋航标供电和海上物联网领域的实际应用奠定了重要基础。在能量存储技术方面，制备出的一种超薄的能量采集与存储系统，其体能量密度接近锂离子薄膜电池，体功率密度接近超级电容器，与 TENG 相结合，集成器件（包含封装层）的整体厚度控制在 200μm 以内，为发展新型电池和储能技术，特别是收集储存高熵能源上，提供了新的技术选择。

　　王中林院士团队先后发现了压电电子学、压电光子学和压电光电子学三个物理效应，并围绕这三个新的物理效应创立了压电电子学、压电光子学和压电光电子学三个新的学科。压电（光）电子学效应（上述三个物理效应的统称）最主要的用途就是在第三代半导体技术和未来信息科学技术的应用方面。该效应的发现，不仅极大地丰富了传统半导体物理学，而且将变革第三代半导体关键器件的设计理念及制造技术。该效应已成为目前纳米科学和信息技术的重要前沿和竞争热点，引起了国际学术界和企业界的广泛关注。第三代半导体中的压电（光）电子学效应提供了环境与电子设备无缝、实时、准确的相互作用的新途径，在触觉传感器、与硅基技术相连的人机界面、微电子系统、纳米机器人等领域同样具有重要的应用前景，是后摩尔时代信息技术最重要的发展方向之一。压电（光）电子学大大促进了高灵敏、高集成的仿生触觉感知技术的研发。纳米能源所研发了一种大尺寸、柔性、三维压电电子学晶体管阵列，还提出利用压电光电子学构建力 - 电 - 光耦合的触感成像人机界面。这种全新的触感成像技术独辟蹊径地开拓了一条人机界面新途径，极大推动人机界面感知功能达到甚至超越身体感知能力，在电子皮肤、手写签章、身体成像、光机电耦合系统等领域有重大的应用前景。例如，该所构建了一个刷新纪录的高性能摩擦电子晶体管阵列，可进一步推动人机界面、AI 系统与智能传感领域的技术发展，为机械行为驱动的电子终端、交互智能系统、人造皮肤等提供了有效的研发平台。

在致力于微纳能源与传感领域科技创新的同时，王中林院士带领团队不断探索相关物理领域的理论发展和创新。

① 建立摩擦起电机理及纳米发电机理论框架。2017 年，王中林院士拓展了位移电流的表达式，在电位移矢量中首次引入由于机械运动而产生的 P_s 项，即动生极化，用来推导纳米发电机的输出功率。2019 年，他推导出纳米发电机的输运方程，即 P_s 项的解析表达式，以及不同负载下纳米发电机的输出功率和空间电磁场分布及辐射的通用表达式，同时给出摩擦纳米发电机 4 种模式的解析解，奠定了纳米发电机的整体理论构架，形成该领域发展的基本理论基础。

② 提出动生麦克斯韦方程组的相关理论。着眼于工程的实际应用，经过不断深化研究，王中林院士已经明确推导出动生麦克斯韦方程组理论区别于传统麦克斯韦方程组的 4 个主要方面：

a. 加速运动的非惯性系与匀速直线运动的惯性系；

b. 包括费曼提出的"反通量法则"例子的电磁理论与不包括"反通量法则"情况的电磁理论；

c. 多个运动介质的电动力学问题与单个运动介质的电动力学问题；

d. 全场（近场 + 远场）电动力学与远场电动力学。目前的一些实验已经证明了构建动生麦克斯韦方程组的必要性，该方程组的科学意义和潜在技术应用需要进一步的实验验证和深化。

③ 建立了多相间界面电子转移的物理模型。证明了固体 - 固体、液体 - 固体、液体 - 液体以及气体 - 固体多相间接触起电的主要机理为电子转移，并丰富了界面电子转移理论，为双电层的形成及相关领域，如机械化学、电催化、电化学存储、电泳以及液固摩擦纳米发电机，提供了新的见解。由此首次发现了摩擦伏特效应及机理。

7.5 摩擦纳米发电机材料的发展重点

7.5.1 材料对起电电荷的影响

尽管摩擦电效应是生活中最常经历的效应之一，但自 2012 年首次报道 TENG 以来，关于能量收集和传感应用的研究在近年来才开始进行。自首次报告以来，TENG 设备和 TENG 传感器的性能取得了巨大的进展[154]。TENG 设备被认为是小型设备的有前景的能量收集器，已经付出了努力寻找新的机械动力源，与其他类型的设备结合以及探索新的应用。通过对电荷生成机制有清晰的理解，可以实现设备性能的提高；然而，摩擦电机制仍然存在争议[155]。

通常认为，在两种不同的材料接触后，表面的分子之间形成了化学相互作用，并且电荷从一侧转移到另一侧以使电化学势均衡[156]。然而，也曾报道过两个相同表面的接触会产生摩擦电[157]。最近提出了一种基于热电子发射模型的可能解释，表明在接触电荷化过程中通过电子转移，较热的材料带正电荷，而较冷的材料带负电荷[158]。关于"转移了什么电荷"的问题，对于电子[159]和离子／分子[160]仍然存在争议。

 ／起电材料的研究

合成和发现新的摩擦电材料是必要的。特别是，与负摩擦电材料相比，正摩擦电材料的选择较少[161]。各种脂质已被报道为摩擦电系列中最高的正材料，无论分子中的功能基团的类型和位置如何。由脂肪碳组成的蜡分子表现出类似的正电化特性。考虑到聚乙烯具有相同的化学键结构，但表面没有强烈的正电荷，因此无法从分子结构理解表面电化现象，必须同时考虑分子取向和晶体结构。除新材料的开发外，未来的研究还需要对现有的摩擦电材料进行精确的表面表征。尽管已经有许多研究使用 PDMS、PVDF、PI、PET 和尼龙作为接触表面，但文章中并未提供有关材料表面的详细信息。PDMS 是用于负电荷生成的代表性材料；然而，表面分子取决于制备过程。众所周知，在空气中以 80℃固化时，PDMS 表面会形成未反应的小分子的薄液层。当在真空中高温（180℃）固化时，未反应的化学物质会消失，模量增加 10 倍[162]。表面材料的差异可能会导致摩擦电性质的显著差异。商业可用的 PI 和 PET 薄膜的表面通常会用其他材料进行处理，以便于薄膜制造或防止静电充电。对表面处理的详细信息缺乏可能导致即使 TENG 设备的结构很简单，在其他研究组中也存在一般可再现性问题。

7.5.3 ／电荷捕获材料的研究

与电荷生成层相比，电荷捕获层尚未得到详细研究。在电荷生成和电荷捕获两方面都表现出卓越性能的材料（例如 PI 或 PDMS）更适合制造低成本、高性能的 TENG。需要进一步研究聚合物薄膜中电荷陷阱机制的基本原理。机械强度高且可拉伸的电极可以取代 TENG 中的传统脆性电极。为了克服水凝胶电极的湿度问题，疏水离子凝胶可以作为 TENG 设备的替代可伸缩透明电极。此外，应该了解离子分子在体内和电极界面的动态，这在理论研究的初期阶段非常重要。改善 TENG 电极与其他组件（电容器、整流器和微处理单元）之间的接线界面的电气稳定性也很重要。由于金属导线不能与可伸缩电极连接，因此应该开发可伸缩的接触导电材料，以确保 TENG 设备在大应变下不会出现电断开。

7.5.4 ／面向应用场景的摩擦电材料研究

TENG 传感器通常用作具有尖峰信号的动态压力传感器。一些研究展示了使用方波形状的恒定电压信号的静态压力传感器的可能性[163]。然而，要获得方波电压特性，需要使用高阻抗电测仪（＞1GΩ）[164]，这在典型电子设备中不现实，因为传统设备的电阻范围为千欧到

10MΩ。目前，在没有高阻抗电测仪的帮助下，TENG 传感器不能用作静态压力传感器[165]。要同时检测动态和静态刺激，就像人体感觉机械受体一样，需要将 TENG 传感器与电容或电阻系统相结合[166, 167]。然而，基于 TENG 的自供电传感对于主要发生动态运动和刺激的人体非常有用。可植入 TENG 已被用于从体内的生物机械运动中产生电力[168]，或通过获取心率[169]、脉搏[170]、呼吸率[171]和膀胱肿胀[172]的电信号来获得生理信息。由于可植入 TENG 和传感器相对较新，因此必须开发可植入 TENG 设备的生物相容性和理想材料。设备的吸湿环境、长期稳定性和可伸缩性是可植入设备的其他材料属性；因此，需要进行非传统材料研究以制造实用的可植入 TENG 设备。此外，在触觉感应的情况下，对材料本身的摩擦电现象的利用研究相对较少[173]。电解质可以用作可变电容器，可以精细调节 TENG 的输出电压。TENG 中的尖峰状交流高电压在电子器件中没有用处，电压应该转换为恒定的直流电压。为了调整电压并有效地收集电解质电容器中的电荷，需要具有大电荷弛豫时间和电荷电阻的电解质材料。在基于 TENG 的化学传感器中，理想的传感材料或系统不受环境变化（温度、湿度、环境振动等）的影响。基于 TENG 的气体传感器已经利用将气体分子引入摩擦电表面以实现信号变化。研究者已经广泛研究了在聚合物和金属氧化物中气体分子的选择性吸附[174, 175]。采用这些材料作为 TENG 传感器的底板可以提高化学选择性，并增加要检测的化学物种。

7.6　摩擦纳米发电机的展望与未来

7.6.1　摩擦纳米发电机的基础和应用

为了理解摩擦电荷的产生、电荷流动以及如何将电流用于先进技术，需要采取多学科方法，涉及物理学、数学、化学、工程学、材料科学和计算机科学。通过研究 TENG 的这些方面，提出了新的问题，需要在未来的研究中进行进一步的理论和实验研究。

通过耦合接触电荷和静电感应，TENG 装置可以将机械能转化为电能或信号。位移电流作为从外部环境中收集能量的驱动力。为了描述接触电荷的机制，提出了王氏转变模型，其中电子转变通常发生在任意两种材料或相之间，包括固体 - 固体、液体 - 固体、液体 - 液体、气体 - 固体和气体 - 液体之间的相互作用。如果两个绝缘表面之间存在电子转变，就可以设计相关的 TENG 装置；然而，这只是一个理论上的可能性。

一种新的机械诱导极化 P_s 术语已经添加到位移矢量中。这需要构建普遍的本构关系，导致修改麦克斯韦方程。以扩展后的麦克斯韦方程作为物理原理，可以建立 TENGs 的数学物理模型。在此基础上，建立了等效电路模型，包括电容器模型和诺顿等效电路模型，可以从集总参数等效电路理论中构建。集总参数电路是在麦克斯韦方程的基础上创建的一个新的、用户友好的抽象层，意味着它在电气工程中具有高应用价值。TENGs 的应用主要集中在以下领域：微 / 纳功率源、自供电传感器、蓝色能源收集器、高电压源，以及作为液体 - 固体界面电荷转移的扫描探针。

7.6.2 / 接触电荷产生的方法

在实践中，接触电荷涉及多个科学领域。除了基于技术的 TENG，至少创建了两个密切相关的领域，并且它们的发展依赖于所应用的背景。第一个领域是 Wang 模型对双电层（EDL）的研究，揭示了 EDL 的形成需要两个步骤：由于接触电荷引起的液体和固体表面之间的电子交换，使固体表面的原子成为离子；液体中离子与离子的相互作用，在界面附近形成阳离子和阴离子的梯度分布。这与传统对 EDL 的理解不同，后者忽略了第一步。

TENG 创造的第二个领域是接触电荷引起的界面光谱学，这是最近发现的并且尚未得到足够关注的领域。电子从一个材料的一个原子转移到另一个材料的另一个原子，导致光子发射。最近的理论证明了在一个材料的较高能级上一些不稳定的激发电子可能过渡到较低能量状态，从而产生接触电荷引起的界面光子光谱。确认接触电荷过程中的物理过程将更好地理解电介质材料如何成为接触电荷背后的电荷。

当在 FEP- 水界面发生接触电荷时，界面处的电子交换可以直接催化反应，无需传统催化剂。通过接触电荷、机械化学和催化的结合，提出了接触电催化[142]。这可以扩展催化材料的范围，并为探索具有机械诱导接触电荷的催化过程提供有效途径。如果在接触电荷中使用半导体材料，例如形成金属/半导体[147]、金属/绝缘体/半导体[148]、液体/半导体[149]或 p 型/n 型结构[150]，那么在外部机械激发下可以产生直流电。这种现象被称为摩擦电压效应[151]。由此效应引起了几种多物理现象，包括摩擦电压热电效应[152]和摩擦伏特效应，这在动态金属/半导体肖特基系统中可以观察到[153]。

7.6.3 / 新兴潜力领域

电磁学对科学技术产生了巨大影响。尽管它的历史悠久，但由于麦克斯韦方程的重要性，电磁学仍然受到研究。基于 TENG 的能量收集系统只是新技术应用的一个例子。虽然动生麦克斯韦方程的发展是由 TENG 的实验进展推动的，但它们的影响不仅限于能量转换。受动生麦克斯韦方程直接影响的几个新兴潜力领域包括无线通信和传播、天线、小天线分析与设计、雷达、雷达截面分析和设计、电磁兼容性和电磁干扰分析与设计、光学成像和光电子学、量子光学和量子信息。由动生麦克斯韦方程推动的工程技术和现实世界的应用侧重于纳米发电机、自供电系统和自充电电源单元，受到广泛关注。通过智慧、合作和努力，可以解决重大问题，包括能源危机和环境污染，为未来发展先进的科学技术。

7.6.4 / 摩擦纳米发电机对工业技术的影响

TENG 对工业技术领域产生了积极且深远的影响，呈现出多方面的理论与实践意义。首先，TENG 技术提供了工业领域一种全新的可再生能源来源。工厂和制造设施通常产生大量机械振动和摩擦，例如机器运转、传送带、设备的振动等。通过引入 TENG 装置，这些机械振动能够被高效地捕获并转化为电能，从而降低了工业设施的能源成本，同时减少了对传统能源如煤炭、石油和天然气的依赖。这不仅有助于能源多元化，还有助于减少环境负担，符合可持续发展的理念。

其次，TENG 技术为工业传感器和监测设备的自供电提供了解决方案。工业中广泛使用各类传感器来监测设备状态、生产过程和环境条件等，通常需要电池或有线电源供应。然而，TENG 技术的应用减少了电池更换的需求，降低了维护成本，同时提高了传感器的可靠性。这对于工业自动化、远程监控和数据采集至关重要，为提高工业生产效率和数据质量提供了新的途径。

再次，TENG 技术的引入有助于推动工业走向绿色和可持续生产。工业制造设施可以使用 TENG 装置从设备运动中提取能量，减少燃烧化石燃料的需求，从而降低二氧化碳排放。工业企业通过降低能源成本、减少环境影响和提高生产效率，企业能够更好地满足可持续性目标，同时增强品牌形象。举例来说，一些工业区域已经开始在设施周围安装 TENG 装置以利用风力，实现电能的自供电，这有助于实现可持续的能源管理，同时也符合不断加强的环境法规要求，使工业更加环保和可持续。

此外，TENG 技术的引入鼓励了工业技术的创新，有助于不断提高工业生产效率和产品质量，例如使用接触电致催化为锂离子电池回收提供了一种绿色、经济、高效的方式，还有 TENG 装置在蓝色能源领域的应用，利用海洋潮汐能、海浪能和河流动能提供能量，为电力生成提供一种可持续和环保的方法。也有助于企业探索开发新型产品和解决方案，例如自供电的智能工具、能源自足的监测系统、独立供电的传感设备等，这有助于提高生产效率、产品质量和市场竞争力。

最后，TENG 技术还可以用于提供备用电源，确保工业设施在电力中断时继续运行。工业设备的停机可能导致生产损失，因此备用电源可以减轻生产中断的风险，增强了生产的稳定性和可靠性。

总的来说，未来 TENG 技术在工业技术领域的影响体现在能源效率提高、环保生产、创新产品开发和更可靠的电力供应等多个层面，为工业领域的可持续发展和智能化提供了有力支持。

参考文献

 作者简介

王中林，国际纳米科技领域公认的领军型科学家，世界知名材料学家、能源专家，现任中国科学院北京纳米能源与系统研究所所长、首席科学家，中国科学院大学讲席教授、纳米科学与工程学院院长，美国佐治亚理工学院终身讲席教授。他是中国科学院外籍院士、美国国家发明家科学院院士、欧洲科学院院士、加拿大工程院院士、韩国科学技术院院士。王中林是纳米能源研究领域的主要创立者和奠基人，他发展了基于纳米能源的高熵能源与新时代能源体系，开创了基于纳米发电机的自驱动系统及蓝色能源领域，及基于压电电子学与压电光电子学效应的第三代半导体领域，建立了压电电子学、压电光电子学与摩擦电子学学科，发现了六个新物理效应：压电电子学效应、压电光电子学效应、压电光子学效应、摩擦伏特效应、热释光电子效应和交流光伏效应。王中林教授先后获得近 20 项国际科技奖项，并成为 2023 年全球能源奖（Global Energy Prize）、2019 年爱因斯坦世界科学奖（Albert Einstein World Award of Science）、2018 年埃尼奖（ENI award——The "Nobel prize" for Energy，能源界最高奖）与 2015 年汤森路透引文桂冠奖四大国际大奖获得者。他在全球全科顶尖科学家终身影响力排名前二，2019—2022 单年影响力连续排名第一，材料与工程终身排名第一，在 Nature，Science 及其子刊上发表了 110 篇文章，文章总引用超 40 万次，H 指数超 300。

唐伟，中国科学院北京纳米能源与系统研究所研究员，于 2008 年和 2013 年取得北京大学学士和博士学位。近年来致力于界面电子转移与穿戴电子器件的研究，在 Nat. Energy、Nat. Commun.、Adv. Mater. 等上发表 100 余篇学术论文，SCI 引用超过 10000 次，H 指数为 55，连续多年入选 Elsevier 全球前 2% 顶尖科学家。主持国家自然科学基金、北京市科委重大项目、GF 创新特区项目等。获评北京市科学技术二等奖、三等奖，入选中国科学院青年创新促进会会员等。

第8章

过渡金属硫族化合物

徐　磊　李沛岭　刘广同　吕　力

8.1 过渡金属硫族化合物研究背景

过渡金属硫族化物（Transition Metal Dichalcogenides，TMDCs）拥有悠久的历史。MoS_2 作为其典型代表，可以追溯到 29 亿年前[1]，其结构最早由 Linus Pauling 于 1923 年测定[2]。1960 年以前，人们已知的二维过渡金属硫族化合物大约有 60 种，其中至少 40 种具有层状结构[3]。然而，这一材料体系在 20 世纪并不是研究的主流方向。2010 年的诺贝尔物理学奖颁发给了安德烈·海姆（Andre K.Geim）和康斯坦丁·诺沃肖洛夫（Konstantin Novoselov），以表彰他们对石墨烯（graphene）研究的突出贡献[4]。石墨烯的优异性能及广泛的应用前景激发了人们对其他二维材料的研究兴趣。这些材料均具有层状结构，层间采用较弱的范德瓦尔斯力结合[5]，包括石墨烯、黑磷、六方氮化硼与过渡金属化合物（氧化物、碳化物、氮化物及硫化物）等。过渡金属硫族化合物 TMDCs 是其中的典型代表之一。

TMDCs 是一类层状材料，其中每个单元（MX_2）都是由两个硫族原子层（X）和夹在其中的过渡金属原子层（M）组成。根据原子排列方式的不同，二维 TMDCs 的常见结构包括三棱柱形（六方，H）、八面体（四方，T）及滑移或扭曲产生的 H′ 相与 T′ 相，如图 8-1 所示。TMDCs 沿 z 轴方向排列的硫族原子 / 金属原子 / 硫族原子被视为单层，并且层与层之间存在微弱的范德瓦尔斯相互作用，这使 TMDCs 材料能够通过机械剥离的方式将块体材料解理成单层或少层薄片。

TMDCs 拥有多种晶体结构，从而产生了丰富的物性，从半导体的 H 相到半金属的 T 相。有趣的是，这些不同的结构相不仅可以通过调节化学组分的内在手段加以调控[7]，还可以通过应力场、温度场、电场、磁场、光场及样品厚度等外在手段加以调控[8-11]，这为研究二维 TMDCs 的丰富物性提供了强有力手段。更为重要的是，TMDCs 中的晶格对称性以及自旋轨

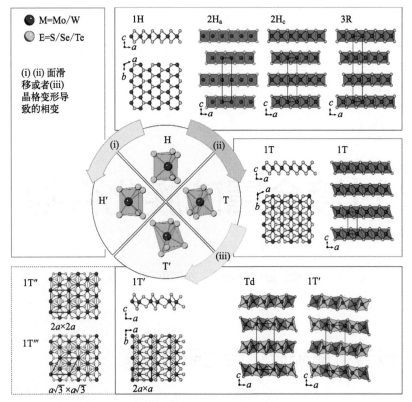

图 8-1　过渡金属硫族化合物的几种常见结构，包括三棱柱结构的 H 相，八面体结构的 T 相，
以及滑移或扭曲产生的 H′ 相与 T′ 相[6]

道相互作用诱导了能谷的简并与分裂，开启了全新的能谷电子学[12]。在此基础上，谷霍尔效应[13]、激子霍尔效应[14]等新奇量子现象相继被发现。同时，加压会导致 MoS_2 体样品发生绝缘体到金属的转变[15]，而基于离子液体的电场调控则可以驱使单层 MoS_2 发生从绝缘体到超导体的转变[16]；不仅如此，其面内上临界磁场更是超过了传统 BCS 理论预言的泡利极限，需要用伊辛（Ising）超导理论来解释[17]。另外，理论预言在 1T′ 相的单层 TMDCs（如 MoS_2、$MoSe_2$、$MoTe_2$ 和 WTe_2 等）中存在量子自旋霍尔效应[18, 19]。这一预言随后得到了角分辨光电子能谱[20, 21]与电学输运测量[22, 23]等实验的支持。除量子自旋霍尔效应外，1T′ 相的 $MoTe_2$ 体样品会随温度发生相变，在低温下转变为 T_d 相，并在 0.1K 出现超导[24, 25]。在厚度、缺陷、掺杂、加压、自旋轨道耦合作用等多方面的调制下，该体系内出现了多种相变和超导增强现象[26-30]，以及拓扑超导[25, 31]、s^+ 配对超导[32, 33]、各向异性超导[34]等非常规超导现象。除这些Ⅵ族过渡金属元素（Mo 和 W）形成的 MX_2 具有新奇的物理性质外，在Ⅳ族和Ⅴ族的过渡金属元素 Ti、Zr、Hf、V、Nb、Ta 等化合物中，还出现了超导和电荷密度波共存等现象[35-43]。除在上述基础研究领域的优势外，TMDCs 还展现出广泛的器件应用前景[7, 44]，如基于半导体相的二维 TMDCs 的场效应晶体管[45]、柔性器件[50]已经在能量储存[51]、电催化[52]等领域表现出优异的性能；而基于半金属相的二维 TMDCs 的非常规超导器件[53, 54]，则为下一代拓扑量子计算提供了新的实验平台。因此，TMDCs 已经成为近年来凝聚态物理与材料科学研究的热门方向。

8.2 ／过渡金属硫族化合物研究进展与前沿动态

TMDCs 是一类具有巨大研究和发展潜力的新兴材料体系，其丰富的结构相、多样的电学光学性质、稳定的机械强度以及非平庸的能带拓扑等特性为下一代电子学器件、光电器件、柔性传感器等重要应用领域提供了新的材料基础。该体系的快速发展推动了材料科学的创新发展，为基础科学和技术应用研究提供了鲜活的源动力。本节将从 TMDCs 的合成与制备、物性研究以及应用研究出发，介绍相关方向的研究进展与前沿动态，突出该材料体系的重要科技创新成果，如图 8-2 所示。

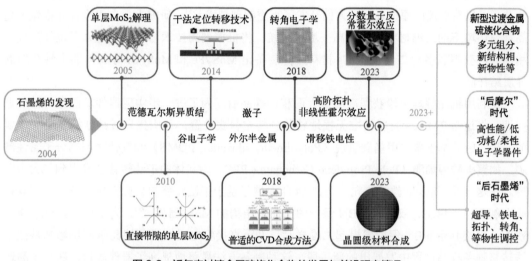

图 8-2　近年来过渡金属硫族化合物的发展与前沿研究情况

　过渡金属硫族化合物的合成与制备

TMDCs 的研究已有近百年的历史。早在 1923 年，人们就研究了其晶体结构[2]，到了 1960 年，陆续发现了 60 余种 TMDCs 材料[3]。1986 年刊载在《物理》上的综述性文章[55]较为全面地介绍了 TMDCs 的制备及物性等研究情况，提到了目前广泛关注的相变、电荷密度波、超导、磁/光/电/机械特性等内容。不过，真正引起研究者广泛关注的标志是 2004 年石墨烯的发现，它开启了包括 TMDCs 在内的二维材料研究的热潮。此后，2018 年麻省理工学院 Pablo Jarillo-Herrero 课题组关于魔角石墨烯工作[56]的发表将二维材料的可控解理推到新的高度，开创了转角电子学的全新研究方向。TMDCs 具有天然的层状结构，可以通过多种方式制备薄膜乃至单层样品，是研究二维材料的理想平台。随着对其新奇物性和功能器件开发研究的不断深入，人们迫切需要质量高度可控的二维 TMDCs 材料。对于新奇物性研究来说，晶向、层数、晶相、堆叠、转角、异质结的控制尤为重要；而功能器件的开发则提出了大面积、高均匀度的要求。除此之外，多元化合物、超晶格及高熵材料也是当前制备 TMDCs 的前沿课题。通常来说，可以利用"自上而下"的解理和"自下而上"的合成两条路径来制备这类材料。本节将围绕这两条路径展示近年来有关 TMDCs 材料制备方面的最新研究发展。

（1）解理转移与范德瓦尔斯器件制备　自从利用胶带成功解理出单层石墨烯后，这一方法被快速应用到二维 TMDCs 的制备上，如图 8-3 所示。2015 年，黄元进一步优化了石墨烯的解理过程[57]，通过清洁衬底及加热转移手段，获得了大面积、高产率的二维 TMDCs 材料。后来，人们意识到衬底在解理过程中扮演着重要角色，在此基础上发展了利用金膜衬底辅助解理的方法，成功制备了 40 余种 TMDCs 材料[58-63]。理论计算表明，金膜与 TMDCs 可以形成准共价键，这种作用远大于范德华相互作用，可以有效地增强衬底吸附，进而可以高效地解理出大面积的单层样品。为了解决二维 TMDCs 因遇到水汽、氧气而劣化的难题，一方面，研究人员利用手套箱中的惰性气氛来制样；另一方面，为了彻底杜绝转移界面包含气体分子，以及后续的原位表征，人们开发了真空解理技术[64]。研究人员自主设计并搭建了超高真空环境下的二维材料机械剥离—堆垛系统，将机械剥离技术与超高真空分子束外延技术相结合，获得了多种二维 TMDCs 材料，并制备出 MoS_2/Fe 和 MoS_2/Cr 等在内的多种全新的异质结样品。

在利用机械解理手段获得高质量大面积的样品后，为了进一步实现器件功能性与拓展调控性，将这些 TMDCs 材料精准无损地转移到特定衬底位置，并构建异质结结构是至关重要的一步。因此基于聚二甲基硅氧烷（Polydimethylsiloxane，PDMS）和其他透明高分子黏性薄膜，如聚碳酸丙烯酯（Poly-Propylene Carbonate，PPC）为载体的干法转移技术得到了大力发展。在这方面，Steele 教授研究组在 2014 年发展了基于干法转移的显微操作系统，在不同衬底上制备出了单层、双层和 h-BN 保护的三明治结构的 MoS_2 器件[65]。为了避免高分子膜的残留，直接利用 h-BN 保护层提起二维样品，乃至直接将电极做成范德瓦尔斯接触都是在干法转移制备样品过程中发展出的新手段，这种制备方法显著地提高了器件质量，获得了高迁移率及低阈值摆幅等优异性能[66-68]。利用干法转移手段，人们制备出了更为复杂的 TMDCs 器件：2014 年实现了 4 层结构的全二维 MoS_2 沟道场效应晶体管[69]，2016 年制备了 6 层结构的双门全二维 $MoTe_2$ 沟道场效应晶体管[70]，2018 年在 5 层结构的双门 WTe_2 器件中观察到量子自旋霍尔效应[23]。在此之后，受魔角石墨烯研究影响，基于 TMDCs 材料的转角研究也成为前沿热点。代表性的工作是 2020 年在转角双门 WSe_2 器件（t-WSe_2）中观察到的关联电子效应，包括金属—绝缘态相变和半填充附近的超导态[71]。利用双门调控，可以独立控制载流子浓度和电位移场，是调节体系填充数的有效手段。另一项重要工作是 2023 年在转角 $MoTe_2$ 体系中观察到了分数量子反常霍尔效应[72-74]，开启了零磁场条件下研究分数电荷激发、任意子统计等新奇物性的大门。

（2）过渡金属硫族化合物的普适可控生长　在研究人员利用 CVD 成功生长出石墨烯[75]之后，许多 TMDCs 材料也继续被人们生长出来。经过研究人员对传统 CVD 方法进行不断的优化与改进，先后发展出金属有机化学气相沉积（Metal-Organic Chemical Vapor Deposition，MOCVD）[76-81]、等离子体增强化学气相沉积（Plasma-Enhanced Chemical Vapor Deposition，PECVD）[82]、盐辅助化学气相沉积（Salt-Assisted Chemical Vapor Deposition，SA-CVD）[83]等多种生长方法。在 CVD 方法中，可控性生长样品是关注的热点方向。2017 年焦丽颖团队

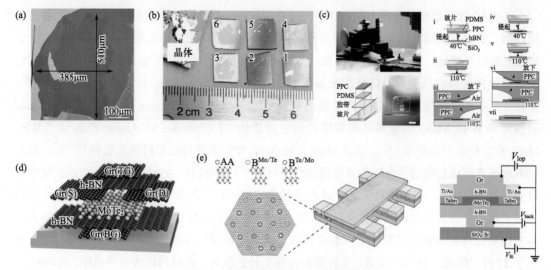

图 8-3 解理技术与范德瓦尔斯器件制备

（a）大面积解理二维材料[57]；（b）金膜辅助解理大面积二维材料[60]；（c）干法转移技术制备二维电子器件[66]；（d）无光刻制备全二维晶体管[70]；（e）具有分数量子反常霍尔效应的转角电子学器件[74]

利用电化学氧化的 Mo 箔作为前驱体，通过控制其不同的氧化程度，可以有效地生长出不同层数的 MoS_2 单晶薄膜，为半导体和光电应用提供了高质量的材料来源[84]。2018 年 Sachin M. Shinde 等通过控制 CVD 生长条件，可以获得不同厚度及堆叠形式（如 AA、AB、AAA 和 ABA）的 MoS_2 薄膜，通过不同堆叠方式可以有效调节能带结构和光学响应，为进一步发展相关光电器件提供了新的途径[85]。

掺杂和生长合金是调控 TMDCs 物理性能的一种重要手段。通过硫族元素内部的掺杂可以容易获得 $MX_{2x}Y_{2(1-x)}$ 类型的三元化合物，例如 $MoS_2Se_{2(1-x)}$ 和 $WS_{2(1-x)}Se_{2x}$ 等[86-89]；通过 Mo、W 两种元素相互掺杂，可获得 $Mo_xW_{1-x}S_2$ 和 $MoWSe_2$ 等材料[90-93]。不仅如此，硫族原子层元素 X 还可以被另一种硫族元素 Y 完全取代，形成 X-M-Y 结构。有意思的是，由于这种元素取代打破了材料的镜面对称性，因此在上下两面表现出不同的特性，这种结构被称作是 Janus 结构，以罗马神话的双面门神来命名。目前关于 Janus 结构的 TMDCs 材料生长报道还很少：2017 年李连忠研究组利用 CVD 生长单层 MoS_2 薄膜，并利用 H 等离子体取代上层 S 原子，最后用 Se 取代 H，形成 Se-Mo-S 结构的 MoSSe Janus 单层膜[94]；楼峻研究组同样利用 CVD 生长单层 $MoSe_2$ 薄膜，最后利用气化硫原子取代 Se，通过控制温度实现可控的 MoSSe Janus 结构制备[95]。在此之后，2020 年，Matthieu Jamet 研究组基于 $PtSe_2$ 同样利用取代的思路制备了 Janus 的 SPtSe 单层结构[96]；2022 年，Suk-Ho Choi 研究组发展了 NaCl 辅助的一步合成法，通过控制不同温度实现 MoSSe Janus 单层膜的生长[97]。在三元化合物之上，四元乃至五元以上的高熵过渡硫族化合物也成为近年来的前沿研究课题。高熵合金这一概念最初由 Yeh 在 2004 年提出[98,99]，指包含 5 种或以上高浓度占比元素的合金。最近，这一概念也扩展到层状化合物上，形成高熵二维材料，高熵范德瓦尔斯材料和高熵过渡硫族化合物材料等新名词。刘开辉研究组[100]、John Cavin 研究组[101]、应天平研究组[102]、宋波研究组[103]都在高熵范德瓦尔斯材料和高熵过渡硫族化合物材料方面做出了重要的研究成果。

在 TMDCs 异质结的研究方面，除了先前介绍的解理转移方法，利用化学合成来制备平面异质结、垂直异质结、转角异质结乃至超晶格结构也是近年来的研究热点。由于转移方法容易在界面引入褶皱、气泡、残胶等问题，如果能通过合成方法直接长出异质结，将能更高效、高质量地开展器件研究。段镶峰组制备了 $MoS_2/MoSe_2$ 和 WS_2/WSe_2 半导体平面异质结[104]，并在之后实现了多层异质结以及超晶格的制备[105]；Joshua A. Robinson 组实现了 $MoS_2/WSe_2/$石墨烯和 $WSe_2/MoS_2/$ 石墨烯共振隧穿二极管异质结[106]；Pulickel M. Ajayan 组制备了 WS_2/MoS_2 垂直和水平异质结[107]；以及 MoS_2、$MoSe_2$、WS_2 的转角双层材料合成等[108-110]。2022 年刘政研究组成功实现了全新的异维超结构格材料[111]。他们利用一步 CVD 方法，直接生长出基于钒（V）的二维超晶格中的一维本征超晶格结构，并且在该材料上观察到室温面内反常霍尔效应，突破了对传统物质和结构的认知，拓展了新奇物性研究的方向。2023 年高力波研究组联合林君浩研究组发展了一套晶圆级二维材料范德华异质结的可控生长策略[112]，实现了 27 种二组元、15 种三组元、5 种四组元和 3 种五组元二维材料组成的异质结，如 $NbSe_2/PtTe_2$，$WS_2/MoS_2/NbSe_2/PtTe_2$ 等复杂结构，为后续器件制造提供了丰富的材料库，并为下一代多功能可控电子学器件提供了基础，如图 8-4 所示。

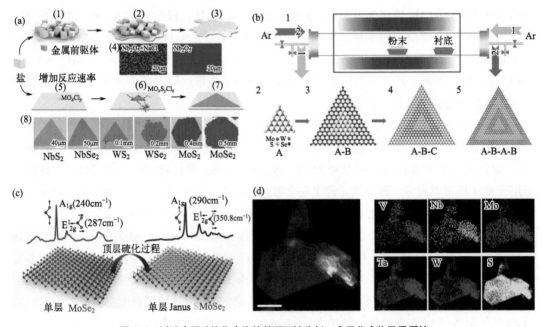

图 8-4　过渡金属硫族化合物的普适可控生长、多元化合物及异质结

（a）熔融盐辅助的普适性过渡金属硫族化合物 CVD 生长[113]；（b）可控的 CVD 生长异质结及超晶格方法[105]；
（c）Janus 过渡金属硫族化合物 SMoSe 生长方法[95]；（d）过渡金属硫族化合物高熵材料生长[101]

8.2.2 ／过渡金属硫族化合物的物性研究

TMDCs 是继石墨烯之后的新型层状二维材料体系，展现出很强的自旋轨道耦合效应以及独特的能带结构。该体系不断涌现出诸如伊辛超导、手性反常、能谷极化、摩尔激子、量子自旋霍尔效应、分数量子反常霍尔效应等众多新奇的物理现象；同时，少层 TMDCs 材料还可以通过温度、电荷、磁场、光场、应力场、电位移场以及厚度、转角等多种手段进行调控，这使它成为基础研究与应用开发的理想平台。

（1）能带、相变与拓扑性质　受 TMDCs 的结构相和维度调控，TMDCs 通常呈现出半导体或半金属性质。在 TMDCs 中，硫化物和硒化物通常呈现 2H 相，而碲化物则以 1T′ 或 T_d 相存在，因此通过 S/Se/Te 替代，可以利用化学组分掺杂实现相变调控。2016 年，于鹏在 $WSe_{2(1-x)}Te_{2x}$ 体系中，通过硫族元素掺杂实现了从 2H 相到 $1T_d$ 相的相变调控[114]。在硫化物和硒化物当中，亚稳相 1T′ 是很难出现的。2021 年，张华团队利用全新开发的合成策略成功制备了高质量 1T′ 相的 Mo/W 的硫 / 硒化物及三元合金[115]；此外，还在 1T′ 相的 WS_2 中观察到了从体样品 8.6K 到单层样品 5.7K 的超导转变，为 TMDCs 体系的相工程研究提供了重要思路。除了常规的 2H，1T′ 或 T_d 相以外，2019 年黄富强团队与张海军团队合作发现了一种新型的 2M 相 WS_2，能带中存在狄拉克锥形的拓扑表面态[116]。更为重要的是，该体系在 8.8K 出现超导转变，通过与薛其坤院士团队合作，他们发现了马约拉纳束缚态存在的证据[117]，这使 $2M\text{-}WS_2$ 有望成为研究拓扑超导的重要材料体系。

多样的结构相为 TMDCs 带来了丰富的物性研究内容。其中，半金属性 T_d 相的 TMDCs 在近几年受到了广泛关注。由于其拓扑能带结构的特殊性以及贝里曲率在输运上的额外贡献，该体系产生了诸多新概念与新效应，包括高阶拓扑、平面霍尔效应、非线性霍尔效应等。高阶拓扑这一概念是在 2017 年左右[118] 提出的，它会在二维或者三维体系中出现零维角态或者一维棱态。这种拓扑态比一般的维度更低，是高阶的拓扑效应。理论上，TMDCs 体系，尤其是 $MoTe_2$、WTe_2 体系可能是高阶拓扑绝缘体或者高阶外尔半金属[119-121]。2020 年，修发贤研究组和 Schönenberger 研究组分别制备了基于 WTe_2 的超导约瑟夫森结器件，利用超导邻近效应观察到 WTe_2 边缘态导致的超导量子干涉振荡，证实了其高阶拓扑一维边缘态的存在[122, 123]；不仅如此，Gil-Ho Lee 研究组通过精细的器件制备，发现 WTe_2 棱态的各向异性，并且一个表面仅存在一条拓扑棱态，进一步验证了其高阶拓扑态的存在[124]。

在电输运测量中，$MoTe_2$ 和 WTe_2 体系的能带拓扑还有更加直接的体现，例如，外尔半金属的手性反常导致的负磁阻性质[125]。手性反常或者非平庸的贝里曲率不仅会在磁阻上产生额外贡献，而且近几年理论和实验还发现它们会产生平面霍尔效应。当面内磁场与电流非平行时，在垂直电流方向测量到电压信号就是平面霍尔效应产生的。从 2018 年到 2019 年，在 $MoTe_2$ 和 WTe_2 体系中陆续有实验报道观测到平面霍尔效应[126-128]。除平面霍尔效应之外，近几年更前沿的研究主题是非线性霍尔效应，其主要标志是与电流平方成正比的两倍频电压信号。非线性霍尔效应的开创性实验工作主要是 Pablo 研究组和 Kin Fai Mak 研究组在 WTe_2 中完成的[129, 130]。该效应有望应用于量子材料的非线性器件，包括倍频器和天线等。2021 年，高炜博研究组报道了在厚层 $T_d\text{-}MoTe_2$ 中观察到的三阶非线性霍尔效应[131]，为表征体系的贝里连接极化张量提供了手段。近几年关于平面霍尔效应和非线性霍尔效应的发现，充分体现了能带拓扑和贝里曲率对输运性质的重要影响，也为利用 TMDCs 制备新型电子学器件提供了全新的思路。

除平面霍尔效应和非线性霍尔效应以外，转角电子学为能带拓扑带来了更重要的变革和全新的调控角度。2023 年，在双层转角 MoTe$_2$ 体系中，多个研究组分别报道了分数量子反常霍尔效应［Fractional Quantum Anomalous Hall(FQAH) Effect］的结果。其中，Jie Shan 研究组结合局域电子压缩性和磁光测量，观察到在空穴填充数 1 和 2/3 位置，系统不可压缩并且自发破缺了时间反演对称性，这是系统分别处于整数和分数陈绝缘体的关键证据[132]。许晓栋研究组则在连续的两篇文章中分别报道了关于分数量子反常霍尔效应的磁圆二色性测量及输运测量结果。他们发现，当填充数为 −1 时，系统存在整数的反常量子霍尔效应；而当填充数为 −2/3 和 −3/5 时，系统出现了 3/2 和 5/3 的分数平台，证实了零场下分数量子反常霍尔效应的出现[72, 73]。李听昕研究组在电输运测量中观察到 −1 和 −2/3 填充数位置出现的平台，确认了零场下的 FQAH[74]。这一系列的成果开启了零磁场条件下研究分数电荷激发、任意子统计等新奇物性的大门，为拓扑量子计算等研究提供了新的可能和机遇（图 8-5）。

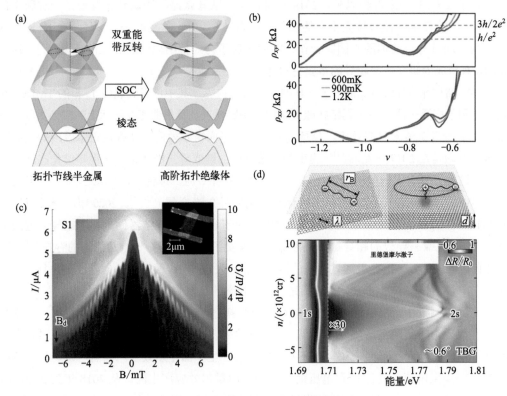

图 8-5 过渡金属硫族化合物的新奇物性

（a）Mo/WTe$_2$ 体系中的高阶拓扑绝缘体[120]；（b）转角 MoTe$_2$ 体系中的分数反常量子霍尔效应[74]；（c）外尔超导体 MoTe$_2$ 中的边缘超流[133]；（d）里德堡激子与摩尔超晶格之间的相互作用及演化规律[134]

（2）能谷与激子 在 TMDCs 中，光学响应或者激子态是另一类重要的物理性质。它主要由能谷决定，这通常是 2H 相半导体体系中的主要研究内容。激子态是电子和空穴由库仑相互作用形成的束缚态，最早是在 GaAs 双量子阱中实现的[135]。与双量子阱类似，TMDCs 异质结也可以形成空间分离的层间激子态，这样可以减小电子和空穴波函数的重合，从而获得更长的寿命[136]。此外，异质结空间上的分离使这些激子态更容易被调控，选择适当的 TMDCs 材料可以获得较大的激子结合能，从而在室温下能够稳定存在。随着近年来干法转移制备技术的成熟，关于 TMDCs 异质结中的激子研究有了大量的报道。例如在 WSe₂/MoSe₂ 异质结中，实现了谷极化激子的电学调控[137]并提高了激子密度[138]和寿命[139]，通过转角手段调控了体系的 g 因子[140]和谷极化率、谷寿命[141]，观察到高温下的激子凝聚现象[142]、摩尔势限制的自旋 - 原子层锁定现象[143]、由排斥偶极子作用驱动的激子输运现象[144]、简并的多体量子态信号[145]；在 WSe₂/WS₂ 异质结中，观察到多种被摩尔势局域的具有不同摩尔准角动量的层间激子态[146]、层间激子态在摩尔势中的动力学和输运现象[147]以及关于转角接近零度的摩尔超晶格中的激子态[148]；在 MoS₂/WSe₂ 异质结中，实现了垂直电场调控的激子红外发射[149]等。这些关于激子的研究极大地加深了研究者对谷电子学和转角电子学的理解，拓展了 TMDCs 异质结材料的应用前景，为进一步利用相关激子态开展光电子器件开发提供了帮助。除普通的激子态之外，最近中国科学院物理所许杨团队在里德堡激子方面的研究获得了重要成果。他们先在 WSe₂/WS₂ 中观察到广义魏格纳晶体态[150]；实现了摩尔超晶格形成周期性介电环境对 WSe₂ 带隙与激子响应的调控[151]；完成了双层转角 WSe₂ 中两能带哈伯德模型的模拟和调控[152]等重要工作。在 2023 年，该团队联合南开大学和武汉大学首次实现了对里德堡摩尔激子的实验观测[134]，该工作开辟了利用固态体系可调的里德堡态进行量子信息处理和量子模拟的新道路，为相关研究提供了新的研究思路和机遇。

（3）铁电、铁磁与非常规超导　近年来，二维范德瓦耳斯铁电体成为铁电材料研究的前沿课题，其中滑移铁电性作为一种全新的机制，表现出了独特的性质。通常金属是无法表现出铁电性质的，因为电极化会被导电电子所屏蔽，然而滑移铁电性使二维半金属材料具有出现铁电极化的可能性。2018 年，Cobden 课题组报道 WTe₂ 中的铁电极化翻转现象[153]，该研究结果得到 Lindenberg 研究组的证实[154]。2020 年，利用二次谐波和拉曼光谱测量，他们发现层间滑移改变了层间堆叠的方式，并且通过非线性霍尔测量反映了贝里曲率偶极子的改变，证实了堆叠方式变化对贝里曲率导致的非易失性影响。2023 年，Daniel 团队通过全干法转移工艺制备了基于双层 T_d-MoTe₂ 的多层复合器件，发现了该体系铁电和超导的耦合[155]。通过铁电性质的辅助，在双层 T_d-MoTe₂ 中实现了电荷和位移场对超导的双重调控，为进一步探索其配对机制提供了线索。近年来在 TMDCs 中发现了低维超导、伊辛超导、外尔超导、强自旋轨道耦合作用影响的超导[156, 133]等新奇超导现象。对于伊辛超导体 NbSe₂，Peter Liljeroth 研究团队在 2020 年利用 CrBr₃ 的铁磁耦合，通过扫描隧道显微镜观察到了边缘的一维马约拉纳零能模，证实了该铁磁 / 超导耦合体系中存在拓扑超导[157]；2021 年 Vlad 研究团队同样利用 CrBr₃ 在 NbSe₂ 上开展了铁磁 / 超导隧穿结的研究[158]，发现了两重的超导对称性，可能是由于其非常规的 d 波或者 p 波通道所产生的。这些研究为在 TMDCs 中寻找非常规超导提供了新方法。

8.2.3　过渡金属硫族化合物的应用研究

随着过渡金属硫族化合物材料制备工艺与物性研究的深入，人们越来越关注相关器件的应用。在后摩尔时代的今天，硅基材料晶体管已经接近理论极限，而基于 TMDCs 的新型二维器件将有望继续减小器件尺寸，增加集成度，并且其高柔韧性、能谷自由度、自旋自由度以及拓扑能带结构等全新特性，为下一代低能耗的电子学、光电子学、能谷电子学、自旋电子学和拓扑电子学器件提供重要的材料基础。对于产业化应用，晶圆级的材料生长是十分重要的研究课题。近几年，利用 CVD、MOCVD 与外延生长等方法，获得了 1～6 英寸（1 英寸＝ 2.54cm）大小的晶圆级 MoS_2、WS_2、$MoTe_2$ 等 TMDCs 半导体材料，并且表征了开关比及迁移率等重要参数[159-167]。2022 年 Jing Wu 研组将晶圆级 MoS_2 迁移率提升到接近硅半导体的大小，为进一步利用 MoS_2 制备高性能电子学器件打下了基础[168]。相较于传统硅基晶体管，基于 MoS_2 的二维垂直晶体管可以做到亚纳米的沟道长度和栅极长度[169, 170]，将晶体管的物理极限推进到一个原子层的尺度，为下一代电子学器件的制备提供了思路。在缩小晶体管尺寸的同时，提升二维材料集成电路的工作频率也将极大改善相关器件的性能。2023 年王欣然研究团队利用加入空气隔墙（Air-gap）结构的新型 MoS_2 场效应晶体管实现了对寄生电容的优化，首次实现了 GHz 二维半导体集成电路[171]。不仅如此，该团队在基于 MoS_2 的晶体管中实现了接近理论量子极限的接触电阻 $42\Omega \cdot \mu m$，首次低于硅基器件，为基于 TMDCs 的电子学器件提供了可靠的接触电极技术路线，体现了二维 TMDCs 半导体材料在未来电子学器件应用的巨大潜力[172]。

除传统的电子学器件应用以外，TMDCs 在光电器件、谷电子学器件及柔性器件等方面也有着重要的应用价值。基于二维 TMDCs 的光电探测器因具有低功耗、高性能和大带宽等优点，一旦量产和成本问题得到解决，将具有巨大的商业化潜力[173]。2022 年，宁存政团队在多种 TMDCs 材料发光器件中，实现了从可见光到近红外的电驱动发光，为发光器件应用开辟了新的道路[174]。王肖沐研究团队利用 MoS_2 制备了基于谷霍尔效应的晶体管器件，并结合不对称等离激元纳米金天线可以实现不同自旋角动量光子激发的特定能谷电子注入，产生谷自旋流，进而产生输出信号。该器件展示出极低的器件功耗，为基于能谷的新一代功能器件提供了方案[175]。由于 TMDCs 是二维层状材料，其天然有着很好的柔韧性，是制备柔性和可穿戴器件的最佳候选体系之一。其应用到的领域包括柔性场效应晶体管[176, 177]、柔性集成电路[178]、可穿戴压力传感器[179]、柔性气体探测器[180, 181]、柔性光电探测器[182, 183]、触觉传感器[184]、压电传感器[185] 等。新型柔性 TMDCs 器件推动了可穿戴功能电子技术的发展，为医疗检测、高效信息化交流乃至通信娱乐以及运动领域的变革提供了全新的蓝图（图 8-6）。

8.3 我国在过渡金属硫族化合物领域的贡献

以过渡金属硫族化合物为代表的二维半导体材料，凭借原子级的超薄厚度、高载流子迁移率、层数依赖的可调带隙、自旋 - 谷锁定特性、超快响应速度以及易于后端异质集成等优点，有望突破主流硅基互补金属氧化物半导体（CMOS）芯片技术在进一步微缩时面临的短沟道效应等物理限制，被认为是后摩尔时代替代硅的候选芯片材料之一。我国科研人员在二维 TMDCs 材料的高质量生长制备、关键元器件的微纳加工以及与主流半导体技术兼容性等

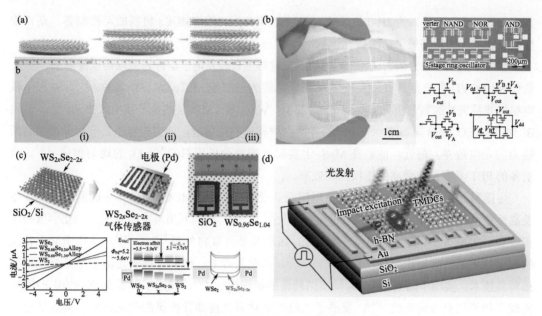

图 8-6　过渡金属硫族化合物的应用

（a）晶圆级 MoS_2 可控 CVD 外延生长[161]；（b）多种柔性集成电路逻辑器件[178]；（c）基于 $WS_{2x}Se_{2-2x}$ 的气体探测器[180]；（d）无注入式多波长发光器件[174]

方面开展了广泛深入的研究，取得了系列重要进展，主要包括以下几个方面。

北京大学刘开辉团队发展了一套适用于二维材料的原子制造技术，实现了晶圆级 TMDCs 的调控生长[186, 100]。在此基础上，该团队发展了一种全新的模块化局域元素供应生长策略，实现了 2 ～ 12 英寸 TMDCs 晶圆的批量化制备[187]。该模块化策略还适用于 TMDCs 薄膜的后处理工艺，可精准制备 Janus 型 MoSSe 结构、$MoS_{2(1-x)}Se_{2x}$ 合金以及 $MoS_2/MoSe_2$ 平面异质结等，为后续二维材料阵列化与功能化设计提供了广阔发展空间。

南京大学王欣然实验团队与东南大学王金兰理论团队紧密合作，通过改变蓝宝石表面构筑"原子梯田"，在国际上首次实现了 2 英寸晶圆级 MoS_2 单层单晶薄膜的外延生长[188]。利用衬底诱导的双层成核以及"齐头并进"的生长机制，该团队在国际上率先生长出大面积、高均匀性的双层 MoS_2 薄膜[189]，并构筑了高性能晶体管器件[190-192]以及三维异质集成[193]等工作。最近，该团队将单层 MoS_2 的接触电阻降低至 $42\Omega \cdot \mu m$，接近了理论量子极限[172]。上述工作的开展，有望解决二维半导体应用于高性能集成电路的关键瓶颈。

北京大学彭海琳团队在国际上率先开发了超高迁移率 Bi_2O_2Se 半导体芯片材料，建立了二维 Bi_2O_2Se 晶体可控制备及表面的调控方法[194-197]。最近，基于分子束外延生长技术，他们实现了晶圆级高品质二维 Bi_2O_2Se 单晶薄膜的逐层可控制备[198]，并构筑了高速低功耗电子器件[199, 200]、超快高敏红外光探测及高敏气体传感器[201, 202]以及高性能二维鳍式场效应晶体管（2D FinFET）[203]。上述工作突破了后摩尔时代高速低功耗芯片的二维新材料精准合成与新架构三维异质集成瓶颈，为开发未来先进芯片技术带来新机遇。

北京大学张艳锋课题组利用 CVD 技术先后在 SiO_2 基底上获得了少层大面积 $1T-VS_2$ 纳米片[204]；在云母上合成了具有超高电导率的金属性 $1T-VSe_2$[205]；在金箔上首次制备了厘米级、

具有幻数厚度（4 层）的 2H-TaS$_2$ 薄膜[206]。该研究为二维 TMDCs 材料的可控制备、新奇物性研究和实际应用拓展了新的研究体系。

华中科技大学翟天佑团队在二维 TMDCs 材料生长与光电子器件领域取得重要进展[207-211]。他们利用 CVD 生长出具有超高析氢极化电流能力的二维 MoTe$_2$ 螺旋纳米片[207]，并利用铁电材料非易失性的剩余极化场实现了对 MoS$_2$、WSe$_2$ 等 TMDCs 的电子和空穴掺杂[208]。利用 Bi$_2$Se$_3$/Bi$_2$Se$_x$O$_y$ 混合异质结[209] 中大的界面面积和宽的耗尽区，他们构建了具有优异图像传感能力的光电器件。最近，他们在 MoS$_2$ 上实现了超薄介电层 HfO$_2$/Sb$_2$O$_3$ 的均匀集成[210]，所制备的 FET 具有目前最高的栅极控制效率。

中国科学院物理研究所张广宇课题组在高迁移率二维 TMDCs 半导体晶圆的可控制备以及高性能器件集成方向取得了重要进展[160, 161, 177, 212-215]。他们利用自主搭建的多源化学气相沉积设备，实现了 2/4 英寸单层及多层 MoS$_2$ 高质量晶圆取向外延[160, 161, 212]，并在国际上首次构筑了高性能的大面积柔性器件和电路[177]。在此基础上，他们发展了超薄半导体材料的无损转移技术，实现了晶圆级 MoS$_2$ 同质结转角的精确控制[213]；发展了单层 MoS$_2$ 的相变技术，发现了相界的高催化活性[214]；发展了二维半导体高性能器件构筑的关键技术，实现了全二维材料器件的三维垂直集成[215]。

为了解决传统方法无法合成的复杂多元层状与非层状超薄二维单晶材料，北京航空航天大学宫勇吉团队，提出熔体辅助生长二维材料的普适性策略[216]，成功制备出一系列超薄二维单晶，包括层状或者非层状、少元或者多元二维单晶，充分显示出熔体辅助生长方法的独特性和优越性。为了克服常规方法合成二维 TMDCs 的产率 / 单层率低下的问题，该校杨树斌团队提出了合成二维材料的新方法——拓扑转化法，通过逐步转化非范德华固体（过渡金属碳化物、氮化物和碳氮化物等）直接大量制备出具有超稳定和超高单层率的单原子层维 TMDCs[217]。

基于竞争化学反应控制的 CVD 方法，北京理工大学周家东团队通过控制生长温度和蒸气压，合成了多种此前尚未报道的过渡金属磷硫化合物以及具有不同组成 / 相的异质结构[218]。在制备亚稳相二维 TMDCs 上，清华大学焦丽颖团队和国家纳米科学中心谢黎明团队合作，报道了一种通过一步 CVD 生长，直接合成高纯度、高结晶度的单层 1T'-MoS$_2$ 的方法[219]。

在二维 TMDCs 材料的规模化制备及应用方面，清华大学刘碧录、成会明院士团队取得系列进展。他们提出了一种高效普适的胶水辅助研磨剥离法，实现了大尺寸、超薄、高质量二维 TMDCs 的规模化制备[220]。基于双金属前驱体的化学气相沉积生长方法，他们实现了多种非层状二维 TMDCs 材料的可控制备[221]。在利用单层二维 TMDCs 材料电解水产氢方面，该团队开发了一种新型普适的制备单原子催化剂的方法——低温等离子体处理法[222]。基于"溶解—析出"机理，他们开发了生长二维 TMDCs 的普适方法[223]，实现了表面洁净、分布均匀的大面积二维材料的可控制备。

在利用二维 TMDCs 材料制备晶体管方面，我国科研人员也取得了重要进展。清华大学任天令和田禾团队利用石墨烯层的边缘作为栅电极，制备了具有原子级沟道和亚纳米物理栅极长度的侧壁 MoS$_2$ 晶体管[170]。此外，该校魏洋、张跃钢研究组提出并发展了二维半导体的一维半金属接触，并从实验上实现了亚 2 纳米接触长度的场效应晶体管器件[224]。复旦大学周鹏、包文中、万景团队利用成熟的后端工艺将新型二维材料集成在硅基芯片上，实现了硅基二维异质集成叠层晶体管[225]。上述工作为未来集成电路元器件尺寸的进一步微缩提供了新的发展思路和重要方法。

8.4　作者团队在过渡金属硫族化合物领域内的学术思想和主要研究成果

作者团队从 2016 年开始从事有关过渡金属硫族化合物材料的物性研究，在合成方法、拓扑物性和非常规超导研究上取得了一系列成果，2020 年受邀在《科学通报》上撰写了综述文章"二维过渡金属硫族化合物的研究进展"。未来，作者团队将继续致力于此领域的研究，特别是在全新的异质结以及转角电子学方面，利用过渡金属硫族化合物开展深入的工作。

作者团队关于过渡金属硫族化合物的研究主要集中在以下两方面：一是与新加坡南洋理工大学刘政教授研究组合作，开展了高质量外尔半金属和伊辛超导体的合成，并发展了一套普适性的熔融盐辅助化学气相沉积策略；另一方面是在 $MoTe_2$、$MoSe_xTe_{2-x}$、$Mo_xW_{1-x}Te_2$ 体系中开展了一系列物性研究，发现了新型的伊辛超导、两带超导、维度依赖的外尔半金属态输运证据等重要现象，处在过渡金属硫族化合物低温量子输运领域的研究前沿。

8.4.1　二维过渡金属硫族化合物的新材料合成

在 2016 年，作者团队与刘政研究组开展合作，成功利用氧化物 + 氯化物 +Te 粉的混合前驱体，降低了混合物熔点，使 Te 和金属源更容易反应，用 CVD 生长策略合成出高质量、大面积的 $MoTe_2$、WTe_2 薄膜[226]。低温输运测量发现薄层 $MoTe_2$ 超导温度从体态的 0.1K 提高到 2.5K，WTe_2 样品也表现出不饱和磁阻，为进一步研究其中的新奇物性打下了基础。2017年，合作团队成功生长出了超导单层 $2H\text{-}NbSe_2$ 膜，并创新性地通过石墨烯层覆盖，为敏感的 $NbSe_2$ 单层样品开展电镜及器件输运表征提供了可靠的保护[227]。之后利用温度控制生长不同厚度的样品制备了霍尔条器件，发现超导温度随着厚度增加由 1.0K 提高到 4.56K，通过理论分析发现单层 $2H\text{-}NbSe_2$ 符合二维超导的特性，是一种本征的二维超导体。

在前期工作的基础上，2018 年合作团队将开发的普适性的熔融盐辅助化学气相沉积策略推广到大部分原子级厚度的金属硫族化合物上，实现了 TMDCs 的普适性生长[113]。在 TMDCs 材料合成过程中，通常会遇到一个难题，即金属和氧化物前驱体熔点太高，不利于 CVD 方法合成。该工作证明，利用熔融盐辅助可以有效降低大部分 TMDCs 材料反应物熔点，促进中间产物生成，增加整体反应速率。该生长方法的核心是引入了熔融盐，有效降低了前驱体熔点，从而使其具有较高的流量，参与成核及反应；同时熔融盐与一些金属氧化物形成卤氧化物促进了最终产物的生长。该方法利用对流量的控制可以实现大面积产物或是不同尺寸单层单晶样品的生长，具有很好的可控性。同时该方法具有很高的普适性，可以合成 47 种二维 TMDCs 材料，其物相包括 1H、1T、1T′、1T″ 等，并且包含二元、三元、四元乃至五元的高熵合金材料以及平面 / 垂直异质结。这一方法极大地提高了 TMDCs 相关材料的研究效率，为更深入的物性及应用研究开辟了新的道路，如图 8-7 所示。

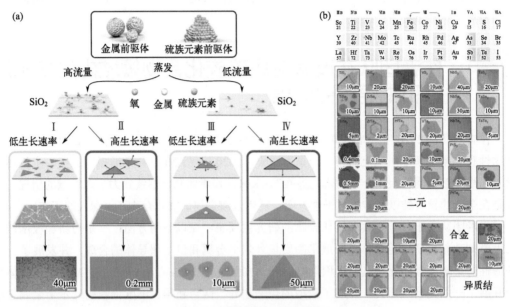

图 8-7　普适性的 CVD 合成策略

（a）熔融盐辅助的化学气相沉积生长方法，可以通过控制流量实现不同生长结果[113]；（b）该方法可以合成 47 种二维 TMDCs 材料，包括 32 种二元化合物、13 种多元合金以及 2 种异质结构化合物[113]

8.4.2　二维过渡金属硫族化合物的新奇物性

在与刘政研究组合作开展高质量过渡金属硫族化合物生长的同时（图 8-8），作者团队主要发挥自身低温量子输运的特长，对 Mo/W 碲化物体系开展了深入的物性研究。2019 年，对 MoTe$_2$ 薄膜体系的研究揭示了其特殊的超导现象[34]。该工作测量了不同厚度的 MoTe$_2$ 薄膜，发现从 2nm 样品到 30nm 样品的超导温度由 1K 提高到接近 4K，远高于体样品的 0.1K，表明薄膜样品超导具有更为特殊的性质。不仅如此，面内上临界的测量结果超过了通常 BCS 的泡利极限，这是一种符合伊辛超导的特性。在该工作中，对少层 MoTe$_2$ 的上临界场测试表明，不同厚度的样品其面内上临界场均超过泡利极限 1.5 ～ 3 倍，同时还表现出通常伊辛超导体不具备的面内二重对称性。经理论计算与能带结构分析，作者团队发现由于少层 MoTe$_2$ 的对称性破缺，导致面内面外具有复杂的自旋织构情况，其极化的各向异性赝磁场不仅保护了库珀对，还产生了面内二重对称性。这是首次在实验上发现具有面内二重对称性临界行为的超导体，加深了人们在超导现象中对自旋轨道耦合作用的理解。

为了更好地调控少层 MoTe$_2$ 的超导性质，作者团队利用掺 Se 的手段合成了 MoSe$_x$Te$_{2-x}$ 样品[228]。通过多种表征手段发现，当 Se 掺杂 $x < 0.8$ 时，样品为 T$_d$ 相，0.8 ～ 1.0 时为 1T' 相，1.1 ～ 2 时为 2H 相，成功通过掺杂实现了不同相的连续调控。重要的是，利用 Se 掺杂可以有效增强少层 MoTe$_2$ 的超导电性，通过理论分析发现掺杂有效提高了德拜温度，并且使体系由单带超导变为两带超导。Se 掺杂引入的化学压力是导致上述物性变化、超导增强的重要原

因。该实验揭示了掺杂手段对 TMDCs 超导体系的有效调控，为进一步调控 TMDCs 的物性，开展应用研究提供了重要的实验手段。

除了非常规超导，Mo/WTe$_2$ 体系还是公认的第二类外尔半金属体系，具有非平庸的拓扑性质。根据理论模型，当样品薄到一定厚度时，能隙的打开会破坏外尔半金属态。因此，作者团队选择了样品厚度跨越二维到三维输运区间的楔形样品，开展了低温输运性质研究[229]。结果表明，各向异性的负磁阻和外尔轨道对应的量子振荡只存在于三维区间，有力地证实了它们来源于三维条件下的外尔半金属态。根据理论计算，这种量子振荡来源于一种新型外尔轨道，实验测得的振荡周期和厚度依赖的振荡相位与理论相吻合[230]，该研究拓展了利用输运实验研究外尔半金属态的思路，进一步加深了对费米弧表面态和拓扑材料的认知。

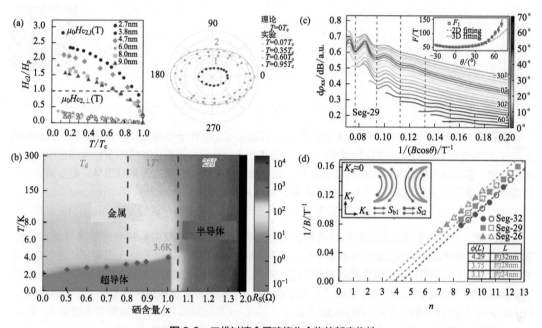

图 8-8　二维过渡金属硫族化合物的新奇物性

（a）MoTe$_2$ 薄膜中各向异性自旋轨道耦合作用导致的新型伊辛超导现象，面内上临界场超过泡利极限且呈现二重对称性[34]；（b）Se 掺杂 MoTe$_2$ 薄膜发生的相变及超导增强现象[228]；（c）、（d）Mo$_{0.25}$W$_{0.75}$Te$_2$ 中出现的类外尔轨道导致的量子振荡，其振荡相位随样品厚度改变而改变[229]

8.5　过渡金属硫族化合物的发展重点和展望

综上所述，我国未来在该领域的发展重心将集中在两个"后时代"：第一是"后石墨烯"时代的新材料物性研究；第二是"后摩尔"时代的电子器件发展。过渡金属硫族化合物材料作为近十几年材料科学，尤其是"后石墨烯"时代二维材料的前沿领域，其大范围的带隙结构——从紫外到红外再到 0 带隙的半金属，丰富可调的物理性质——超导、激子、铁电、拓扑等为全新的功能电子学器件提供了重要的材料平台。TMDCs 独特的能带结构与转角制备技术的进步推动了新兴的谷电子学和转角电子学发展。大面积晶圆级材料的制备与多层复杂结构异质结的制备技术，为"后摩尔"时代的高密度低功耗存储、高效光伏、高灵敏度光电探测、超短沟道、超快运算等器件应用提供了发展的源动力。其天然的二维特性与柔性在可穿戴电子器件、传感器、生物医疗方面展现出巨大的应用潜力，代表了新型电子学器件的发展方向。国际器件与系统发展路线图（International Roadmap for Devices and Systems, IRDS）认为具有原子厚度的二维半导体在未来大规模集成电路中将发挥重要作用，因此将其列为 2028 年发展技术节点中的集成电路沟道材料；根据《中国材料科学 2035 发展战略》，我国材料科学发展需要面向世界科技前沿，面向国家重大战略需求，服务经济建设主战场，过渡金属硫族化合物材料作为二维材料家族中种类性质最为丰富的体系，将为材料科学、物质科学、器件应用等前沿领域注入新的活力，并有望实现重大的科技突破与变革。

参考文献

 作者简介

李沛岭，理学博士，中国科学院物理研究所副研究员。2020 年于中国科学院物理研究所获理学博士学位，2022 年作为中国科学院物理研究所"引进杰出人才计划"Ⅱ类人才任职于怀柔综合极端条件实验装置。主要从事低维材料的新奇物性研究，在过渡金属硫族化合物的非常规超导、相变调控、拓扑物态等方面开展了多项深入的工作，论文发表在 *Nature Communications*、*Advanced Materials*、*Physical Review B* 等期刊，主持国家自然科学基金青年项目，中国科学院特别研究助理资助项目等。

刘广同，中国科学院物理研究所研究员，博士生导师。2006 年获中科院物理所理学博士学位，2006—2010 年先后在中国国家纳米科学中心、美国普林斯顿大学和美国莱斯大学开展博士后研究，主要从事极低温的实验获得与低维体系的量子输运研究。近年来在极低温氦三制冷机的研制、二维过渡金属硫族化合物的合成与物性研究上取得了系列重要进展，相关结果被多家媒体作为亮点工作加以报道。在 *Nature*、*Nature Materials*、*Physical Review Letters* 等国际知名期刊上发表学术论文 50 余篇，他人引用 2300 余次。作为骨干承担国家重点研究计划、国家自然科学基金项目等。

吕力，中国科学院物理研究所研究员，国家杰出青年科学基金获得者，美国物理学会会士，中国物理学会低温物理专业委员会副主任，国际纯粹与应用物理学联合会低温物理专业委员会委员，中国科学院物理研究所怀柔研究部主任。在低维和纳米材料的电输运和热学性质研究、介观器件的制备和量子调控方面、微量样品/微弱信号的检测技术方面做出了系统且深入的研究。参与建设了我国第一台核绝热去磁装置，把二维电子气在磁场中冷却到了国际最低的电子温度，为在极低温下开展宏观量子物态的调控研究和量子计算研究创造有利条件。参与发现了量子反常霍尔效应并获得国家自然科学一等奖。

第 9 章

空间医药微纳材料

毛 宇 陈敬华 黄 进 顾 宁

9.1 空间医药微纳材料的研究背景

医药微纳材料，也称纳米医学材料，是生物医学材料的一个主要部分，属于战略前沿方向。1959 年著名物理学家 Richard Feynman 提出在原子和分子尺度上操纵物质的可能性，是最早出现的关于"纳米技术"的概念。1974 年 Norio Taniguchi 教授首次提出纳米技术，并在科学领域推广。20 世纪 80 年代，在实验技术发展的推动下，纳米技术的基本思想得到了深入的扩展和探索，特别是基于隧道效应的扫描隧道显微镜（STM）及随后原子力显微镜（AFM）的出现使在纳米尺度上分析材料结构得以实现[1]。纳米技术包括对相关功能材料、器件、制造装配技术等的研究，基于纳米技术可构筑组成、结构、表面、功能等可精准调控的不同尺度功能材料。医药微纳材料是纳米科学与技术的重要前沿方向之一，由于具有独特的物理、化学性质及生物效应，在疾病预防与诊断、治疗及预后监测等方面发挥着重要作用，是面向人民生命健康、关乎国计民生的重大战略性新材料。近年来，医药微纳材料已被广泛用于疾病诊断、药物靶向递送与控释、组织修复与再生、智能型生物器件等前沿领域，在医药与健康、医疗器械等各方面都具有非常重要的应用价值，对未来空间生存的生命保障也具有十分重要的意义。

医药微纳材料根据维度效应可划分成以下几种（图 9-1）：零维医药微纳材料（如纳米颗粒、纳米团簇等），电子的能态在三个空间维度上均被离散化，使得这些材料在光学和电子特性上显示出独特的量子效应；一维医药微纳材料（如纳米线、纳米管等），电子在两个维度上受到约束，仅在一维空间内可以自由移动，这导致了其独特的电子传导性能；二维医药微纳材料（如纳米片、纳米薄膜等），电子在垂直于层面的方向上受到约束，而在层面内有较高的自由度，促进了特殊的电子和光学属性，如高电导性和透明性；三维医药微纳材料

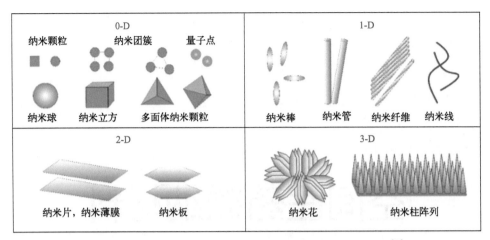

图 9-1 零维、一维、二维及三维医药微纳材料的典型结构示意图[2]

（如纳米花、纳米阵列等），是由零维、一维或二维的基本结构单元组成的复合材料，展现出组合了各自维度特性的综合功能[2]。根据功能可划分成以下几种：体外检测与诊断用微纳材料（如金属氧化物、半导体量子点等）；组织修复替代用微纳材料（如纳米磷酸盐、生物基纳米材料等）；先进药物载体与物理治疗用微纳材料（如磷脂、聚合物、光热转换材料等）；诊疗一体化微纳材料（是将影像增强结合治疗功效的一类材料，如铁基纳米材料、复合包膜的微纳气泡等）[3]。根据组成可划分成以下几种：无机医药微纳材料（金属单质、氧化物、碳基纳米材料等）；合成高分子医药微纳材料（纳米尺度的球、纤、棒、胶束等多形式聚合物组装结构）；天然高分子医药微纳材料（蛋白质、多肽、聚多糖及聚集态结构、组装体等）。

20 世纪 90 年代纳米技术获得了突破性的进展，2000 年美国国家纳米技术计划（NNI）的制定更是激起了全球纳米技术研发的热潮。日本、德国、法国、英国、中国等国家也纷纷制定了纳米技术相关的发展战略和计划，以指导和推进本国纳米技术的发展[4]。纳米技术是 21 世纪科技发展的重点领域，将给材料、制造业、医疗健康、信息和能量存储等行业带来革命性的变化。随着纳米技术和生物医学等多学科的不断进步与融合，医药微纳材料的研究取得了显著进展，并逐渐进入临床，对医学诊疗技术革新、人类健康水平的提高起到重要引领作用。2019 年发布的《纳米科学与技术：现状与展望 2019》白皮书，突显了中国在纳米技术研究领域的重大贡献及重要世界地位。然而，目前我国的医药微纳材料大部分仍处于研发阶段，高端的生物医药材料产品更是依赖于进口。为了改变这一局面，国家"十四五"规划、"中国制造 2025"等一系列政策大力推动新材料、生物医药等重点领域的发展。不仅如此，随着 2022 年中国空间站的全面建成，利用太空的微重力、规律磁场效应、昼夜快速交变以及特殊辐射等环境条件，将为我国新型医药微纳材料的开发与应用研究带来前所未有的机遇。

空间站是人类探索外太空的主要科研基地，也是人类迈向更广阔宇宙空间的重要堡垒。然而，在空间站长期运行及维护中，载荷限度成为完成太空任务的主要限制，不仅物资来源有限，而且难以满足特殊医疗状况或持续性补给的需求。因此，在微重力环境下利用有限载荷资源，发展以生物医药材料为代表的按需可持续材料制造平台，是保障空间站医疗和科研的重要基础，是人类拓展生活空间地域建设健康医疗体系的先导研究。空间特殊微重力环境与地面存在巨大差异，主要表现在无沉降、无对流、无静水压力等。因此，开发医药微纳材料在空间环境的合成策略，研究空间环境下有机、无机医药微纳材料的结构和功能变化，不仅利于从分子层面揭示无机微纳材料形成过程，以及高分子有序组装过程的科学规律，还能指导地面高效医药微纳材料的开发。空间医药微纳材料的研究将有助于推动相关医药产品制备技术和产业的发展，引导医药微纳材料领域科学技术创新能力和产业技术层次的快速提升，为形成国际领先的生物材料产业体系夯实基础。

9.2 空间医药微纳材料的研究进展与前沿动态

9.2.1 无机医药微纳材料

无机微纳材料包括以金属基和非金属基无机物质为主体的微纳材料，由于具有独特的物理（磁、热、光、电）、化学（功能化修饰、催化）及生物（酶活）性质，在体外检测、影像诊断、药物递送、肿瘤治疗、杀菌、抗炎等医学应用方面引起了广泛的关注与研究。过去的几十年中，各种类型的无机医药微纳材料层出不穷，除了要具有独特且稳定的性能，生物安全性也是决定其能否走向临床的关键。表面修饰和功能化策略可解决无机微纳材料的毒性及体内代谢问题（图9-2），如通过包覆生物相容性高的聚合物、增加靶向分子来提高其安全性和有效性。这些进步预示着无机微纳材料在医药领域的广阔应用前景。医药微纳材料和人类空间探索都是相对较新的领域，无机医药微纳材料未来将服务于人类的太空探索活动，为宇航员提供先进的医疗健康支持，甚至为人类在太空中的持续存在贡献力量。

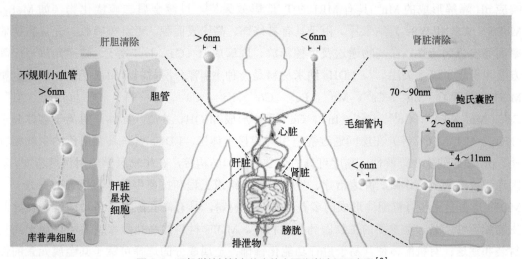

图9-2 无机微纳材料在体内的主要代谢途径示意图[2]

金属基医药微纳材料包括金属的单质、氧化物、硫化物、层状双氢氧化物（LDHs）、金属有机框架（MOFs）等。除了特定的化学组成，微纳材料的小尺寸、大比表面积、独特的形貌等也赋予了其不同于块体材料的独特性能。如贵金属Au纳米颗粒在可见光/近红外光的激发下产生表面等离子体共振，通过对电磁辐射的吸收和散射产生热量，用于肿瘤的光热治疗（PTT）。此外，虽然具体产热机制尚不明确，金纳米颗粒在肿瘤的射频消融（RFA）治疗中也被广泛研究[5]。Ag 纳米颗粒具有优于众多金属盐和纳米颗粒的抑菌、杀菌和抗炎效果，被广泛用于预防手术、烧伤等伤口的感染[1]。Pt 纳米颗粒具有显著的酶催化活性[谷胱甘肽过氧化物酶（HRP）、超氧化物歧化酶（SOD）、过氧化氢酶（CAT）]，能够降低细胞内活性氧（ROS）水平，并破坏导致炎症的下游通路，在氧化应激依赖性炎症性疾病的治疗中前景广阔。当作为肿瘤的 PTT 治疗剂时，Pt 纳米颗粒表现出依赖于尺寸的光毒性，不同粒径时可通过紫外或近红外光进行激发[6]。金属氧化物纳米颗粒具有高于金属单质的稳定性和生物安全性，因此在医药领域吸引了更多的研究。如氧化铁纳米颗粒，基于其超顺磁性被用于磁共振成像（MRI）、磁粒子成像（MPI）、肿瘤磁热疗、生物分离和纯化、靶向药物输送等生物医学领域；基于其过氧化物酶活性被用于免疫分析、肿瘤治疗、抗菌、ROS 调节等领域[7]。特别的，由于兼具良好的生物安全性，几种氧化铁纳米材料已被美国食品药品监督管理局（FDA）批准用于临床补铁治疗及 MRI 造影的应用。TiO_2 作为一种成本低且无毒的物质，也已被 FDA 批准用于食品和药物的相关产品。由于具有药物可控释放能力，TiO_2 纳米结构被用于肿瘤药物的递送；TiO_2 纳米材料具有产生 ROS 的光催化性能，被广泛用于移植体的表面涂覆材料能够抗菌且预防感染；TiO_2 纳米结构能够敏感、准确地检测低浓度生物分析物（DNA、酶、抗体），对于生物医学研究和临床诊断非常有益[8]。MnO_2 纳米片由于具有独特的性能和低毒性，在生物医药领域的应用不断被扩展。例如，基于其荧光淬灭效应可被用作荧光传感器；基于其晶格氧缺陷带来的酶活性，可作为比色传感器用于离子、小分子等的检测；由于具有强吸附力、大比表面积且在癌细胞中低 pH 值下可被过度表达的谷胱甘肽（GSH）降解，被广泛用于药物输送和癌症治疗，同时 MnO_2 响应 pH 降解形成的 Mn^{2+} 具有 MRI 的 T_1 造影效果[9]。过渡金属二硫族化物（如 MoS_2、$MoSe_2$、WS_2 和 WSe_2）纳米片，由于具有易修饰、高比表面积、近红外吸收、光热转换效率高等出色的特性，在药物递送及可控释放、肿瘤成像（CT、PAT 等）、肿瘤光热治疗等方面也引起了广泛关注[10]。LDHs 纳米材料是一种主 - 客分层材料，阳离子主体层由金属 M 的二价离子（Mg^{2+}、Ca^{2+}、Mn^{2+}、Fe^{2+}、Co^{2+}、Ni^{2+}、Cu^{2+}、Zn^{2+} 等）和三价离子（Al^{3+}、Cr^{3+}、Mn^{3+}、Fe^{3+}、Co^{3+}、Ga^{3+}、In^{3+}、Gd^{3+} 等）形成 $M(OH)_6$ 共边八面体，阴离子客体分子（NO_3^-、CO_3^{2-}、Cl^- 等）在层间通过静电引力连接主体层。LDHs 材料具有出色的生物相容性、pH 敏感的生物降解性、高度可调的化学成分和结构等，在生物医学应用包括药物 / 基因递送、生物成像诊断、肿瘤治疗、生物传感、组织工程和抗菌中显示出巨大的前景[11]。MOFs 是由金属和有机配体形成的多孔晶体杂化材料，具有高孔隙率、多功能性和良好的生物相容性，是一类重要的生物医药微纳材料。MOFs 材料的高孔隙率使其可以用于药物封装和递送；有机配体使其易于进行功能化修饰；金属成分的选择可赋予其金属元素的性质，实现 MRI、CT 或其他模式成像功能以及酶活等特性[12]。

生物医药领域研究较为广泛的非金属基无机微纳材料有碳基、硅基、磷基等微纳米材料。碳基微纳材料包括石墨烯、碳纳米管、碳量子点等，因其独特的物理、化学特性在生物医学领域备受关注。例如，石墨烯纳米材料能够轻松穿过细胞膜，并且可以通过 π-π 堆叠、氢键或疏水相互作用为药物提供非共价附着位点，非常适用于药物/基因的递送；其本征光致发光特性使其可用于荧光成像；其优越的机械强度、刚度和电导率使其在组织工程领域发挥了巨大作用[13]。碳纳米管由石墨烯片卷制而成，小尺寸和管状结构赋予了它独特的光、电、热性能。除载药以外，以碳纳米管作为抗体附着模板，其光电性能的改变可以用于检测癌症标志物；碳纳米管在紫外-红外范围内的高吸收及热转换性能可以用于杀伤肿瘤[14]。碳纳米点与传统的重金属量子点相比，具有无毒、生物安全性高的优点。利用碳纳米点的光致发光性能可以实现对 DNA、葡萄糖、蛋白质等进行检测，以及对细胞的荧光标记和成像；碳量子点能够阻断病毒传染性，具有抗菌和抗病毒作用[15]。以介孔 SiO_2 纳米颗粒作为典型代表的硅基微纳材料具有出色的生物相容性、丰富的丰度，在药物递送应用中发挥了巨大的作用。除高于其他无机纳米材料的载封率以外，大孔 SiO_2 纳米颗粒可以递送大分子蛋白/DNA，避免它们在体内快速降解；甚至能够实现治疗性气体分子（NO、CO）的可控输送；SiO_2 纳米颗粒活跃的表面使其易于进行功能化修饰；此外，介孔 SiO_2 纳米颗粒还可以用作高强度聚焦超声（US）成像的增强剂[16]。磷是人体中构成核酸、细胞膜、体液、蛋白质、牙齿和骨骼的重要元素。磷基微纳材料主要包括含磷的树突纳米平台、黑磷、金属磷化物和金属磷酸盐。黑磷纳米材料包括黑磷量子点和黑磷纳米片，可以将从紫外-可见到近红外广泛光谱的光转换为热，用于光声成像（PAI）和肿瘤的 PTT；可以在光照射下产生 ROS，从而用于肿瘤的光动力治疗（PDT）[17]。

　　空间极端的环境条件包括引力的变化、极低的温度、低氧环境、宇宙辐射等，为无机医药微纳材料提供了新的应用场景与需求，同时也为医药微纳材料的研究提供了独特的环境并促进其发展。在生物学和医学方面，微重力环境可以改变细胞的生理和代谢状态，增强细胞增殖能力并保持其分化能力，影响细胞的信号通路和基因表达。例如，研究人员评估了太空微重力环境对人骨髓间充质干细胞生长和分化的影响。研究发现，微重力环境可以显著改变蛋白表达谱和表达量，减少骨髓间充质干细胞的成骨分化，增强其能量代谢[18]。在无机医药微纳材料的空间应用方面，为了应对空间环境下微生物的侵袭以及微重力下伤口的延迟愈合，具有出色抑菌、杀菌和抗炎效果的 Ag、TiO_2 纳米颗粒等有望发挥重要的预防和治疗作用[19, 20]。微重力环境下，承重降低导致宇航员的骨骼以每月 1%～3% 的速度被吸收，针对宇航员的太空飞行骨质疏松症及病理性骨折，磷基微纳材料、金属基微纳材料将会成为重要的修复材料[21]。例如，研究人员发现将锶纳米颗粒掺入羟基磷灰石，能够促进微重力条件下未经处理培养物的羟基磷灰石晶体沉积，从而利于碱性磷酸酶（ALP）活性的保留，因此有望在特殊环境条件下适用于骨组织再生[22]。氧化铈纳米颗粒具有显著的仿生特性，面对太空飞行的微重力条件，能够发挥氧化应激的保护作用并促进骨骼肌细胞的增殖[23]。在无机医药微纳材料的空间研究方面，微重力环境下没有重力加速度所驱动的对流不稳定性影响，可以在纯扩散条件下研究扩散和化学反应之间的相互作用。Vailati 等[24]的研究指出在没有重力的情况下，热波动会使胶体颗粒均匀分布。Miki 等[25]在国际空间站对带电胶体颗粒进行了聚集实验，研究发现空间实验中凝胶固定的 TiO_2 纳米颗粒是均匀分布的，而地面上的轻微沉降和对流效应会对胶体颗粒在微米级的聚集结构产生影响，从而证实了静电相互作用对带电胶体颗粒聚集的影响。这些研究结果将有助于开发用于结构材料（包括光子学、药物）设计的模型与方法。

9.2.2 ／有机医药微纳材料

有机医药微纳材料主要包括合成高分子微纳材料和天然高分子微纳材料两类。高分子自组装颗粒、聚集态纳米结构、复合物等高分子微纳材料在太空医药中的应用为宇航员的健康和安全提供了关键支持（图9-3），特别是在伤口愈合、生物传感、药物释放、骨骼再生和生物3D打印中应用广泛。高分子微纳自修复材料和微重力下组装高分子颗粒的研究应是未来工程应用的主推方向，而利用空间环境进行高分子微纳材料增材制造和高能合成则仍有待进一步突破关键技术瓶颈。

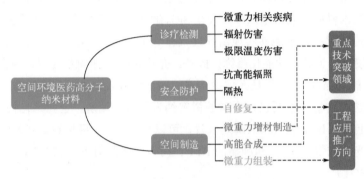

图9-3 高分子微纳材料在空间环境的医药应用

（1）合成高分子医药微纳材料　合成高分子微纳材料可以被应用于空间环境辐射防护与治疗。Kruciska等评估电离辐射吸收对多层宇航服所用纺织品的结构、力学和生物物理性能的影响，发现芳纶纤维（Twaron CT736）和聚乙烯纤维（Dyneema HB26）是优良性能的太空服材料，具有在辐射下的强稳定性[26]。在聚合物基体材料中引入芳香族化合物、抗氧化剂、纳米材料等可以提高聚合物基体材料的耐辐射性能。合成高分子微纳材料具有较高的比表面积，可以有效吸收和散射辐射，减少辐射对人体的影响。此外，还可以通过调整其化学成分和结构，提高辐射防护材料的阻挡能力。高分子材料在设计防辐射药物，以防止辐射环境对人体的损害方面，也发挥了重要作用。以高分子药物递送系统（DDS）和高分子药物为主的高分子药物新兴领域受到越来越多的关注[27]。Chauhan等开发了一种辐射响应性姜黄素 - 壳聚糖（CC）共轭聚合物薄膜。受壳聚糖单元之间的糖苷键在低剂量辐射照射（$1 \sim 6$ J/kg）下诱导均裂破裂的机制控制，一旦超过阈值剂量2 J/kg，负载的姜黄素就会释放出来，预防辐射损伤[28]。高分子药物是由小分子药物为单体合成的，高分子药物可以通过选择单体来改变药物保留率、载药率和选择性释放位置。王等报道了一种由乙烯基苯基硒化物（VSe）和N-（2-羟乙基）丙烯酰胺（HEAA）聚合而成的新型防辐射高分子药物。体外测试与小分子VSe单体相比，该大分子药物的放射防护功效提高了40%，且细胞毒性更低[29]。合成高分子纳米复合材料在空间防护中的抗极限温度方面也有重要贡献[30, 31]，它们具有出色的强度和轻量化特性，并且可以在极端温度条件下保持稳定性，保护宇航员免受极端温度的影响。宇航服的内部可与纤维材料复合一层含有壳寡糖（COS）[32]的生物医药物质，在烧伤发生后，COS通过酶或化学降解形成小分子碱性氨基寡糖，可治疗皮肤深二度烧伤创面并促进创面愈合。

同时 COS 还可以促进成纤维细胞增殖，加速伤口愈合。另一方面，通过干燥 - 湿法射丝工艺[33]制备的多孔交错结构纤维板，热绝缘能力是普通商用空间防护纤维材料的 20 余倍，对抵抗空间环境极限温度成效显著。而智能多功能气凝胶纤维[34]及纺织品，则是未来宇航服携带可穿戴设备的重要候选材料，通过将发光二极管和光电二极管集成到纤维中，实现了柔性、可穿戴医用器件的智能纺织。在太空航天器外活动中，宇航服很容易被微流星体和轨道碎片撞击等损坏，造成灾难性后果。Pernigoni 等研究了自修复聚合物在暴露于模拟空间辐射之前和之后的修复性能，利用聚脲 - 聚氨酯（PUU）和超分子聚合物 Reverlink® 分别制备的自愈材料在辐射下具有较好的自愈能力和辐射屏蔽能力。证明了自愈层对于提高未来太空服的安全性、可靠性和使用寿命，保护宇航员的生命安全具有重要意义[35]。此外，宇航员长期滞留于微重力环境易导致骨质疏松、肌肉萎缩、伤口愈合受损等健康问题，针对微重力空间环境开发疾病预防设备和诊疗药物是延长宇航员服务周期的关键。其中合成高分子材料如聚乳酸、聚丙烯酰胺、明胶等与疾病预防设备材料紧密结合并在诊疗领域做出了突出贡献。例如，研究人员利用不同降解速率的聚乳酸（PLA）和聚羟基脂肪酸（PHA）分别装载早期和晚期作用的骨形态发生蛋白（BMP2 和 BMP7）。该系统在模拟微重力环境下，刺激骨再生过程中表现出良好的生物相容性和细胞行为，成功开发出了一种长效释放系统。此外，研究还发现该系统可持续释放 BMPs，并有效诱导成骨分化，为骨修复提供了新的思路和方法[36]。

在空间微重力环境中，重力对材料的沉降和分离作用较弱，这为纳米颗粒的自组装提供了独特的条件[37]。通过调控纳米颗粒的表面修饰和溶剂条件，可以实现纳米颗粒的有序排列和堆积，形成具有特定结构和性能的高分子微纳材料[38]。而利用模板效应则可以引导纳米颗粒在空间微重力条件下的自组装过程，从而形成特殊结构的高分子微纳材料。空间微重力环境中纳米颗粒的自组装过程可能涉及相变和聚集现象。通过调控纳米颗粒的浓度、温度和溶剂条件等参数，可以控制纳米颗粒的聚集行为，从而实现特殊结构和性能的高分子微纳材料的形成[39]。

（2）天然高分子医药微纳材料　天然高分子材料，如蛋白质、聚糖、多肽等，是人体细胞外基质的主要成分，与传统无机或有机材料相比具有高生物相容性、可降解性、温和的制备条件，以及生物活性等优势，空间应用前景更为广阔。特别是纳米纤维素基材料依靠其高性能与多功能特性，将在创伤治疗、生物传感、药物传递、骨骼再生和生物 3D 打印等方面发挥重要作用[40]。在长期的太空飞行中，航天员可能面临伤口治疗和骨折修复的需求，纳米纤维素材料可以作为伤口敷料，提供湿润环境，促进伤口愈合[41]。纳米纤维素还可以作为生物传感器的基础，检测血液中的生化指标、呼吸气体的组成或其他生命迹象[42]。其高比表面积和可化学修饰性能使其可以高效地捕获和传输信号，从而快速准确地提供数据[43]。纳米纤维素的压电特性还可进一步被用于制备可穿戴运动监测传感器，这种传感器非常契合航天领域的轻质和自供能性能需求[44]。作为药物载体，纳米纤维素材料实现缓慢释放或靶向释放，确保航天员在太空中获得持续和稳定的药物供应[45]。与其他生物医药材料如羟基磷灰石复合，纳米纤维素则能用于制备生物骨材料，辅助骨骼再生和修复[46]。同时，太空探索的长时任务可能需要现场制备医疗设备或组织，纳米纤维素材料可以作为 3D 打印的生物墨水，与细胞和生长因子一同打印，创建组织工程结构，满足航天员的医疗需求[47,48]。

空间极端环境为天然高分子材料的原位制造提供了独特的环境，然而其难点主要在于寻找适合太空环境的合成体系。以火星为例，其大气层的气体以 CO_2 为主（95%），以及少量的 N_2（< 2%），其他能利用的资源仅为太阳光、岩石灰和少量冰[49]。因此，合成生物学的细胞工厂具有绿色可持续、耐受性好、低耗高产出等特点，在太空有限资源中发挥重要作用[50]。例如，固特异（Goodyear）和米其林（Michelin）公司联合开发，采用微生物制备的五碳异戊二烯作为原料，合成了类似橡胶的胶乳[51]。又如，Biomason 公司以尿液和火星岩灰石为原料，经芽孢杆菌的催化转化，可获得商业用途的砖头[52]。此外，由芽孢八叠球菌介导的尿素酶催化尿素水解，其副产物碳酸钙可紧密连接沙粒形成高强度的砖块，具有空间替代混凝土材料的潜力[53]。另一个空间项目中，计划基于蛋白质的理性设计，获得新型荧光标记的微生物感应器，以检测强辐射所引发的脱氧核糖核酸（DNA）损坏，并即时通知宇航员[54]。这些空间生物质大分子原位制造的案例为后续研究提供了良好基石，但生物合成大分子的结构、材料类型、应用范围等还有待进一步拓展。

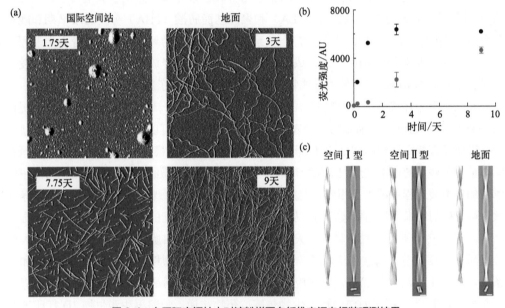

图 9-4　在国际空间站中对淀粉样蛋白纤维空间自组装观测结果

（a）国际空间站微重力（左）及地面重力（右）环境下形成的溶菌酶纤维，图像视野均为 5μm×5μm；（b）Aβ（1-40）淀粉样蛋白在微重力（红色）和地面（黑色）环境下的形成过程；（c）Ⅰ型、Ⅱ型和 G 型 Aβ（1-40）淀粉样纤维三维重建图像的侧视图表面渲染（左），再投影（右、上）和横截面（右、下），标尺为 10nm[55,56]

　　在生物大分子原位获取的基础上，如何精准调控其在空间环境的结构与功能也是研究焦点。20 世纪 90 年代初，NASA 轨道飞行器（BIMDA-1 载荷）实验发现，微重力环境下多瘤病毒 VP1 蛋白的折叠结构发生了变化，蛋白单体组装形成比地面更大、更均匀的衣壳粒，但是无法进一步组装形成衣壳结构[57]。目前常采用淀粉样蛋白作为模型天然高分子，一方面，该蛋白具有特征性纤维状自组装结构；另一方面，淀粉样蛋白是导致阿尔茨海默病的重要因素，研究其纤维化微观结构和形成机制可为疾病治疗提供理论基础[58]。在 2015 年 1 月国际空间站的一项研究中，采用实时原子力显微镜对淀粉样蛋白纤维空间自组装进行了观测，如图 9-4 所示。结果发现，淀粉样蛋白纤维在空间微重力的影响下形成速度更慢，2 天还处于颗粒状态，8 天时微重力下的纤维形态比地面的偏短和粗［图 9-4（a）］[55]。2018 年 1 月国际空间站的另一项研究中，采用荧光光谱对淀粉样蛋白纤维的形成过程进行了实时观测，同样发现它螺旋结构的自组装过程比地面慢［图 9-4（b）］，返回地面后冷冻电镜下观察的纤维形态比地面样品螺旋度更高、螺距更短［图 9-4（c）］[56]。以上实验证明了微重力环境对蛋白质组装过程和最终形态存在显著影响，对于空间环境下发现生物分子新的组装结构及生理功能具有重要意义。

／我国在医药微纳材料领域的学术地位及发展动态

中国在过去的几十年里积极推动医药微纳材料的研究，已发展成为医药微纳材料的重要研发大国。Web of science 数据检索显示，2000 年以来医药微纳材料相关的两万余篇报道中，中国发文量约占 1/3（图 9-5）。中国科学院、上海交通大学、苏州大学、四川大学、浙江大学、复旦大学、吉林大学、清华大学、南京大学、东南大学、深圳大学、山东大学、香港城市大学等百余家科研院所，为我国及世界医药微纳材料的发展做出了重要贡献，基础研究的部分创新成果居于世界领先水平。例如，"纳米酶"的概念 2004 年由 Paolo 团队提出[59]，最初指的是天然酶和 Au 纳米颗粒的组合。2007 年我国科学家阎锡蕴在国际上首先发现并报道了，磁铁矿纳米颗粒具有类似于天然酶的本征过氧化物酶样活性，从而引发了纳米酶的研究热潮[60]。阎锡蕴团队近期报道了一种具有 SOD 活性的碳点纳米酶，其 SOD 催化活性（超过 10000 U/mg）与天然酶相当[61]。该研究揭示了碳量子点通过羟基和羧基与超氧化物阴离子结合，与 π- 体系共轭的羧基进行电子转移的催化机制，并证明了其在氧化应激相关疾病治疗方面的应用潜力。顾宁团队发现铁基 MOFs 材料普鲁士蓝色纳米颗粒可以通过多酶（包括 POD、CAT 和 SOD）活性有效地清除 ROS，从而抑制或缓解 ROS 引起的伤害[62]。研究证明普鲁士蓝色纳米颗粒不同形式的丰富氧化还原电位使其成为高效的电子转运体，从而赋予其多酶活性。该团队近期的研究成功合成了约 3.4 nm 的极小普鲁士蓝色纳米颗粒，POD 和 CAT 酶活性相较于传统的普鲁士蓝色纳米颗粒均有数量级的提升，同时还表现出良好的 T_1 加权 MRI 造影效果[62]。国家纳米中心赵宇亮研究员 2001 年率先提出纳米生物安全性问题，并成为开创纳米毒理学研究领域的先驱。通过建立可靠有效的分析方法，评估了无机和碳纳米材料的生物安全性[63]。赵宇亮团队在近期的研究[64]中开发了一种改进的密度梯度超离心方法，实现了对具有狭窄电导范围的超短（5 ~ 10 nm）单臂碳纳米管的分离。通过将超短单臂碳纳米管插入脂质双分子层，构建了离子迁移率比体积迁移率高 3 ~ 5 倍的高分辨纳米孔传感器，并实现了区分同质或异构蛋白氨基酸这一挑战性任务，将成为蓬勃发展的蛋白质测序技术的关键组成部分。介孔二氧化硅纳米颗粒研究的快速发展为癌症纳米医学提供了巨大的机会。近期有报道称，未经表面修饰的高度团聚商用二氧化硅纳米颗粒会导致严重的内皮渗漏，从而促进癌症转移。施剑林团队研究[65]证实，用 PEG 修饰的高度分散介孔二氧化硅纳米颗粒对内皮细胞连接处的破坏性可以忽略不计，对肿瘤转移没有显著影响，且能够有效防止癌细胞在细胞内吞作用时迁移。该团队近期的研究[66]通过树突状介孔二氧化硅纳米颗粒搭载超小的 Au 和 Fe_3O_4 纳米颗粒构建了双无机纳米酶平台。Au 纳米颗粒独特的类葡萄糖氧化酶（GO$_x$）活性，可以催化 β-D- 葡萄糖氧化为葡萄糖酸和 H$_2$O$_2$，Fe$_3$O$_4$ 纳米颗粒的 POD 酶特性进一步催化 H$_2$O$_2$ 释放高毒性的羟基，通过芬顿反应诱导肿瘤细胞凋亡。该纳米平台具有较高的纳米催化治疗效果及出色的生物安全性，为纳米催化肿瘤治疗铺平了道路。在有机微纳材料研究领域，有关天然大分子的生物合成、纳米级多层次有序组装、性能调控，以及医药应用的成果被频繁报道。主要基于多糖、胶原蛋白、丝素蛋白等天然大分子模拟和重构细胞外基质成分，通过纳米尺度的糖 - 蛋白质 - 细胞多维相互作用研究，结合信号分子、氧化应激等因素，调控细胞的增殖、迁移、分化等行为，为疾病治疗和组织工程研究提供理论基础。例如，复旦大学陈国颂团队基于多糖与蛋白质的相互作用，采用多糖作为配体，诱导蛋白质进行有序超分子纳米组装，获得精确调控的蛋白质纳米纤维、纳米管、螺旋等微观结构，并进一步影响细胞行为[67]。国家纳米科学中心王浩课题组通过调控多肽聚合物与淀粉样蛋白的纳米组装，诱发细胞自身对淀粉样蛋白的降解，从而降低其神经毒性，有利于阿尔兹海默症的症状改善[68]。苏州大学陈华兵教授基于蛋白质纳米反应器的仿生合成原理，合成出具有近红外吸收和光热效应的过渡金属硫化物蛋白纳米粒，可实现肿瘤光热治疗和诊疗一体化[69]。

我国在空间生物医药材料领域研究时间短、实验平台有限，与先进国家仍存在不小差距。2023 年发布的中国载人航天工程立项成果显示，我国从无到有，建成了空间科学与应用研究

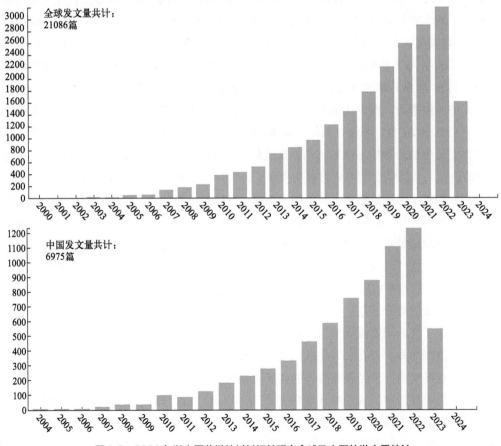

图9-5　2000 年以来医药微纳材料相关研究全球及中国的发文量统计

（数据来源：Web of science）

研制体系，在生命科学领域，实现了人类胚胎干细胞在空间环境的体外分化，解答了空间微重力环境对干细胞谱系分化的影响；在材料科学领域，开展了金属合金、纳米及复合材料等数十种新型材料的空间制备研究，获得了铌硅合金等高质量的材料样品，并揭示了一部分共晶生长动力机理。然而，目前空间生命和材料领域的研究重点仍集中在空间细胞培养、蛋白质结晶、金属合金等较基础的内容，空间医用微纳材料的开发几乎处于空白。因此，亟待开展空间环境下生物医药微纳材料的原位制备方法开发，材料组成、结构与性能研究等工作，为指导地面高性能医药微纳材料的开发提供先进理论，并为空间的可持续制造提供物质基础。

9.3 作者团队在空间医药微纳材料领域的学术思想和主要研究成果

顾宁团队长期致力于铁基医药微纳材料、脂质材料以及诊疗一体化微纳材料的研究。团队所研制医用纳米 γ-Fe$_2$O$_3$ 材料的饱和磁化强度相较于同类材料提高 12%，经多家医院协作定值于 2011 年获批弛豫率国家标准物质［标准号为 GBW（E）130387］。该标准物质填补了国内外相关标准物质的空白，对 MRI 造影剂的研制、生产及临床应用具有重要意义。顾宁团队采用反应器内温度协同力场、内毒素分步测控等创新技术有效解决了纳米氧化铁规模化生产面临的多糖黏度大、颗粒易团聚、内毒素消除等诸多技术难题，实现多聚糖超顺磁氧化铁注射液（产品名为瑞存）的批量生产，并于 2016 年和 2022 年分别获得国家药审中心（CDE）批准用于静脉补铁、MRI 血管造影剂的临床研究，是国内迄今唯一获批进入临床研究的该类药物。近年来，顾宁团队与国内多家医院合作开展瑞存作为 MRI 造影剂用于冠脉闭塞、肾动脉狭窄等造影诊断的临床研究，并取得较好进展[70]。在脂质医药材料方面，我国的医用合成磷脂材料长期依赖进口，严重制约了高端药物制剂的产业化和临床转化进程。合成磷脂的技术瓶颈主要包括合成分离提纯困难、分子组装相态复杂、载药和工业化放大控制难。经多年努力，团队在磷脂酰胆碱、磷脂酰乙醇胺等合成磷脂制备方面已形成具有自主知识产权的创新合成工艺。利用特异吸附性强的分离纯化树脂系统及检测器件、络合分离与乳液相图自动检测等新方法，实现了培化磷脂酰乙醇胺在内的 9 种高纯合成磷脂的绿色工业化生产。目前，团队自主研发的合成磷脂已被国内外上百家药企、科研院所使用，填补了该类产品的国产空白，对于降低药物研发与生产成本、发展高端药物制剂具有突出的推动作用。基于铁基微纳材料与磷脂材料，2009 年顾宁团队在国际上率先提出了用于 US/MRI 双模态影像增强的磁性微气泡复合结构[71]。建立了在膜壳上调控纳米颗粒分布与靶向分子探针组装等技术，完成了基于磁性微气泡介导的 US、MRI 的配准和融合算法研究，形成了一种全新的多模态医学影像技术，引领了国内多模造影剂的发展，对实现临床双模态诊断具有重要意义[72]。团队利用磷脂或血小板细胞膜作为膜材研制的磁性微气泡、脂质体等微纳材料，可同时作为 US/MRI 双模态影像增强剂、药物靶向递送载体，且利用超声等外场进行药物控制释放，成为一类重要的诊疗一体化医药微纳材料[73, 74]。

陈敬华团队在融合蛋白的生物合成、生物医用材料等领域有深厚的研究基础。在融合蛋白的表达与医药应用方面，基于生物相容性高的人白蛋白和铁蛋白，通过基因工程技术改造基因序列，构建新型融合蛋白，实现蛋白在菌种中的高效表达，并增强其体内靶向性和智能响应性，用于小分子或核酸药物的精准体内递送。例如，通过基因工程技术构建了装载紫杉醇的白蛋白融合蛋白纳米粒，赋予其肿瘤靶向、促进摄取、响应性释药的"三级推进"功能，还可联合光热疗法，体内外实验均表现出优异的抗肿瘤效果[75, 76]。在生物大分子的自组装研究方面，调控多功能融合蛋白或肽类在纳米尺度的自组装行为，通过条件优化，实现对组装形态、尺寸的精准调控，并从分子层面进行机理探讨。例如，基于 N- 氟甲氧基羰基二苯丙氨酸（Fmoc-FF）和 Fmoc 保护的硫酸化乙酰氨基葡萄糖成分，通过超分子作用形成纳米尺寸的球形、纤维形态，不同纳米结构对其生长因子黏附性和作为细胞外基质的功能有较大影响[77]。在生物基医用材料开发方面，基于胶原、明胶、透明质酸、硫酸软骨素等天然大分子原料，通过交联或复配，制备成纳米粒、水凝胶、导管、膜等多种形式的医用材料，并赋予其智能响应性、靶向性、抗菌能力、导电性等，以及自愈合性、可 3D 打印性和回收利用性，用于创面修复、人工骨骼、干细胞分化、组织工程等领域。例如，基于明胶、透明质酸开发了梯度硬度水凝胶，考察骨髓间质干细胞在其上的黏附、迁移和分化能力，用于筛选细胞的最佳基质微环境[78]。又如，将明胶和硫酸软骨素的微球共价整合到 3D 打印而成的明胶 - 羟基磷灰石多孔框架的孔隙中，构建多模块复合材料以模拟天然骨微环境，用于小鼠的颅骨修复[79]。

黄进团队在鉴于来自农林、海洋的纤维素和甲壳素纳米晶、海藻酸、丝蛋白等天然高分子具有良好的生物相容性和生物降解性，通过复合和组装等技术，基于分子水平相互作用模式的设计，实现了各组分的有效组合以及拓扑和杂相等结构的控制，发展了凝胶、纳米粒、膜、片材等多种形式的新材料。黄进团队针对凝胶网络的构建，探索了交联模式多重设计和可控转变的应用，尤其是"构象光快速响应诱导物理 / 化学交联模式同步转变"的设计理念被证明具有应用于软凝胶复杂中空结构 3D 打印的潜力[80]；设计相互作用模式，将抗菌分子与纤维素纳米晶或甲壳素纳米晶结合实现其纳米化[81]，类似"子弹的火药"集中装载成"炮弹"，如同等抗菌物质剂量时纳米制剂显示出 2 倍以上的抑菌杀伤力[82]；利用还原性海藻酸衍生物原位绿色合成其表面包覆的均一分散的银纳米粒子，能有效提高细胞膜穿透能力而显示出高抗菌活性[83]；利用纤维素纳米晶棒状形貌曲率差异性，表面修饰后络合金属离子，构建了生物基磁共振成像纳米增强剂甚至集成增强光热功能；同样地基于纤维素纳米晶表面修饰甚至实现表面纳米尺度的间距调控，实现了对铜离子和汞离子的高灵敏检测[84]，甚至利用表面修饰物质特性实现了具有食品包装潜力膜的抗紫外屏蔽和抗自由基氧化等功能增强；通过自组装方法，发展了靶向缓解溃疡性结肠炎的按需细胞质药物释放丝素蛋白基纳米颗粒，具有多样性生物响应性[85]；基于螯合、静电、氢键及两亲性嵌段共聚物介导等相互作用模式的设计，将铁基纳米粒子、纤维素等聚多糖纳米晶[86]、碳纳米管引入凝胶微球，提高了其作为药物载体的力学稳定、包封和负载、缓释等性能并融入了电应激、磁响应等功能，发展了多药共传递控制释放等新药物载体材料。同时，发展了基于折剪纸单元的取向性和免方向性约束的负泊松比力学超结构，应用纳米复合技术优化了材料性能与结构和程控制造的适配性，为轻质高性能生物材料制造提供了新方法[87]。

9.4 空间医药微纳材料的发展重点

国际空间站建设过程中，没有针对医药微纳材料的空间研究设计搭载通用型载荷装置。因此，过去的几十年医药微纳材料虽然在合成研究、应用开发、临床转化等方面取得了全面发展，但空间医药微纳材料的研究进展缓慢，几乎处于空白。空间环境下关于材料研究的合成体系、物质形态仍较单一，亟需围绕空间生物医药微纳材料开展系统性研究工作，形成完整的理论体系。中国空间站的建成将为空间医药微纳材料的研究发展带来新的契机。未来空间医药微纳材料的发展重点应集中在两个方面：医药微纳材料空间合成机制与性能的研究；医药微纳材料面向空间的应用研究。当务之急是研制配套的空间载荷装置用于材料合成、材料性能及相关形成机制等的空间研究工作。

（1）医药微纳材料空间合成机制与性能研究的重点

① 针对无机医药微纳材料地面合成研究面临的"卡脖子"问题，利用空间站提供的无重力、无沉淀分层、无浮力对流的常稳态环境，在无搅拌、超声、震荡等外力干扰的条件下，研究无机纳米材料合成过程中物质扩散、晶核形成、晶体生长等过程的机制及关键控制因素。形成新的空间材料合成方法及理论体系，指导地面合成过程相关难题的解决。

② 有机微纳材料的研究从大分子的合成开始，优化聚合物分子、生物大分子等的空间制造策略。例如，筛选能在空间极端环境下合成生物大分子的微生物，基因改造并优化培养条件，提高生物合成效率，以获得更丰富多样的基础原料（胶原蛋白、纤维素、蚕丝蛋白、蛛丝蛋白等）。

③ 进行有机高分子材料的空间组装研究，解析其空间自组装行为。基于微重力条件下高分子的结构、构象变化和异种物质的复合情况，精准调控其组装形态、多级次 / 响应性结构，形成纳米尺度的有序阵列与微相图案化结构。从分子层面阐明有机微纳材料的功能变化机制，并为开发功能型生物医用材料提供高质量原料。

（2）医药微纳材料面向空间应用的研究重点

① 探究医药微纳材料与细胞、生命体等的空间相互作用，阐明微重力环境对无机微纳材料、有机微纳材料与细胞之间的相互作用、信号传导、生物调控等方面的影响，解析空间生命活动部分异常现象的分子机制。

② 开发具有调控空间环境下细胞行为的医药微纳材料，挖掘医药微纳材料的空间医用价值，如开发一些具有抗菌、消炎、抗辐射、治疗效果的医药微纳材料用于宇航员的日常防护，为太空病的预防、诊断与治疗提供保障。

9.5 空间医药微纳材料的展望与未来

我国在医药微纳材料领域具有深厚的研究基础，是全球最活跃也是最有影响力的国家之一。然而，我国医药微纳材料的临床转化却严重不足，高端的纳米药物甚至一些传统的纳米药物都处于零的阶段。一方面，是对相关医药微纳材料合成机制的研究和理解不够深入，导致产品性能难以控制；另一方面，是对于纳米药物的开发缺乏创新。医药微纳材料的空间研究，为我国攻克微纳材料合成的机理及技术难题并开发创新型纳米药物创造了优越的条件。

空间环境下医药微纳材料开发的覆盖面较广，从材料空间合成方法的建立与实施，到材料结构、性能的分析与调控，再到空间合成理论体系的形成与完善，直到最终对地面材料合成的指导及医学应用。这需要化学、材料学、工程学、生物学、医学等多学科领域专家的共同努力。作者团队将抓住契机发展临床亟需的高性能有机、无机医药微纳材料，为临床肿瘤诊疗、干细胞移植、药物筛选、组织工程、疾病诊断检测等重大需求提供创新、高效的高端纳米药物。

参考文献

 作者简介

毛宇，南京大学医学院附属鼓楼医院助理研究员，南京市卫健委高层次人才。长期从事氧化铁为主的高性能铁基纳米材料的制备、形成机制研究及生物医用开发。以第一作者身份在 *Angew Chem Int Edit*, *ACS Nano*, *Small* 等国内外期刊发表学术论文 10 余篇，获授权国家发明专利 3 件。主持国家自然科学基金项目 1 项；作为骨干成员参与国家重点研发计划项目 1 项，国家自然科学基金重点项目 1 项，江苏省前沿引领技术基础研究专项 1 项。

陈敬华，江南大学教授，江苏省"六大人才高峰"高层次人才 A 类、教育部新世纪优秀人才、江苏省 333 工程人才。长期从事生物制药领域的生物大分子合成、生物医用材料等方面的研究工作。共发表论文 100 余篇；申请专利 60 余项；主持包括国家自然科学基金、国家重点研发计划资助"绿色生物制造"重点专项、973 子课题等省部级以上科研项目 10 余项；获得国家教学成果二等奖、教育部科技进步二等奖、中华医学会科技奖二等奖等鼓励。

黄进，西南大学教授，重庆市重点实验室主任，生物质产业碳中和技术创新联盟理事长，曾受聘中国科协首席科学传播专家，入选教育部、江苏省、重庆市等人才计划。致力于材料可持续性发展的生物质资源化探索，已在 SCI 期刊发表研究论文 200 多篇，获授权发明专利 80 多项，牵头主编中英文专著和教材 8 部。获教育部科技进步二等奖、重庆市自然科学奖二等奖、重庆市产学研创新贡献奖和创新成果奖一等奖、川渝产学研创新成果一等奖等鼓励。

顾宁，南京大学教授、博士生导师、中国科学院院士、中国医学科学院学部委员。教育部"长江学者"特聘教授、国家杰出青年科学基金获得者、第七届"全国优秀科技工作者"。长期从事纳米医学材料制备、检测与生物效应等基础研究与应用转化，提出或参与完成多个国家相关标准的制定。已在国内外学术刊物发表 SCI 论文 500 余篇、申请国家发明专利百余项，获国家自然科学二等奖、国家科技进步二等奖各一项及省部级科技进步奖数项。

第 10 章

自旋量子材料

韩秀峰　万蔡华　宋　成

10.1　自旋量子材料的研究背景

量子材料本身没有普遍公认的严格定义，参考维基百科的定义，"量子材料泛指属性不能被经典或半经典理论所描绘而必须借助凝聚态物理的量子理论才能被完整描述和理解的材料。这类材料通常蕴涵了强电子相互作用或者某些特殊的电子序，如超导、磁性或其他一些非凡的量子效应。"从这个意义上讲，自旋量子材料是指与电子自旋或者磁序高度相关且呈现某种量子效应的量子材料的统称。自旋量子材料的一个典型代表就是由磁性薄膜 / 势垒层 / 磁性薄膜三明治结构构成且具有量子隧穿效应的磁性隧道结材料。在这种磁性隧道结材料中，人们还发现了隧穿磁电阻效应——隧穿磁电阻依赖于势垒层两侧磁电极平行或反平行的磁结构状态。室温隧穿磁电阻效应一经发现，便很快被应用于磁敏传感器、硬盘磁读头、磁随机存储器等先进自旋电子元器件或者芯片中。因此自旋量子材料具有广阔的应用领域，其基础和应用研究都受到实际应用及巨大市场需求的驱动。

在本章中，作者团队将首先围绕一类最具有代表性的自旋量子材料且今后 10 年有望在实际应用中发挥重要作用的磁性隧道结（MTJ）材料及磁随机存储器（MRAM），重点介绍自旋量子材料的研发进展。然后将进一步展开介绍反铁磁、磁子（自旋波）等自旋量子材料和具有量子拓扑性质的拓扑自旋量子材料等。

磁随机存储器（Magnetic Random Access Memory，MRAM）是利用磁性隧道结（Magnetic Tunnel Junction，MTJ）存储单元材料的磁矩方向作为存储介质对 0 和 1 数据进行编码，并利用外加物理场（如磁场、电流、电场或它们的适当组合）对存储介质单元的磁矩方向进行调控，从而实现二进制数据写入和读取功能的一类电子设备的统称。磁随机存储器通常由磁性隧道结阵列及对数据读写操作进行管理的 CMOS 电路构成，如图 10-1 所示。它是一种新型数据非易失性存储器，具有存取速度快、读写能耗低、存储密度高、数据存储寿命长、循环擦写次数近无限、天然抗辐射和随工艺节点可等比微缩等诸多优点，有望对下一代微电子技术、人工智能、互联网、物联网、大数据、航空航天、汽车等工业、家电等消费电子、国防等信息技术的发展带来重大影响。自从1995年实验上实现了室温磁性隧道结（MTJ）和隧穿磁电阻（TMR）效应起始，因为其巨大的应用价值，工业界和学术界联手进行了重点和持续研发，已经开发出了有实际应用价值的三代MRAM技术。即从第一代脉冲磁场驱动型MRAM，发展到第二代自旋转移力矩（STT）驱动型MRAM（包括面内磁各向异性和垂直磁各向异性STT-MRAM两个子类），再到第三代自旋轨道力矩（SOT）驱动型SOT-MRAM，如图10-2所示的MRAM技术发展路线图。下面将逐一介绍MRAM和其他自旋量子材料及器件的最新进展。

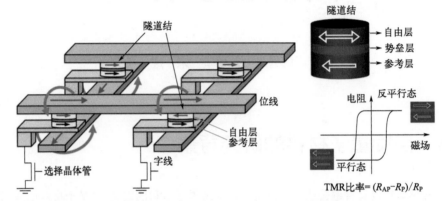

图 10-1　采用磁场写入方式的磁随机存储器、信息存储单元 MTJ 以及隧穿磁电阻（TMR）比值的示意图[1]

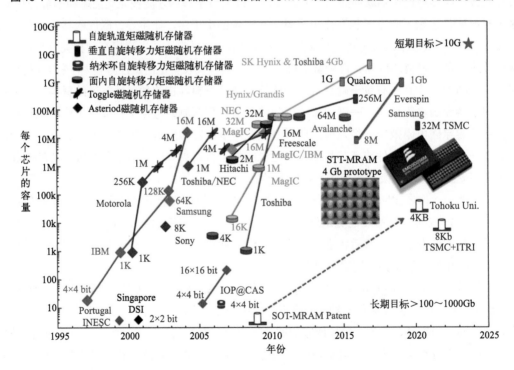

图10-2　MRAM 技术发展路线图[2]

基于半导体和微电子技术的传统随机存储器，如静态随机存储器（SRAM）、动态随机存储器（DRAM）和闪存（NAND）等，是利用电子的电荷特性进行数据存储。磁随机存储器（MRAM）则是利用电子的自旋属性存储和编码数据，其核心存储单元结构 MTJ，主要由一层磁性自由层（free layer）、一层磁性参考层（reference layer）和一层位于两者之间的非磁性隧穿绝缘势垒层（tunnelling barrier）三明治结构构成，如图 10-1 所示。参考层的磁矩方向被临近的反铁磁层通过交换偏置效应固定，而自由层磁矩方向至少可被一种物理场所改变或者实现 180°的翻转。当自由层与参考层方向平行或反平行时，MTJ 分别处于低电阻和高电阻状态。存储单元 MTJ 正是利用这两种不同的电阻状态来存储和编码二进制数据 0 和 1。

MRAM 芯片是通过 CMOS 后道工艺（BEOL）将核心存储单元器件 MTJ 阵列集成到传统 CMOS 电路之上制造实现的。MTJ 存储单元阵列通过金属互联线与其他 CMOS 功能模块实现互联，完成任意存储单元的数据存取操作。制造工艺因此分为前端 CMOS 标准部分、后端 MTJ 存储单元及金属互联部分。其中 MTJ 工艺同传统 CMOS 后端工艺兼容。

MRAM 作为一种新兴的存储器，它的发展和实际应用得益于科学家对电子自旋属性的系统研究。1988 年巨磁电阻（GMR）效应[3,4]的发现标志着一门新的学科——"自旋电子学"的诞生。随着这门学科的不断发展，一系列重要的物理现象被揭示（图 10-3），如室温 TMR 效应、自旋转移力矩（STT）效应、垂直磁各向异性、自旋轨道力矩（SOT）效应、电压调控磁各向异性（VCMA）效应及量子阱共振隧穿磁电阻（QW-TMR）效应等。由于 GMR 效应的重要科学意义和在磁传感技术方面的巨大工业应用价值，2007 年诺贝尔物理学奖授予了 Albert Fert 和 Peter Grünberg 两位教授，以表彰他们对 GMR 效应发现的杰出贡献。上述物理效应的发现和相关器件的研究，推动了磁硬盘技术、磁敏传感器尤其是 MRAM 实用化技术的飞速发展。

法国学者 M. Julliere 博士于 1975 年在 Fe/Ge/Co 结构中观测到 4.2K 低温下 TMR 效应[6]，但该效应在其后长达近 20 年的时间里由于纳米薄膜材料和微纳器件制备工艺条件的限制，一直没有在室温下被重现出来。直到 1988 年 GMR 效应被发现以后，有些研究人员又重新将探索目标聚焦到 TMR 效应的研究。1995 年日本东北大学 T. Miyazaki 教授与美国麻省理工学院 J. S. Moodera 教授的研究组分别在非晶 Al_2O_3 势垒 MTJ 中获得了约 18% 的室温 TMR 效应[7,8]。之后，2007 年中国科学院物理研究所韩秀峰研究员团队将非晶 Al_2O_3-MTJ 的室温 TMR 比值提高到 80% 以上[9]，接近经典 Julliere 模型预测值的理论极限。2001 年，Butler 等通过对单晶 Fe(001)/MgO/Fe 的第一性原理计算研究预言：单晶 MgO(001) 因其与 Fe(001) 晶格匹配且具有特殊的能带结构——电子对称性的过滤特性，可以大幅度提高 TMR 比值[10]。这一预言在 2004 由 IBM 实验室的 S.S.P. Parkin 和日本 AIST 研究所的 S. Yuasa 等在单晶 MgO(001) 为势垒的 MTJ 中得到初步验证，其室温 TMR 比值接近或达到 200%[11,12]。此后，随着铁磁性金属材料和制备工艺的优化，核心结构为 CoFeB/MgO/CoFeB 的非钉扎型 MTJ 其室温 TMR 比值已被日本东北大学 H. Ohno 实验室优化超过 600%[13]。当前 MRAM 芯片开发主要采用单晶或准单晶 MgO 势垒的钉扎型 CoFeB/MgO/CoFeB-MTJ 作为存储单元核心材料。

基于巨大的隧穿磁电阻效应，已经发展出两大类主要的 MRAM 器件类型：第一类是磁

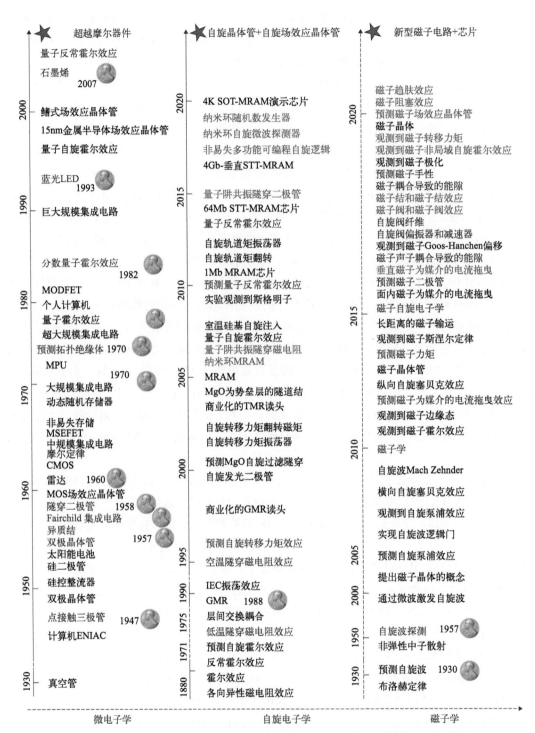

图 10-3　MRAM、STT-MRAM 和 SOT-MRAM 器件等相关自旋电子学的新奇自旋量子效应与原型器件演进的路线图

左侧为经典半导体和微电子关键元器件随时间的演进路线图；中部为支撑自旋量子器件发展的各类新奇自旋量子效应的发现时间和相关技术演化的时间轴；右侧为新奇磁子量子效应及新型磁子器件的演化图，其中紫色为国内外华人学者的代表性研究进展，绛红色为中国科学院物理所团队的代表性研究进展[5]

场驱动型 MRAM，即通过电流产生的奥斯特磁场驱动自由层磁矩的翻转进行数据写入操作；第二类是电流驱动型 MRAM，即通过电流本身对存储单元进行写入操作，根据电流引起的物理效应的不同，可以分成第二代自旋转移力矩（STT）型磁随机存储器（STT-MRAM）和第三代自旋轨道力矩（SOT）型磁随机存储器（SOT-MRAM）。

（1）磁场驱动型 MRAM　最初，人们采用的是星型 MRAM（Asteroid-MRAM），即通过同时在字线（Digit Line）和位线（Bit Line）中通入电流以产生互相垂直的两个磁场来驱动自由层的翻转。但由于这种写入方式误写率高、可靠性较差，很快就被放弃。为了解决新型 MRAM 存在的问题，Freescale 公司提出将 MTJ 的长轴方向设置为与字线和位线成 45°夹角，如图 10-4 所示。在这种构型下，一个单独由字线或位线产生的磁场都无法使自由层的磁矩翻转，大大避免了半选干扰问题，极大地提高了写入正确率和可靠性，这种操作方式的 MRAM 被称为 Toggle-MRAM。基于这种电流写入方式，2006 年 Freescale 公司成功推出第一款 4Mb 的 Toggle-MRAM 商用产品，后续又推出 16Mb 的商用产品，至今已量产和应用近 20 年。目前这种磁场驱动的 Toggle-MRAM 广泛应用于航空航天、军事和高附加值民用消费类电子器件等领域。然而，磁场驱动数据写入方式的劣势在于其能耗较高，且随着工艺尺寸的减小，其写入电流急剧增加，很难推广应用到纳米尺度的 MTJ；并且由于磁场的非局域性，邻近的存储单元容易出现误操作，因此这种 MRAM 的存储密度受到限制，只适合制造存储容量较小的存储器。后续，人们将技术重心转移到发展纯电流驱动的 MRAM 方面。

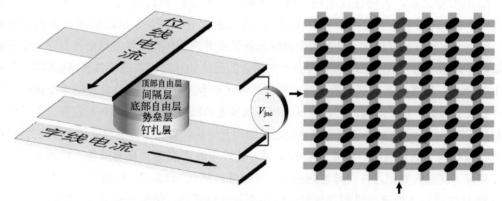

图 10-4　采用 Toggle 写入方式的 MRAM 存储单元结构及阵列布局

（2）自旋转移力矩效应磁随机存储器（STT-MRAM）　1996 年 J. C. Slonczewski[14] 和 L. Berger[15] 同期预言了一种被称为自旋转移矩（STT）的物理效应，并指出可以利用它翻转 MTJ 或自旋阀结构中的磁矩。当自旋中性的电流从参考层流向自由层时，普通电流经过自旋相关的散射作用，转化为自旋极化电流，自旋极化方向和参考层的磁矩方向相同。自旋极化的电子进入自由层后，与自由层内的局域磁矩发生相互作用，将电子自旋角动量以力矩的形式转移给自由层磁矩，驱动其磁矩发生翻转。这种力矩效应就是自旋转移力矩（Spin Transfer Torque，STT）效应。利用 MTJ 中电流的 STT 效应可以方便地实现磁矩翻转，因此很快被重点应用于 STT-MRAM 器件的研发之中[16]。利用这种方法进行写入操作的临界电流密度为

$10^6 \sim 10^7 \mathrm{A/cm^2}$ 量级，是一种高效的电学操控手段，并且由于写入电流直接穿过 MTJ，电流局域地作用于单个存储单元，这样完全避免了磁场驱动型 MRAM 的"半选干扰"问题，提高了器件可靠性。但是同时，由于进行写入操作的电压较高，使 MTJ 的势垒层面临较大的击穿风险，因此在循环寿命上目前还只能达到 $10^9 \sim 10^{12}$ 次。

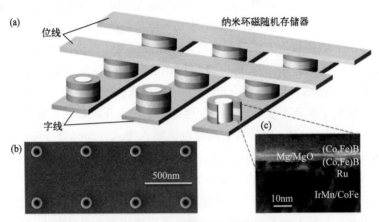

图 10-5 纳米环磁随机存储器的阵列结构和实际器件结构

（a）纳米环状磁随机存储器的阵列结构示意图；（b）由扫描电子显微镜与透射电子显微镜得到的实际器件结构，该 STT-MRAM 的磁电阻比值超过 100%，且可微缩至 100nm 以下；（c）MgO 隧道结核心区膜层结构的高分辨显微图像[17]

在 2010 年之前，人们往往采用具有面内磁各向异性的 MTJ 作为信息存储单元。但是在应用于 MRAM 中时，它存在一个缺点：随着工艺尺寸的减小，MTJ 的热稳定性显著降低。解决上述问题的方法之一是基于面内纳米环状或者椭圆环状磁性隧道结作为存储单元的磁随机存储器，因为磁矩在纳米环内会形成闭合的磁结构（涡旋态或者洋葱态磁结构），如图 10-5 所示，以提高其热稳定性和降低邻近器件的相互干扰[17, 18]。这些在纳米受限结构中的环状或者椭圆环状磁结构，可以通过形状各向异性和磁各向异性提高热稳定性。存储单元内部封闭的磁通，也能减小不同存储单元之间的相互干扰，有利于提高存储单元阵列的密度。而且在该结构中通过微磁学模拟和实验验证，翻转电流密度得到显著降低、翻转速度获得明显提高。同时具有面内各向异性的纳米环状或椭圆环状 MTJ，其 TMR 比值容易更高，而且这种 MTJ 的写入电流可以随器件尺寸缩小而等比例降低。例如在外直径 100nm、内直径 40nm 和壁宽 30nm 的 CoFeB/MgO/CoFeB 纳米环磁性隧道结中，室温 TMR 比值为 100% 以上、$RA=8\Omega\mu m^2$、$J_C=1.3\times10^6 \mathrm{A/cm^2}$、写能耗 $< 0.4\mathrm{pJ}$ @10ns[17]。纳米环状或椭圆环状 MTJ 结构简单且垂直方向上薄膜层数最少，这恰好符合半导体和微电子器件微缩的要求。与之匹配的半导体 CMOS 电路的晶体管尺寸也能做得更小，从而显著降低能耗和提高存储密度。因此纳米环和纳米椭圆环 STT-MRAM 是一种可行的 MRAM 技术实现路径。

由于具有垂直磁各向异性的材料可以在纳米尺度下仍然具有较高的磁各向异性场和热稳定性，从而避免了在薄膜的边缘形成涡旋态或进入超顺磁态，器件的尺寸可以被加工至更小，有利于进一步提高存储密度。因此采用垂直磁各向异性的 MTJ 结构被认为是构建高密度、低功耗的 STT-MRAM 的另外一种有效技术路径。2010 年，日本东北大学 H. Ohno 研究团队[19]

发现了一种由超薄 CoFeB 薄膜的界面垂直磁各向异性导致的核心结构为 Ta/CoFeB/MgO/CoFeB/Ta 的垂直磁化磁性隧道结（p-MTJ），可以在保持较高的 TMR 比值的同时，又有较高的热稳定性。

由于采用"1 晶体管 +1MTJ"设计（图 10-6），STT-MRAM 结构简单，集成度高，因此非常具有竞争力。2018 年，英特尔、三星、台积电等公司分别官方发布了他们正式量产 STT-MRAM 的信息。

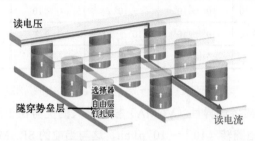

图 10-6　基于垂直磁各向异性 MTJ 的 p-STT-MRAM 结构

10.2　自旋量子材料与器件的研究进展和前沿动态

（1）自旋轨道力矩型磁随机存储器（SOT-MRAM）　磁随机存取存储器（MRAM）是一种新兴的高速、节能的非易失性存储器，它可以通过自旋转移转矩（STT）和自旋轨道转矩（SOT）两种技术途径实现。在 STT 方案中，自旋角动量从自旋极化电流转移到铁磁磁体的磁化强度上，从而实现磁随机存取存储器（MRAM），如果电流足够大，磁化方向就会改变。在该方案中，垂直于平面流动的大电流不可避免地对磁性隧道结（MTJ）的绝缘势垒施加强大的电应力，从而有可能导致势垒的不可逆损伤，并限制其耐久性。在 SOT 方案中（SOT-MRAM 核心单元如图 10-7 所示），写入电流只需经过 MTJ 的自旋流沟道层[20]，无需流经隧道结势垒层，因此 SOT-MRAM 这种读写分离的特点有利于提升隧道结的循环操作寿命（endurance）。而且与 STT 方案相比，SOT 方案使 MRAM 具有更快的速度和更长的续航时间。例如，基于垂直 MTJ 的 SOT-MRAM 相对于 STT-MRAM 而言，磁矩发生翻转的动力学行为大不相同，可以具有更快的写入速度，达到 0.1 ～ 1ns 的超快写入[21]。上述不同 MRAM 类型以及它们容量的变化如图 10-2 的技术路线图总结所示。而 MRAM 与其他经典成熟的存储

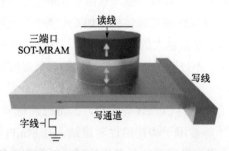

图 10-7　基于自旋轨道力矩效应的 SOT-MRAM 存储单元示意图[22]

器的特点比较见表 10-1。

表 10-1　几种传统存储器和新型磁随机存储器对比

项目	传统存储器				磁随机存储器		
类型	SRAM	DRAM	3D NAND Flash	eFlash (NOR)	Toggle-MRAM	STT-MRAM	SOT-MRAM
非易失性	否	否	是	是	是	是	是
写入时间 /ns	< 1	$1 \sim 10$	$10^5 \sim 10^6$	10^5	$1 \sim 10$	$1 \sim 100$	$0.1 \sim 10$
循环次数	无限次	无限次	$10^3 \sim 10^5$	$10^4 \sim 10^7$	无限次	$10^9 \sim 10^{12}$	无限次
写入能量	低	低	很高	低	高	低	低

（2）电压调控磁各向异性型磁随机存储器（VCMA-MRAM）　相比于 STT-MRAM 和 SOT-MRAM，电压调控磁各向异性（VCMA）技术最大的优势在于能实现已有的 MRAM 技术路线中最低能耗的磁矩翻转（$10^{-4} \sim 10^{-2}$pJ/bit，这与当前的 SRAM 处于相同的能耗量级）。这里 VCMA 是指通过栅压调节磁性金属 / 氧化物界面的垂直磁各向异性的效应。通过偏压对磁各向异性的调节以及对所施加的栅压进行严格的时序（$10 \sim 100$ps）控制，人们已经实现了磁性隧道结自由层磁矩的 180° 确定性翻转[23]。此外，电压调控磁各向异性的磁随机存储器 MeRAM 和 STT-MRAM 都是两端器件，MeRAM 不需要大电流的写入操作（无需匹配大尺寸的晶体管），所以在与 CMOS 集成的工程设计层面上，MeRAM 也可以把单元器件尺寸做得更小。此外，从非易失性存储单元的热稳定性考虑，在进行单元器件的大规模微缩制造时，与恒定翻转电流 STT-MRAM 比较，恒定翻转电压的 MeRAM 路线不需要很薄的势垒层，器件的使用寿命预计会更长。尽管 MeRAM 与 STT-MRAM 和 SOT-MRAM 相比在低能耗、高密度存储、超快写入时间上有诸多优势，但 MeRAM 目前在科学研究与实际应用层面依然远不如 STT-MRAM 和 SOT-MRAM 工艺技术成熟。其主要问题在于能与当前 TMR&MTJ 兼容的 VCMA 效应，其大小还达不到实际应用的要求（> 200fJ/Vm）且实现磁矩确定性翻转的时序控制条件较为苛刻，该技术路径还在持续发展中，开展相关研究工作的实验室包括日本 S. Yuasa 教授和美国 K. L. Wang 教授等许多研究组。

（3）磁性隧道结材料的新发展　虽然 CoFeB/MgO/CoFeB 材料已经成为磁随机存储器用磁性隧道结的主流结构，但是这并不妨碍学术界和工业界进一步探索新的磁性隧道结材料来实现更高的隧穿磁电阻比值和磁矩翻转的电调控功能。

在势垒层材料方面，MgO 还可以被一些与铁磁层晶格匹配更佳的尖晶石结构所代替，如 $MgAl_2O_4$ 等[24, 25]。甚至磁性或反铁磁绝缘体材料如 CrI_3 等[26] 已被用于构筑基于二维材料的磁性隧道结，且它们已展示了非常巨大的磁电阻比值。这些巨大的隧穿磁电阻效应来源于磁性势垒的自旋过滤隧穿效应。不过因为二维磁性材料的居里温度较低，因此此类磁性隧道结暂未达到室温应用的要求。

在磁性电极领域，除了常规的 CoFeB 等电极，二维磁性材料 Fe_3GeTe_2[27, 28] 甚至反铁磁材料 Mn_3Sn[29] 和 Mn_3Pt[30] 等被用于构建磁性隧道结，且 Mn_3Pt[30] 的反铁磁隧道结亦能展现约 100% 的室温磁电阻比值。采用反铁磁替代铁磁材料作为功能层，由于净磁矩为零，不会产生杂散场，本征频率高，抗外场干扰，有望大幅提高磁存储的密度、速度和数据稳定性。此外，一些具有所谓交错磁性（altermagnetism）的材料——电子结构沿特定波矢方向发生自旋劈裂的反铁磁材料也被预言能够呈现显著的隧穿磁电阻效应[31]。

在磁性隧道结结构方面，IBM 为了提高 STT 磁性隧道结的热稳定性和降低临界翻转电流密度，它们研发了具有双钉扎层的双势垒磁性隧道结结构[32]。为了提高磁性隧道结的 TMR 比值和更丰富的电压调控性质，基于第一性原理计算理论预言并实现了具有量子阱共振隧穿特性的双势垒单量子阱磁性隧道结和三势垒双量子共振隧穿磁性隧道结等性能优异的自旋共振隧穿二极管（Spin RTD）单元器件结构。这里需要强调，通过自旋量子共振效应可以极大地提高隧穿透射率和透射电子对能量的选择性，基于自旋量子共振隧穿特性研发的量子阱共振隧穿磁性隧道结不仅在理论上而且在实验上展现了很高的室温磁电阻比值，且该隧穿磁电阻效应还被偏压灵活调制，有利于它们在自旋多值逻辑和多态存储等器件中的潜在应用，如图 10-8 所示。

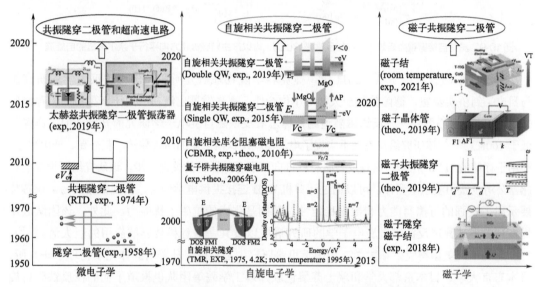

图 10-8　量子阱共振隧穿磁电阻（QW-TMR）效应（中）与经典的半导体共振隧穿二极管（左）和新型磁子共振隧穿晶体管（右）的实验结果和理论预测对比[40]

作为 SOT-MRAM 的核心结构，自旋流产生层的材料也在不断丰富和拓展中。除了经典的重金属材料如 Ta、W 和 Pt 等，某些低对称度的单晶材料（如 WTe_2 [33, 34]、Mn_3Ir [35]、Mn_2Au [36] 等）也被发现不仅具有可观的正常自旋霍尔效应，还能因为它们较低的晶体学对称性而产生额外的沿垂直方向极化的自旋流。同时，基于近期发现的非相对论性自旋劈裂力矩效应，自旋劈裂反铁磁（如 RuO_2 [37-39] 等）也可产生沿垂直方向极化的自旋流（图 10-9）。这些研究成果非常有益于垂直型 SOT-MRAM 在零磁场下的服役。

从以上自旋量子材料的最新进展可以发现，磁性隧道结作为 MRAM 器件的核心单元结构，虽然已经逐渐满足 STT-MRAM 器件大规模工业化应用的需求，但是为了进一步提高 MRAM 器件的寿命、能耗、容量、速度等方面的服役性能，针对其各部分（包括磁性电极材料、非磁势垒材料、磁性势垒材料、自旋流产生层材料、反铁磁材料）的创新设计、性能优化还在不断地研究和拓展中。自旋量子材料及其器件的研发正方兴未艾。

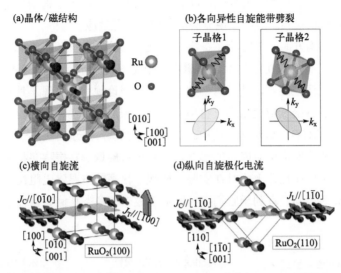

图 10-9　具有自旋劈裂力矩效应的共线反铁磁 RuO_2，可以产生自旋极化方向平行于奈尔矢量的自旋流[37]

（4）反铁磁自旋电子学　2011 年，捷克科学院物理研究所和英国诺丁汉大学的研究组与日立 - 剑桥实验室、德国美因茨大学等单位合作，率先发展出潜在应用于新型磁随机存储器（MRAM）的核心器件——反铁磁隧道结，标志着反铁磁自旋电子学研究的开始（但工作温度低于 100K）[41]。该研究组在室温下实现了电流驱动反铁磁磁矩的高效翻转，获得高、低电阻态，即用于存储的 "1""0" 信号，这是反铁磁材料推向信息存储器件的关键一步。该研究组所设立的传感器公司也做出演示型器件，可以通过计算机 USB 连接提供电学信号，实现数据读写。该芯片展示出了较强的可擦写能力和数据稳定性，特别是强大的抗磁干扰能力。此外，该团队近年以专刊的形式评述反铁磁自旋电子学的研究进展以及其在信息科技领域应用的巨大潜力[42]。

近几年，美国得克萨斯大学、德国于里希研究中心、德国马普所固体化学物理学研究所、日本东京大学、日本京都大学和瑞士苏黎世联邦理工学院等团队也报道了他们在反铁磁自旋材料和器件的重要研究进展，主要包括反铁磁材料的电子结构计算、反铁磁（亚铁磁）磁畴运动和光驱动反铁磁磁畴翻转等。德国美因茨大学和美国麻省理工学院研究组分别在反铁磁绝缘体中实现了长距离的自旋传输，为反铁磁自旋逻辑器件的实现奠定基础。美国加利福尼亚大学研究组和美国中佛罗里达大学研究组同期在实验上实现了反铁磁高频自旋泵浦，证实了反铁磁本征频率高的巨大优势。反铁磁总体的局面仍然是实验研究落后于理论预测，但是由于丰富的科学内涵和重要的应用前景，反铁磁自旋材料与器件已经成为近几年国际上磁学和自旋电子学领域关注的重点之一。

（5）拓扑自旋电子学　磁斯格明子研究的兴起源于两方面背景：第一，在纯基础科学研究方面，20 世纪 50 年代，海森堡等考虑高能物理中如何理解连续场模型里面存在可数的粒子问题。托尼·斯格明（T. Skyrme）于 1962 提出的拓扑孤子模型，构建了一类核物理中局域态，被命名为斯格明子[43]。后续类似的局域态在超导体、玻色 - 爱因斯坦凝聚及液晶中都找到了对等物。在磁性材料中，20 世纪 90 年代德国科学家 A. Bogdanov 及 A. Hubert 预言在一些非中心对称的磁性材料中，晶体结构对称性破缺会产生反对称交换相互作用，因而导致材料中形成一种磁涡旋结构，实际上就是磁斯格明子[44]。直到 2006 年，德国科学家 U. K. Rößler 等才第一次提出了磁性材料中斯格明子的概念[45]。最终，磁斯格明子在 2009 年被 C. Pfleiderer 采用中子实验证实[46]。因此从这个历史来看，磁斯格明子是高能物理中粒子概念在固体材料中的扩展，是小固体、大宇宙科学的一个典型代表。

在应用基础研究方面，磁斯格明子和磁存储技术密切相关。当前，全球约 80% 的数据都存在以硬盘为代表的磁存储介质上。硬盘具有存储密度极高、成本极低、但存在速度相对慢的问题。实际上，20 世纪 70 年代，和硬盘一起发展起来的还有一种利用梯度磁场来操控磁畴运动存储数据磁泡存储技术。该技术较硬盘速度会有很大的提升。但是随着硬盘几个关键技术的突破，磁泡存储被市场淘汰。但利用磁畴运动来存储数据的概念一直保留至今。20 世纪 90 年代自旋电子学基础研究的一个突破是利用自旋极化的电子操控磁结构的自旋转移力矩效应发现。这一物理现象在自旋电子学器件中有着广阔的应用前景，和磁硬盘相比，该磁存储器件具有结构简单、能量损耗低、速度快等一系列优点。2007 年，硬盘磁头的制造者 S. S. P. Parkin 教授提出了基于自旋转移矩效应的赛道存储器概念，即利用电流操控磁畴运动来实现数据存储[47]。2010 年，科学家发现驱动磁斯格明子运动的电流密度，相比于驱动传统的畴壁运动，至少要小 6 个数量级，这为制备极低能耗、快速响应器件提供了基础[48]。同时，磁斯格明子尺寸小，目前所发现磁斯格明子的最小尺寸为 3nm，相比磁硬盘，采用磁斯格明子为基本存储单元的存储器件存储密度原则上可以提高至少一至二个数量级。2013 年，2007 年诺贝尔物理学奖获得者、法国巴黎第十一大学阿尔伯特·费尔（A. Fert）教授专门在 *Nature Nanotechnology* 上以"步入存储轨道上的磁斯格明子（*Skyrmions on the track*）"为题，介绍磁斯格明子的研究价值[49]。后续研究又在磁性材料中发现了磁麦纫（magnetic meron）[50]、磁浮子（magnetic bobber）[51] 等多种新的拓扑磁结构，逐渐形成了拓扑磁电子学这一自旋电子学的一个重要分支。

拓扑磁电子学在过去 10 年获得了长足的发展，和器件构筑相关的多种功能特性已经获得了展示。但是电流诱导的新型拓扑态动力学行为的有效操控以及高效电学探测在实验上还尚未解决。同时，面向原型器件构筑的需求，具有综合优异性能的磁斯格明子材料还没有被发现，且在纳米结构中实现单个磁斯格明子的精确产生、运动及探测仍极具挑战。

（6）磁子自旋电子学　通过铁磁、亚铁磁、反铁磁金属或绝缘体中自旋晶格的元激发可以获得自旋波及其量子化基元 - 磁激子（简称磁子）。磁子（自旋波）像光子（光波）和声子（声波）一样具有波粒二象性，可以用来定向和长距离传输自旋信息。磁子由于电中性、无焦耳热问题从而能显著降低热能耗，可实现数据存储及非布尔逻辑运算等器件功能。从物理上理解磁子的激发机制、传播特性、探测和调控手段以及磁子与传导电子自旋等各种准粒子之间的相互转化等是新兴交叉学科"磁子自旋电子学"发展的物理驱动力。由于磁子可以在磁性绝缘体中传播，同时磁子的频率范围覆盖吉赫到太赫，因此基于磁子实现超低能耗信息处理和信息通信是其外在性需求。磁子存在多普勒效应和室温波色爱因斯坦凝聚现象，利用磁畴壁还可以实现自旋波偏振片和滤波片等自旋波偏振调控器件。诸如此类的磁子学新效应和新器件不断涌现，方兴未艾。

磁子自旋电子学的研究属于自旋电子学和磁子学的一个交叉学科。由于磁子的一些独特特性，如低能耗、非线性、与磁性纹理的相互调控等，磁子作为信息载体在新型逻辑计算、神经类脑计算乃至量子计算方面具有独特应用前景。

10.3 我国在自旋量子材料领域的学术地位及发展动态

我国在磁随机存储器及核心关键技术领域的研发方面处于国际并跑、部分领域领跑的状态。在高性能磁性隧道结性能优化方面，我国学者在 2007 年就已经优化出了室温 81%TMR 比值的非晶 Al_2O_3 基磁性隧道结，是该类非晶磁性隧道结 TMR 性能的最高值[9]。随后在第二类 STT-MRAM 中，我国学者早在 2005—2006 年就率先提出了纳米环和纳米椭圆环 STT-MRAM 的设计并完成实验验证。相比平面纳米椭圆形的器件单元，纳米环状的设计能够使磁力线在存储单元内部封闭，从而降低存储单元之间的相互作用和提高器件的热稳定性，有利于提高存储密度和存储寿命[18, 52]。随后 2009 年率先提出了包含自旋轨道力矩（SOT）产生层/磁性层结构和包含自旋轨道力矩产生层/磁性隧道结结构的 SOT-MRAM 基本单元的发明专利设计，并获得中国发明专利授权；随后这两种结构成为 SOT 基础研究以及 SOT-MRAM 器件开发的基本核心单元和基本架构[53]。此外我国学者还制备出并报道了可零磁场下工作具有 Y 型和 T 型磁结构的两种 SOT-MRAM 单元器件[54]，成为发展平面型和垂直型 SOT-MRAM 的两种主要技术路径。

在反铁磁隧道结领域，我国学者率先报道了室温约 100%TMR 比值的反铁磁磁性隧道结[30]；利用反铁磁材料产生 z 轴极化的纯自旋流零场翻转垂直磁矩[36]；甚至利用自旋轨道力矩成功调控了反铁磁材料的磁矩[55]。

在二维自旋电子材料的前沿研究领域，我国学者也率先制备出纯二维材料构成的磁性隧道结，实现了室温 85%、10K 温度 164% 的 TMR 比值[56]；实现了 SOT 驱动二维磁性材料的磁矩翻转[57] 或者利用二维材料产生的纯自旋流驱动传统金属薄膜磁矩的翻转[58] 等。

在新颖磁斯格明子材料——磁性拓扑结构材料中，我国学者也发表了一批有国际影响力的成果，在薄膜系统中实现了磁性斯格明子的可控产生、湮灭和调控[59]，为后续开发斯格明子器件提供了物理基础和操控手段等。

在新兴学科——磁子学材料、物理和器件研究领域，中国科学院物理研究团队在国际上较早采用 YIG 等磁性绝缘体以及与 CMOS 工艺相兼容的磁控溅射方法，并于 2015 年制备出了沿垂直方向层状堆叠的 Pt/YIG/Pt 磁子异质结，构成了电学调控的磁子发生器/探测器，实验观测到理论学者预测的磁子辅助电流拖拽（MECD）效应[60]。随后，2017—2018 年在 GGG 衬底上制备出了层状堆叠的磁子阀（如 YIG/Au/YIG、YIG/Pt/YIG）和磁子结（如 YIG/NiO/YIG、YIG/CoO/YIG），并率先发现了磁子阀效应（MVE）[61] 和磁子结效应（MJE）[62]，如图 10-10、图 10-11 所示。2020 年又在 YIG/NiO/YIG/Pt 磁子结中观测到了磁子非局域自旋霍尔磁电阻（MNSMR）效应等[63]。为发展磁子学开启了新材料与器件研发相互结合的新方向，并为后续研发基于磁子结和磁子晶体管的新一代磁子型器件与电路，奠定了具有原创性的中国自主知识产权及核心器件基础。

磁子阀和磁子阀效应

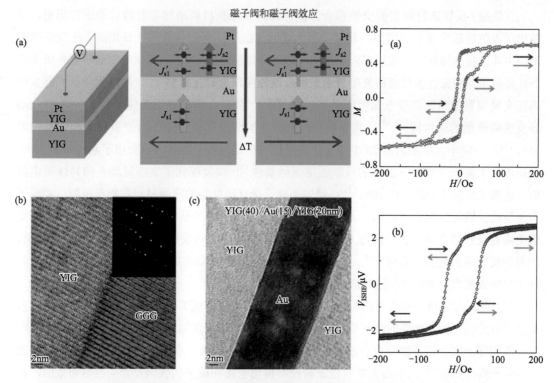

图 10-10　我国学者率先制备出基于磁性绝缘体为磁电极的新型磁子阀并观测到了室温磁子阀效应，
成为磁子型器件的核心元器件之一[61]

YIG/NiO/YIG磁子结和磁子结效应

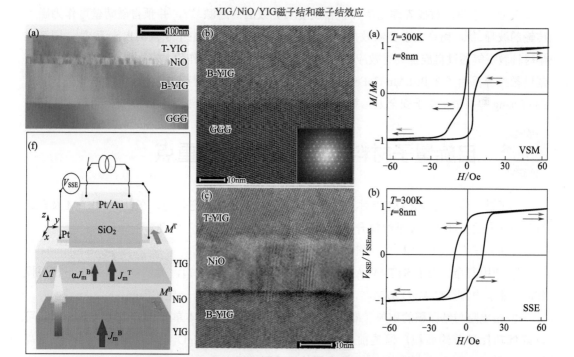

图 10-11　我国学者在国际上率先制备出基于磁性绝缘体为磁电极和间隔层的新型磁子结、
并观测到室温磁子结效应，成为磁子晶体管核心元器件[62]

在铁磁 / 反铁磁材料层间交换耦合方面，我国物理和材料研究者有较长的研究历史，并做出了出色的研究成果。例如，北京师范大学研究组通过第一性原理计算预测了在反铁磁自旋阀中通过自旋转移力矩效应可以实现电流驱动磁矩翻转[64]。中国科学院物理研究所研究组在铁磁隧道结和磁性多层膜研究中普遍采用反铁磁层作为钉扎材料[65]。同济大学研究组多年来在交换偏置的精细调控方面做出系列工作[66, 67]。复旦大学研究组系统解析了 NiO 和 CoO 等反铁磁薄膜的磁结构[68, 69]。北京航空航天大学研究组实现了电场调控多种非线性反铁磁材料[70, 71]。清华大学团队从 2011 年着手在反铁磁自旋材料与器件方面做出了系列研究工作，包括国际上第一个室温下工作的反铁磁隧道结器件[72]以及优化了室温隧道各向异性磁电阻值，达到文献报道的最高值 20%[73]；通过不同于捷克研究组的薄膜材料和物理机制，实现了电流驱动反铁磁磁矩高效翻转，大大扩展了能用于 MRAM 的反铁磁材料类型[74]；并率先实现电场对反铁磁金属中自旋轨道力矩的有效调控[55]；观察到反铁磁磁矩相关的自旋流现象，命名为反铁磁自旋霍尔效应[36]。清华大学团队还在一类新型的磁体——交错磁体 RuO_2 中发现了自旋劈裂力矩效应及其逆效应[37,75]。

近几年，成都电子科大严鹏教授等理论预言了磁子频率梳等磁子量子效应效应[76]，使自旋波可以应用于频率特性的精密测量。北航于海明教授等实现远距离的超短波长自旋波传输，保持着国际上实验相干激发自旋波的最短波长（50nm）记录，观测到具有超远衰减长度的磁子 - 磁子耦合效应[77]。中山大学姚道新教授等提出了拓扑磁子的爱因斯坦 - 德哈斯效应，设计了可以探测磁子的拓扑 - 力学 - 热学耦合装置，发现了低维磁性体系的"二重子""四重子"等新奇高能激发[78, 79]。清华大学宋成教授等研制出 $Fe_2O_3/Cr_2O_3/Fe_2O_3$ 反铁磁异质结新材料等[80]。复旦大学肖江教授等理论解释了自旋赛贝克效应的起源[81]，并预言磁畴壁可作为磁子传输的波导[82]。南京大学吴镝教授等基于通过反铁磁材料产生了超快的自旋流[83]。同济大学时钟教授等通过自旋赛贝克效应探测到了磁子和声子的耦合作用[84]。北京航空航天大学赵巍胜教授等报道了在 Pt/IrMn/CoFeB/MgO/CoFeB 隧道结中获得超过 80% 的 TMR[85]。Meng-Fan Chang 等报道了用于安全人工智能边缘设备的 CMOS 集成自旋电子学内存计算宏[86]等。

10.4 自旋量子材料关键问题与发展重点

为了进一步增强 MRAM 相对其他品类非易失性存储器的竞争力，在以下 MRAM 及自旋量子材料有关方面还需要继续提升。

（1）对于 STT-MRAM 的改进或者提升方向

① 使用寿命。由于 STT-MRAM 的写和读操作是同一个端口，为两端器件，在进行写操作时，驱动电流经过 MgO 势垒层，有击穿的风险，使用寿命有一定的限制。

② 结电阻与结面积的积矢（RA）优化。STT-MRAM 的基本单元 MTJ 在尺寸缩小时，可以降低功耗和节约面积，但是前提条件是 $RA < 10\Omega\mu m^2$，MgO 势垒层要薄，同时维持高 TMR 比值（> 150%），这对 MgO 势垒层的质量要求很高。

③ 写入时间。STT-MRAM 的写入时间一般在 10ns 左右，相比于 SRAM 要慢一个数量级

（1ns 左右），自由层的优化（减小阻尼系数）可以实现这一点。

④ 热稳定能（E_b）。STT-MRAM 稳定使用十年的前提条件是 E_b 要在 $60 \sim 100 k_B T$，其大小正比于体积，在尺寸缩小时，热稳定能不再满足要求，需要材料的优化提高磁各向异性能，例如：自由层插入 MgO 界面和增加自由层的厚度。

（2）对于 SOT-MRAM 的努力方向

① 使用面积。SOT-MRAM 与 STT-MRAM 不同，SOT-MRAM 的主要单元为三端型器件，读写分离，这不但对字线位线的设计提高了难度，而且单元使用面积较大，对容量的提升不利。

② 功耗。SOT-MRAM 的写操作主要依赖于重金属层（Pt、Ta、W 等）将电流转化为自旋流，进而驱动磁矩的翻转，自旋流的转化效率可以用自旋霍尔角来描述，Pt/Ta/W 自旋霍尔角大概为 $0.1 \sim 0.4$，寻找具有大的自旋霍尔角材料可以降低使用功耗。

③ 零磁场。对于核心单元为垂直 MTJ 的 SOT-MRAM，零磁场下纯电流写入 0 和 1 具有较大难度，替代偏置磁场的方案有很多，基本上处于实验室研制层次。例如利用层间耦合、引入额外的铁磁层等，这些方案对于 MTJ 的薄膜结构及加工具有很高要求。现阶段已报道的纯 SOT 型 MTJ 结构及技术路线见表 10-2。

④ 刻蚀。SOT-MRAM 的底层核心重金属层厚度一般为 $3 \sim 4nm$，在 MTJ 的加工中，需要精准控制刻蚀厚度，刻蚀需要停止在重金属层内，误差容限非常小，对刻蚀工艺要求很高。

表 10-2 典型纯 SOT 驱动型 – 磁性隧道结结构以及实现其翻转的技术路径总结

年份	Inst./Comp.	SOT 翻转类型 / 磁结构	文献
2009	IOPCAS	Y 型；平面磁化	Chen J, Han X F, et al. ZL200910076048.X
2012	Cornell Univ	Y 型；平面磁化	Liu L, et al. Science, 336 (2012) 555
2015	IOPCAS	T 型；垂直 + 平面耦合	Zhang X, Wan C H, Han X F, et al. CN201510574526.5
2016	Tohoku Univ	X 型；平面磁化	Fukami S , et al. Nat. Nanotech, 11 (2016) 621
2017	Toshiba	Y 型 + 压控各向异性；平面磁化	Inokuchi T. et al. APL 110 (2017) 252404
2019	Toshiba	Y 型 + 压控各向异性；平面磁化	Inokuchi T. et al. APL, 114 (2019) 192404
2018	ITRI, Taiwan	Y 型；平面磁化	Rahaman, et al. IEEE Elec. Dev. Lett. 39 (2018) 1306
2018	IMEC	Z 型；垂直磁化	Garello K, et al. IEEE Symp. on VLSI Circuits
2019	IMEC	Z 型 + 永磁偏置；垂直磁化	Garello K, et al. 2019 IEEE Symp. on VLSI Circuits
2019	Tohoku Univ	Y 型；平面磁化 + 易轴偏置	Honjo H, et al. IEDM (2019) 657-660
2020	IOPCAS	T 型；垂直磁化	Kong W, CHW, XFH, et al. APL 116 (2020) 162401
2021	IOPCAS	Y 型；平面磁化	Zhao M, CHW, XFH et al. APL 120 (2022) 182405
2023	IMEC	T 型；垂直磁化	K Cai, et al. IEEE IEDM (2022) pp. 36-2

（3）对于 VCMA-MRAM 的努力方向

① 面内 MTJ。一种 VCMA-MRAM 的策略是 VCMA 辅助的 SOT-MRAM 设计，这类器件使用面内磁各向异性型的 SOT-MRAM 单元作为基本存储单元，并通过电压调控磁各向异性来选择 SOT 所能操控的存储单元。因此这类 VMCA-SOT-MRAM 没有了零磁场翻转的问题，但是面内 MTJ 相对于垂直 MTJ，翻转速度相对较慢，而且需要利用面内形状各向异性引入易轴，单元面积占比较大。

② 电压调控材料优化。VCMA 主要是利用电压调控自由层与 MgO 界面的磁各向异性能，电压调控系数大的材料有利于降低功耗。

③ 时序控制。纯 VCMA-MRAM 需要利用 100ps 量级甚至以下脉宽的超短脉冲来实现磁矩的确定性翻转；如果时序控制不严格，翻转可能不能发生，至少不能以足够的概率精度发生。这对于存储器应用而言，是难以接受的。如何降低 VCMA-MRAM 器件对于时序控制高精度的要求也是这个方向需要努力解决的问题。

（4）反铁磁自旋电子学的挑战与解决思路　目前反铁磁自旋电子学研究的主要挑战有三个方面。

① 室温磁电阻值还太小，清华大学团队报道的反铁磁隧道结 TMR 比值也只有 20%，距离要用于自旋信息存储所需要的反铁磁隧道结 TMR 比值 100% 以上还有明显的差距。可见，需要进一步优化材料或者寻找新的材料体系，使反铁磁磁矩翻转能产生较大的磁电阻效应。

② 翻转反铁磁的电流密度（功耗）还较高，目前为 $10^7 A/cm^2$ 量级，再降一个量级才可以跟目前已经产业化了的 STT&SOT-MRAM 的情况持平，进一步达到 $10^5 A/cm^2$ 量级，这样才具备跟微电子工业广泛兼容的基础。

③ 需要构造电学操控的反铁磁隧道结，即由反铁磁的自旋轨道耦合效应写入自旋信息，由反铁磁磁电阻效应读出自旋信息。

解决好以上挑战，反铁磁有望展示其在新型高密度存储方面的巨大潜力。目前信息工业用到的主流存储器都是由美国、日本、韩国制造，例如，美国希捷和西部数据的磁硬盘，美国金士顿的内存、美/日/韩三足鼎立的U盘。不同的是，反铁磁随机存储器作为新生事物，现在仍处于研发的初始阶段。我国学者的研究基础并没有明显落后于国际水平，并不乏研究亮点和创新性研究成果，为研发反铁磁存储器奠定了基础。将来研发出反铁磁基高速、高密度、低功耗和高数据稳定性的反铁磁存储器以及高频、高数据稳定性的太赫兹器件，将推动我国有自主知识产权的非易失性存储芯片和防范重大电磁威胁的高频电子器件的发展。

（5）拓扑磁电子学的挑战与解决思路　在拓扑磁电子学方面主要存在以下三个挑战。

① 新型拓扑磁结构电流调控规律实际情况未知。目前，电流对新发现多种拓扑磁结构的影响仅停留在理论层面，预期新发现的拓扑磁结构在电流作用下的动力学将不同于磁斯格明子。因此，探究拓扑磁结构在电流驱动下的产生、运动等规律，对于构筑基于拓扑磁结构原型器件具有重要意义。

② 缺乏综合性能优异的拓扑磁性材料。以磁斯格明子为例，其作为数据载体的优势在于其尺寸小，稳定性高，易于电流操控。但是，这些优点是在不同材料中体现的。例如，金属 MnGe 磁性材料中最小磁斯格明子尺寸可达 3nm，但是其存在的温度低于 170K，无法用于室

温器件构筑；金属 CoZnMn 磁性材料具有室温稳定性，但磁斯格明子尺寸大于 100nm，不利于构建高密度数据存储器；人工磁性 / 重金属薄膜体系存在室温稳定的磁斯格明子，且可以通过电流诱导磁斯格明子的产生、运动与探测，但薄膜本身存在缺陷较多、钉扎严重等实际问题，导致驱动磁斯格明子所需要的电流密度和驱动传统磁畴运动的电流密度相比并没有优势，仍有待进一步优化。

③ 单个拓扑磁结构精确可控产生、运动及高频探测还未实现。我们仍以斯格明子为例，器件要实现高密度、高稳定性及易操控，原则上要求磁斯格明子具有小的尺寸，材料具有高的居里温度及强的磁电耦合特性。同时，数据的读写及传输需要精确可控地产生、操控单个磁斯格明子。但是，由于热扰动及材料杂质导致的钉扎效应，目前磁斯格明子的操控均存在随机性问题。另外，数据读取需要把磁信号转化成电信号，高速存储器要求读取速度在纳秒量级。但是，目前还没有在纳秒脉冲范围实现信号的读取。

总的来说，拓扑磁电子器件构筑工作量庞大，器件所要求的数据读写、传输及探测功能还有待进一步优化。

（6）磁子自旋电子学的挑战与解决思路　这一方面的挑战包括：实现超短波长自旋波的激发；利用反铁磁的高频特征实现新型可调控太赫兹源；利用磁畴壁实现对反铁磁自旋波偏振的探测与调控，以及自旋波与磁性纹理的交互调控。

关于超短波长自旋波激发，可采用小尺寸超晶格结构辅助，或采用参数激发方式实现，目标是实现纳米级波长自旋波的激发；反铁磁中自旋波通常具有较高频率，可达几百吉赫甚至太赫，可利用自旋流激发反铁磁自旋波实现可调控的稳定太赫兹源；利用磁畴壁对自旋波的导引作用实现磁性纹理对自旋波走向的调控，并且可利用磁性纳米线中磁畴壁对自旋波的偏振进行调控。如何有效利用反铁磁的高频优势实现新型太赫兹源可辐射许多其他需要太赫兹的研究领域，属于优先发展领域方向。

（7）自旋量子材料性能上的提升　从自旋量子材料的角度切入，为了克服以上的问题，作者团队需要进一步提升自旋量子材料如下方面的性能。

① 高自旋极化度和居里温度的二维磁性金属材料和二维磁性 / 反铁磁绝缘体材料，用于提高磁性隧道结的隧穿磁电阻效应或者借助自旋过滤特性，实现超高的隧穿磁电阻比值。

② 具有超高自旋流 - 电荷流转化能力的新材料，用于降低磁矩操控的临界电流密度和提高读写能量效率。

③ 强垂直磁各向异性材料，用于提高存储单元的热稳定性。

（8）自旋量子器件的应用开发

① 磁随机存储器。作为自旋电子的主流应用领域，STT-MRAM 可适用于独立式随机存储器，其容量有望覆盖 1MB ～ 100GB 的范围。SOT-MRAM 作为高速随机存储器的典型，可以应用于各级缓存或者寄存器中。

② 真随机数发生器。自旋动力学过程深受热的影响，使其翻转概率与温度和触发条件高度相关。自旋电子器件的这种特性对于存储器而言，应该尽量规避；但是对于随机数发生器等应用[87]而言，这种随机翻转的现象反而可以被利用，甚至用于开发一些独特算法的高效硬件加速器。例如低热稳定因子的磁性隧道结已经被用于开发 Ising 模型或组合优化问题的硬

件求解器[88]等。这方面的研究刚刚起步，还值得且需要关注。

③ 自旋纳米振荡器。STT 或者 SOT 还能驱动磁性隧道结自由层的进动，从而使隧道结成为一种潜在的微波纳米振荡器或者微波探测器。因为其较小的尺寸、灵活可控的谐振频率、与 CMOS 工艺兼容，STT-MTJ 和 SOT-MTJ 是微波纳米振荡器和探测器的优良候选材料与器件。

（9）新兴交叉学科——磁子学及新型磁子材料与器件的研发　自旋量子器件虽然借助电子自旋来存储、处理和读写信息，但在这些过程中，因为电子自旋和电子电荷属性的耦联，自旋信息的存储、交换、处理还有赖于电流的承载，这势必引起器件的焦耳热损耗，且伴随着器件小型化、器件密度的提升，该问题逐渐变得严重。而磁子器件，利用局域电子自旋的一致相干旋进——自旋波而不是流动的电子来传输和处理自旋角动量信息，因此有望开发出超低能耗的新型磁子器件。正是因为磁子与电子电荷的脱耦，导致磁子的激发、探测和调控的难度也相应地增加。这些问题也正是磁子学研究正在集中攻关的问题。磁子学发展过程中的部分主要节点成果如图 10-3 右侧一栏所示。

① 高质量磁性绝缘体和反铁磁绝缘体。预测、研制和优化具有低磁阻尼因子、宽域可调磁各向异性、高饱和磁化强度的磁性绝缘体和反铁磁绝缘体材料等，如 $Y_3Fe_5O_{12}$ (YIG) 等石榴石及同类和相似材料。

② 高效率自旋 - 磁子交互转化的异质结。能够实现磁子 - 自旋或者磁子流 - 自旋流相互转化的磁性绝缘体 / 自旋流探测层有机构成的异质结材料，如 YIG/Pt 等。

③ 高质量磁子调制用磁子异质结器件。能够通过磁结构或者外加物理场——磁场、电场、应力场、电流等高效调控磁子传输的磁子异质结结构，如磁子阀、磁子结、磁子晶体管等原理型器件等。

10.5　自旋量子材料与器件的展望与未来

目前美国、日本、韩国等国家、中国台湾地区在 MRAM 工业化生产与升级、市场的开拓、专利申请以及相关的下一代 MRAM 工业应用基础研究方面处于相对领先位置。但值得注意的是，中国大陆地区目前与上述最先进的研究机构、生产制造商具有相比 CMOS 电路更小的差距（在基础研究上甚至有若干领先之处）。而当前主流的 MRAM 工艺是集成在 CMOS 前端芯片之上的。利用中芯国际相对成熟的 22nm 和 28nm CMOS 加工工艺，作者团队有可能直接达到与当前最先进的 MARM（约 22nm）相对应的竞争目标。当前我国面临严峻的来自某些西方国家对高新科技输入的遏制形势以及新一代 5G 甚至 6G 通信、物联网、人工智能等新兴技术（这些技术都需要超低功耗的非易失性存储部件）的发展压力。而以 MARM 存储器为代表的独立自主研发、生产将是一个非常有希望的"中国智造"突破口。

作者团队建议在以下几个方面协同发展。

生产上，以 STT-MRAM 为基础发展与 300mm CMOS 硅工艺兼容的存储器，例如首先从无到有地发展从 256Mb 到 16Gb 的 STT-MRAM，并进一步在良品率、器件功耗、使用寿命等上不断优化改善相关条件，一方面确保特殊领域的要求（例如航空航天和人工智能等关键领域），另一方面不断提高产品本身的市场竞争力，并为下一代 MRAM 奠定工业基础。在此阶段，需要具有存储器开发和生产经验的芯片厂商及时介入芯片的制备工艺开发。

基础研究上，加强以 SOT-MRAM 和电压调控型 MRAM 为目标的物理、材料、器件设计相关方面的研究及专利申请和成果转化。寻求可能更高效的对隧道结自由层的调控机制（如无电流的电场型调控）甚至是在 MgO-MTJ 之外的其他类型自旋存储器技术等，为 MRAM 寻找新的发展技术路线。

MRAM 应用生态链的完备发展，包括相关原材料、生产设备的共同研发，芯片集成电路设计、软硬件兼容、稳定市场的开拓和有效反馈、新技术、产品的升级，专利布局、人才培养、产 - 学 - 研协同等各个方面。

近 30 年自旋电子学和磁子学及自旋存储器、自旋传感器、自旋逻辑、自旋纳米振荡器、自旋微波探测器、自旋随机数字发生器、自旋共振隧穿二极管和自旋发光二极管等各种自旋原型器件的研究与发展，为当代信息科技领域带来了百年一遇的发展机遇。GMR 和 TMR 磁读头和磁硬盘（HDD）技术在过去 30 年时间里，两次实现了高密度磁信息存储技术的更新换代，已经连续创造了 20 多年每年直接产值 300 亿～ 400 亿美元的市场，显著推动了计算机、互联网及物联网等大数据信息科学技术的发展。如果未来 5 ～ 10 年容量为 256Mbit ～ 16Gbit 的 STT-MRAM 或 SOT-MRAM 等自旋芯片能够大规模商业化和量产，其产值预计可为当前国际上高密度磁硬盘（HDD）产值的两倍以上，其产业规模每年可达 600 亿～ 900 亿美元或更高，直接研发和相关生产企业就业规模可达数千人和数万人以上，间接工业和民用企业的相关产品或系统的就业规模更大，其经济价值和社会影响力巨大。

因此，当前通过产 - 学 - 研政结合，大力加强和推动磁随机存储器 MRAM 等自旋量子材料与器件的研发和成果转移转化，尽早实现自旋存储芯片的"中国智造"，不仅有望解决中国过去长期存在的"缺芯少核"瓶颈问题，还能够真正助力中国实现自主创新、产业升级、可持续发展和富民强国的战略目标。

参考文献

 作者简介

韩秀峰，中国科学院物理所研究员，国家杰出青年科学基金获得者和基金委自旋电子学创新研究群体项目学术带头人，科技部国家重大科学研究计划（纳米计划）磁存储与逻辑器件项目首席科学家，入选"新世纪百千万人才工程"。现任国际学术期刊 *JMMM* 副主编、*SPIN*、*Sensors* 等杂志编委。发表 SCI 学术论文 500 篇；获中国发明和国际专利授权 110 项；国际学术会议邀请报告 70 余次；主编《自旋电子学导论》。2013 年获北京市科学技术一等奖，2018 年获亚洲磁学联盟奖（AUMS Award，2018 年）。主要从事磁学、自旋电子学和磁子学的材料、物理与器件研究。提出、发现或实验观测到磁子阀（MVE）和磁子结（MJE）等 10 种新奇自旋或磁子量子效应；研制出室温自旋共振隧穿二极管、纳米环和纳米椭圆环自旋转移力矩驱动型磁随机存储器（STT-MRAM）、Y 型和 T 型自旋轨道力矩驱动型磁随机存储器（SOT-MRAM）以及非易失多功能可编程存算一体 SOT 自旋逻辑等 10 余种新型自旋电子学原型或演示器件等；为发展基于自旋信息的产生、输运、存储和处理等新一代先进信息科学技术，奠定了核心元件、芯片技术及器件物理基础。

万蔡华，中国科学院物理所副研究员，主要从事自旋电子学领域的研究工作，研究兴趣主要集中在自旋轨道电子学、自旋热电子学和磁子学等凝聚态磁学领域以及磁随机存储器、自旋逻辑等自旋电子器件研发领域，发表相关 SCI 论文 100 余篇，申请和获得中国发明专利 6 项，授权美国发明专利 1 项，获得中国科学院青年创新促进会项目资助。现已承担自然科学基金项目两项，以项目骨干参与科技部国家重点研发项目三项。

宋成，清华大学长聘教授，国家杰出青年科学基金获得者和"长江学者奖励计划"青年学者。研究方向为信息功能材料，主要包括自旋电子学材料、声表面波滤波器和磁声耦合器件。在 *Nature Materials* 和 *Nature Electronics* 等期刊发表学术论文 200 余篇，论文被引用 1.2 万余次。曾获两项国家科技奖励、五项省部级科技奖励和全国首届"卓越青年研究生导师奖励基金"。兼任中国材料研究学会常务理事 / 青委会主任、中国真空学会理事 / 薄膜专委会副主任。

第 11 章

柔性电子材料与器件

李润伟　朱小健　尚　杰　高润升

11.1 柔性电子材料与器件研究背景

众所周知，现今的互联网乃至物联网的发展，在很大程度上依赖于各种电子信息器件和集成电路技术的快速进步。随着人工智能和可穿戴设备的发展，对适合各种不规则形状的功能集成信息器件提出了可柔性化的发展需求。但刚性的衬底和电子元器件不可避免地制约了集成电路芯片的柔韧性、延展性乃至其功能的灵活性和应用范围。因而，从功能集成的角度，最近学术界提出了超越传统摩尔定律的思路（图 11-1），即通过发展非硅电子器件、光电器件、磁电器件以及柔性电子器件等方式实现半导体元件的功能化、多样化乃至个性化，以继续推进电子技术的快速发展[1]。其中，柔性电子材料及器件因具有优异的形变能力、大面积制备的潜力以及在同一平面上实现多种信息功能集成的能力，可以进一步将集成电路的应用领域从信息处理拓展到生物传感和人机交互等方面，成为有望给人类生活带来革命性变化的新技术。

柔性电子的发展可追溯至 20 世纪 60 年代，英国皇家空军研究院首次通过减薄单晶硅晶圆的方式来提高太阳能电池的有效功率 / 重量比，并将其组装在塑料衬底上获得了世界上第一块用于星际卫星的柔性太阳能电池阵列，其厚度约为 100μm[2,3]。这一开创性的工作不仅表明任何薄质的物体均具有天然的柔性，也标志着柔性电子的出现。目前，美国、欧盟各国、日本和韩国纷纷启动了重大的柔性电子研究计划。美国早在 2015 年就成立了柔性混合电子学制造中心（FHEMII），由美国国防部牵头组建，旨在通过柔性集成方法将多种柔性智能感知器件与智能装备融合。而欧盟的第七框架计划作为当今世界最大的官方重大科技合作计划也启动了以柔性电子为重点研究对象的柔性电子（flexible electronics）项目群。日本也成立了先进印刷电子技术研发联盟，重点发展印刷与柔性电子材料与工艺关键技术。近年来，我国政府也高度重视柔

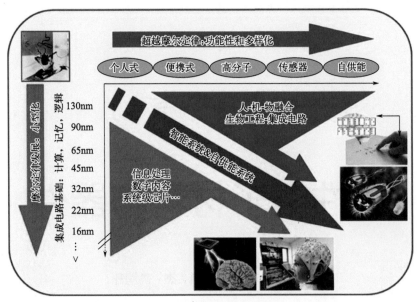

图 11-1　未来信息技术发展趋势[1]

性电子领域的发展，尤其是柔性电子和柔性智能感知技术在广泛应用方面展现的巨大潜力，是未来智能化可穿戴装备的重要单元，预测到 2030 年市场规模将达到万亿级别。该技术将是实现下一代智能人形机器人、人机融合、柔性脑机接口的关键核心技术，是医疗健康诊疗系统发展趋势，也为智能汽车和智能织物等战略性新兴产业领域带来机遇，将推动材料科学、信息科学、力学、物理化学、智能制造和人工智能等领域的创新研究，因此具有重大战略意义。

11.2　柔性电子材料与器件的研究进展

11.2.1　柔性电子材料与器件概览

柔性电子也称印刷电子（printed electronics）、生物电子（bio-electronics）、有机电子（organic electronics）、塑料电子（plastic electronics）等，是一类以可弯曲或可延伸的基板为衬底的新兴电子技术。主要将电子显示器、发光二极管（Light Emitting Diode，LED）照明、射频识别（Radio Frequency Identification，RFID）标签、薄膜太阳能电池板、可充电电池以及各类传感器和存储器等有源或无源的电子器件制作在柔性基板上，以实现功能化的场景应用。柔性电子不仅注重器件的电路芯片集成度和计算性能的提高，还因其独特的柔性和延展性可保证电子产品在弯曲、卷曲、折叠、压缩拉伸以及其他不规则形变情况下稳定工作，在信息通信、能源、医疗健康以及国防等领域具有广泛的应用前景。柔性电子的发展主要以应用为驱动，并带动了柔性基板/衬底、功能材料、导电材料等，以及转印、凸/凹版印刷、丝网印刷、纳米压印、喷墨打印和软刻蚀等批次处理及卷对卷制造工艺的快速发展。

大面积的电子器件主要由四大部分组成，分别为衬底、电子元件、电极和互联导体以及封装层[4]，而柔性电子器件在上述组成的基础上要求所有部件均需在具备一定形变情况下仍保持特定功能。首先，作为基板材料，柔性衬底不仅要具有传统刚性基板绝缘性好且价格低廉的特点，还要兼具轻、薄、软等优点，从而保证在复杂的机械形变下保持稳定的电学特性而不发生屈服、疲劳和断裂等，对材料和器件的柔韧性和延展性提出了更高的要求。其次，柔性电子材料和元件作为集成电路不可或缺的组成部分，目前主要是由有机半导体、无机半导体甚至有机 - 无机杂化材料等各种功能材料在柔性衬底上构成的电阻、电感、电容、晶体管、LED 等元件，分为背板电子元件（backplane electronics）和面板电子元件（frontplane electronics），从而实现信息的采集、转换和传递等功能。然后，由于柔性电子器件和柔性电路通常会发生较大的形变，电极和互联导体扮演集成电路中各个有机组成部分连接起来的关键角色，主要由导电氧化物、金属以及有机导电高分子材料构成，实现柔性框架的搭建。最后，为了保护柔性电子器件不受环境中水氧、灰尘等的侵蚀和影响，需要使用封装层将整个电路封装起来。除承担保护器件的作用外，柔性封装层还被要求能有效降低形变过程中电路所承受的应力，并抑制电路与柔性衬底潜在的机械接触稳定性问题，为整个器件的稳定性提供保障。

目前，发展柔性电子器件主要有两种基本方法：

① 通过转印工艺将制备好的器件或完整电路结构转移并固定到柔性衬底上。在转移 - 固定技术中，首先需要在硅晶元或玻璃板母衬底上制备整个电极结构，然后再将其转移或通过流动自组装的方式安装在柔性衬底上[5-7]。该方法局限性较大，主要表现在表面覆盖率低、成本高等方面，因而限制了其在多方面的应用。

② 在柔性衬底上直接制备电子器件和电路。该工艺可有效提高电路结构的集成密度，大幅优化柔性电子设备的性能，但柔性衬底和平面硅基半导体的微纳加工工艺不兼容性是亟待解决的问题。有鉴于此，多晶或非晶的半导体材料被更多地采用，新的加工工艺也在进一步发展，从而实现柔性异质衬底上电子器件的可控制备。由于在柔性衬底上直接制备电子器件更加直接、新颖且适于大面积制备，因此成为相关领域的研究热点，并已陆续发展出印刷刻蚀模板法、增材制造法以及局域化学反应法等多种制备新技术。

11.2.2 柔性电子材料与器件的发展现状

当前，柔性电子技术涉及研究领域已非常广泛，应用场景从显示、存储传感，向光伏与储能、公共安全等领域拓展。尤其是在传感与探测、医疗与健康、显示与照明、逻辑与存储等方面的应用与深入探究，将助力柔性电子材料与器件领域的蓬勃发展，并推动其他核心科技的转化与多种应用的落地。从全球市场发展角度看，欧美国家凭借在柔性电子领域的先发优势、技术积累及制造工艺等方面的储备，仍处于全球领先地位。亚太地区凭借庞大的市场需求和资金投入，推动了相关基础研究和企业应用的高速发展，成为柔性电子市场迅猛发展的地区。2023 年被认为是柔性电子技术高速发展的元年，其市场规模约为 340 亿美元。近期我国发布的《2023 柔性电子产业发展白皮书》预测显示，柔性电子产业规模将在 5 年内以预计 20.4% 的年复合增长率呈现高增长态势，于 2028 年达到 3000 亿美元。值得注意的是，柔性电子领域的市场集中度仍然偏低。主要是由于柔性电子技术具有多学科交叉融合的特点，其涉及领域非常广泛，技术升级迭代迅速，企业开发仍处于发展阶段。未来随着各类柔性电子技术企业不断发展，将给市场带来激烈竞争，同时也创造出巨大的发展机会。

目前柔性电子根据不同领域的需求已经发展出各式各样的柔性器件，包括柔性储能电池和柔性电子显示等，其中传感器作为电子器件中应用最广泛的一类元器件，以物理化学及生物等各种规律或者效应为基础，通过敏感元件和转换元件将难以测量但可以直接感受的物理量转化为适用于测量的电信号，从而实现磁场、应力、环境、光照以及位移等物理量的感知、获取与检测[8]。柔性传感器不仅拥有传统传感器的基本功能，还兼具优异的机械柔韧性、可拉伸性和形变保持能力等特点，能够在各种形状的复杂表面甚至机械形变情况下进行测量，可广泛应用于日常生活、工业生产和科学研究中，完成各种接触式或无损式的信息采集、传输和处理，是未来柔性电子材料与器件领域发展的重点方向和趋势。目前欧美企业已经形成了一定的发展规模，而国内随着近几年的不断探索，相关领域也涌现出了众多的优秀企业，在柔性传感器件的研究和生产方面走在了国内发展的前列。

11.2.3 柔性电子材料与器件的研究挑战

柔性电子材料与器件经过多年的研究和发展已经取得了长足的进步，但距离大规模日常化应用仍存在着诸多的研究挑战，概括总结为以下主要方面：

① 形变能力问题。柔性电子器件需要在复杂力场、电磁场、温度场等多物理场下保持其性能稳定地工作。应力/应变导致柔性电子元件（如电阻、电容、电感等）形状变化，会导致参数不稳定。

② 疲劳寿命问题。因多次、长时间的形变，柔性电子器件中的材料疲劳、界面疲劳、环境因素导致器件的综合性能逐渐下降。

③ 界面连接稳定性问题。不同材料杨氏模量不匹配，应力和应变响应不同，连接界面处应力集中易受破坏。

④ 加工制备和集成工艺问题。高密度集成电子系统需通过层间过孔结构实现层间通信，而柔性衬底的孔洞结构易引发应力集中，在拉伸形变下首先发生破裂。柔性衬底与光刻胶的模量，热膨胀系数难以匹配，且衬底在刻蚀过程中难以保持自身形状，无法适用于成熟的硅基刻蚀工艺获得高深宽比图案。

⑤ 环境参数设置问题。柔性电子器件的实际应用情况可能受温度、湿度、光照等众多物理量的影响，存在形变复杂、场景复杂、多维度动态检测难题，使器件在参数设置方面面临的技术挑战。

11.3 我国在柔性电子材料与器件领域的学术地位及发展动态

技术发展前期，我国在该领域起步总体较晚，在关键材料、关键装备量产、核心技术及专利上虽然努力追赶，但国外厂商已经形成较强的专利布局和产业链分工，国内材料及设备厂商在整个产业链中仍然受制于人。经过多年的发展，目前柔性电子产业规模在全球具有举足轻重的地位，随着国家政策的扶持和重视，已形成一大批拥有自主知识产权的技术累积，并在部分基础研究领域呈现出领先的趋势。总的来说，我国在柔性电子材料和器件领域已经积累了丰富的研究经验，取得了重要的研究成果，跨学科的合作也推动了材料、信息科学、力学、物理化学、智能制造和人工智能等众多学科领域的创新研究，未来该领域也继续需要更多系统性的研究来解决产业和关键应用领域的挑战。随着我国柔性传感器领域的基础研究工作论文发表和专利申请数量逐年增加，众多的研究院所、高校、企业单位都做出了许多优秀的研究成果，推进了柔性电子材料与传感器领域极大发展。下面将简要叙述我国研究团队在该领域部分代表性研究工作。

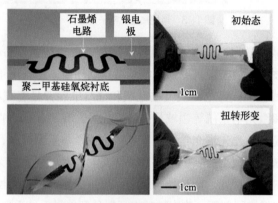

图 11-2　柔性石墨烯导电材料和电路[9]

柔性导电材料作为柔性电子传感器件最基础的单元（图 11-2），是搭建整个框架至关重要的一部分。在此研究领域，南京理工大学曾海波研究团队通过简单地加热金属 - 有机前体的混合物，合成了多种透明导电氧化物纳米晶体油墨[10]，这些油墨可以用于组装全溶液处理光电的高性能电极。形成的纳米晶体导电材料具有高结晶度，均匀的形貌，单分散性和高油墨稳定性，并具有有效的掺杂特性。同时，国家纳米科学中心智林杰研究团队开发了一种策略——将棒涂技术和室温还原氧化石墨烯相结合，以可控的方式直接在柔性基板上大规模制造还原氧化石墨烯薄膜[11]。所制备的薄膜在触摸屏中显示出极好的均匀性，良好的透明度和导电性以及极大的柔韧性，该导电材料的片层电阻均匀性符合预期，在 $100cm^2$ 范围内的标准偏差仅为 $3.7\% \sim 9.8\%$。

随着综合传感应用技术逐渐向集成化、多功能化、智能化的趋势发展，柔性传感器件在功能密度、集成方式、功能维度等方面亟待进一步发展（图 11-3）。电子科技大学林媛教授领导的研究团队通过在弹性体上转移印刷预先设计可拉伸的电路，并使用激光烧蚀和受控焊接来逐层构建垂直互联通道，在可拉伸基材上实现了更高的集成密度并可添加新的功能，这在传统单层设计上是难以实现的。这个工程框架创建了一个可扩展的人机界面测试平台，为柔性电子器件的三维堆叠集成提供了可行性支撑[12]。除此以外，中国科学院苏州纳米技术与纳米仿生研究所张珽教授领导的研究团队依据触觉的感知机制建立了新型叠层柔性仿生微结构压阻增敏模型，该方法将超薄碳与纳米管薄膜进行协同作用，产生层间微纳结构的应力集中效应，从而实现柔性仿生微纳结构增敏效应[13]。

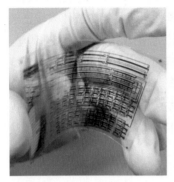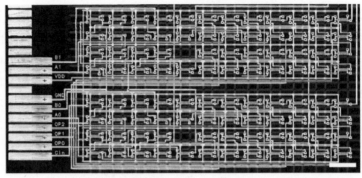

图 11-3　柔性集成式电子元件[14]

在微加工工艺领域，激光加工具有多重优势，是一种非接触、高精度、无污染的技术，便于制备器件。这项技术有望在微机电系统等领域推动创新，已被用于非平面基底上的电极互联，通过非平面布线技术，轻松实现气垫互联和电路串联并显著减小系统的尺寸和重量，尤其是在微机电系统和微光电系统等领域具备显著优势。有鉴于此，吉林大学张永来教授领导的研究团队开展了超快激光先进光学制造、机械仿生学与生物制造、智能与仿生材料和微纳机电器件与控制系统多学科交叉研究，将超快光场与特种功能材料之间场 - 键耦合调控规律作为重点解决的关键科学问题，通过光学制造、仿生成型、材料物性调控、器件制备集成四个维度的交叉研究实现协同创新，攻克敏感电子器件智能微系统研发难题[15]。

近年来，面向人机交互等应用需求的发展，无感化、系统化、智能化逐渐成为柔性电子器件的重要发展趋势，柔性传感器正被开发出与人体融合的智能感知器件与系统（图 11-4），在可预见未来的智能传感及人机交互等关键领域展现出重要应用潜力，以及在超越摩尔定律发展中的重要作用。其中，清华大学任天令教授领导的研究团队已开发出能够感知人的语义信息并以自然语言表达的人工喉咙技术，并逐步实现以最终不侵入的，且与人匹配的技术为

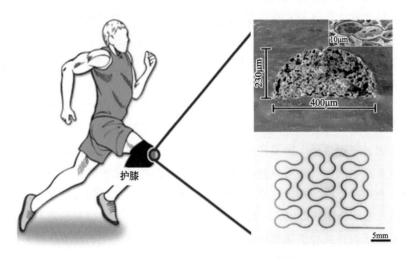

护膝

图 11-4　图案化柔性智能感知器件[19]

目标[16]；同时研发了一种可以动态监测心电图和心脏状态的系统，对于应对类似新冠疫情等有重大需求的情况作用明显[17]。与此同时，北京理工大学沈国震教授领导的研究团队在研究智能机器人方面针对仿生视觉系统利用柔性传感器件发展了一种类眼系统，该系统展示了一种独特的方法来解决与人造眼睛相关的色觉和光学适应性问题，并且逐渐达到接近生物感知能力的新水平[18]。

11.4 作者团队在柔性电子材料与器件领域的学术思想和主要研究成果

柔性电子材料与器件作为国家科技发展的重点领域，引起了研究者的广泛关注，作者团队在此领域经过多年的深耕细作已积累了丰富的研究经验，探明了柔性电子材料的磁电、力学及变形等诸多基础机制，并取得众多的原创性成果，已将部分研究技术转化为生产生活中的实际产品来满足智能化社会的不同应用场景。同时，作者团队仍在不断探究突破新材料、新工艺、新技术进而开发和推动柔性电子材料与器件的新应用。近期部分研究成果如下。

11.4.1 柔性功能材料方面

（1）柔性导电功能材料　柔性导电材料通常是将纳米或者微米量级的导电填料（导电氧化物墨水、石墨烯、碳纳米管、金属纳米线/纳米颗粒以及液态金属等）掺入弹性聚合物中，通过分散复合或层积复合等方法处理得到的具有导电功能的多相材料复合体系。由于固态导电填料与弹性基底的弹性模量相差悬殊（约100万倍），大应变时构成导电通路的填料颗粒间隙会发生明显变化，造成导电性能不稳定。此外，固态导电填料的大量引入会提高导电材料的导电性，同时也会恶化其弹性能力，反之，有限的掺杂量会降低柔性导电材料的电导率。

图 11-5　液态金属及柔性导电材料[20]

如何获得高电导率、拉伸稳定性和大应变弹性能力三者兼具的导电材料仍是一项挑战。为了解决上述问题，中国科学院宁波材料技术与工程研究所李润伟研究员领导的团队采用液态金属作为导电填料（图11-5），同时在导体内构建类葫芦串状的导电网络结构来减轻应变释放，进一步提高应变稳定性。所制备的柔性导电材料的导电性能够达到导体的范畴（＞1000S/cm），并可以实现超过1000%的拉伸形变。更为重要的是，拉伸形变为100%时的电阻波动小于4%，比传统可拉伸导电材料的电阻变化率降低了2～3个量级，实现了可拉伸导电材料大应变下的稳定性[20]。

（2）**柔性磁电功能材料**　柔性磁电子器件在非接触式传感、高灵敏与超分辨触觉感知、柔性低功耗等方面展现出独特优势，被列入磁学的重要发展路线中，成为国际高科技竞争的热点领域。在柔性衬底上制备磁性薄膜并研究其在不同应力和应变条件下的磁电特性，是发展柔性磁电子器件的重要方向之一。有鉴于此，李润伟研究员领导的团队发展了直接沉积法、预应力制备法、转移法等多种柔性磁性薄膜的制备工艺（图 11-6），实现了对柔性金属薄膜、氧化物薄膜的可控制备[21, 22]。基于应力对磁性薄膜磁各向异性的调控规律与微观机制，提出了利用多场（应力场 + 磁场）耦合效应增强薄膜的单轴磁各向异性的方法，将磁性薄膜的抗拉伸应变能力提高了 8 倍[23]。

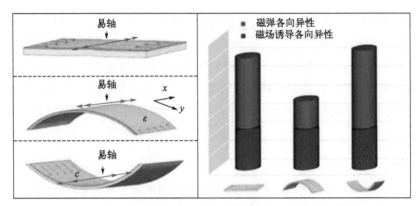

图 11-6　磁性薄膜不同弯曲状态及贡献的磁各向异性大小[23]

（3）**弹性铁电功能材料**　铁电材料通常是指在一定温度范围内具有自发极化且极化方向可随外加电场改变进行翻转或重新定向的晶体材料，其核心为自发极化。铁电材料作为绝缘材料中性能最丰富的功能材料之一，目前尚未实现弹性化，这限制了铁电材料在柔弹性电子等领域的应用。铁电材料的铁电性主要来源于其结晶区，但晶体本身几乎不具备弹性，因而铁电性和弹性难以在同一种材料中兼顾。铁电材料的弹性化方法通常有三种，即结构工程、共混和本征弹性化。由于各自的本质缺陷和不足，本征弹性化是铁电材料弹性化的唯一途径。本征弹性化能够促进材料的发展，使其具备可大规模溶液制备的能力，提高设备密度和材料的耐疲劳性等。为此，李润伟研究员领导的团队提出了"弹性铁电材料"的概念，开辟了弹性铁电新领域，设计了精确的"微交联法"并在铁电聚合物中建立网络结构（图 11-7）[24]。

研究表明，交联后的铁电薄膜结晶相以 β 相为主，结晶均匀分散在聚合物交联网络中。在受力时，网络状结构能够均匀地将外力分散并且更多地承受应力，避免结晶区受到破坏。实验结果显示，交联后铁电薄膜在 70% 的应变下依旧具有较好的铁电响应，剩余极化在拉伸过程中能够保持稳定，且具有较好的耐机械和铁电翻转疲劳性，提高了可靠性和使用寿命，拓展了使用范围。研究结果表明"微交联法"是实现铁电弹性化行之有效的方法，该方法利用简便的化学反应同时实现了铁电性与弹性的良好匹配，为铁电材料弹性化提供了新思路。

（4）**柔性存储功能材料**　探索超越传统刚性存储器的新型柔 / 弹性信息存储器是发展柔

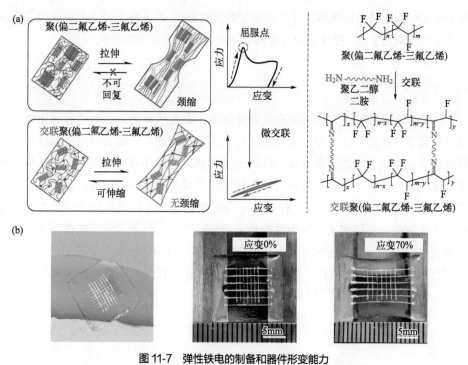

图 11-7　弹性铁电的制备和器件形变能力

（a）弹性铁电概念和制备示意图；（b）全弹性铁电器件形变能力[24]

性穿戴电子设备的必然要求。通常，基于无机材料的阻变器件柔韧性低，基于有机材料的阻变器件电学稳定性差，如何兼顾柔韧性和存储稳定性是目前面临的主要难题。针对以上需求，李润伟研究员领导的团队创新性地采用有机-无机杂化材料金属有机框架（MOF）构建了阻变存储器件（图 11-8），该器件既具有无机材料的高稳定存储性能和热稳定性能，又具备有机材料的柔韧性，在 10% 的动态拉伸形变范围内仍具有良好的存储特性，信息保持时间超过 10^5s，该研究为发展高性能柔/弹性信息存储器及可穿戴电子设备开辟了新途径[25]。同时，以聚二甲基硅氧烷（PDMS）和铜颗粒掺杂的液态金属（Cu@GaIn）分别作为弹性阻变介质和电极，制备了本征可拉伸的超弹阻变存储器。该器件在高达 30% 的拉伸应变和 90° 的扭转变形下仍表现出稳定可靠的存储能力，存储窗口达约 10^2，数据保持时间优秀（> 10^4s），可

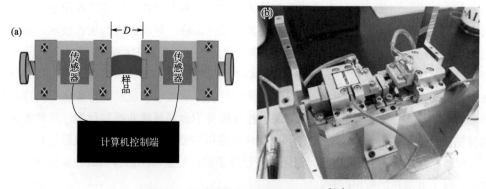

图 11-8　柔性阻变信息存储材料及器件[25]

以承受至少 500 次连续拉伸循环，并用于全加器运算演示[26]。基于以上相关成果，团队受邀发表前沿综述，阐述了柔 / 弹性阻变存储器领域的发展现状及应用前景[27]。

11.4.2 柔性功能器件方面

（1）柔性复合导电电极 镓基液态金属导体由于具备优异的可拉伸性和导电性，在柔性电子领域引起了广泛的关注。但其电导率往往是固定不变的，亟须发展出类似传统滑动变阻器可根据需求调节电导率的智能导体。针对上述问题，李润伟研究员领导的团队基于液态金属颗粒氧化层受力会发生破裂，内部液态金属露出形成导电回路的特性，设计了电阻可受应变调节的可拉伸导[28]。该导体由三种具有不同位置的液态金属颗粒构成，受力时，液态金属颗粒分阶段破裂，电阻取决于经历过的最大应变。在不超过最大应变的循环下，该导体在 5000 次循环下能保持几乎恒定的电阻。基于这一特性，该导体还可用于感知最大形变，具有 1% 的应变分辨率。该导体具有无需能源供应、穿戴舒适轻便的特点，在实现运动检测、康复治疗等方面发展前景广阔（图 11-9）。

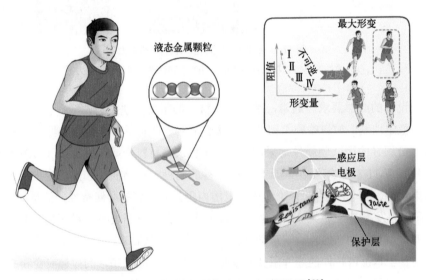

图 11-9 可拉伸导体在运动检测方面的应用[28]

（2）柔性磁电功能器件 李润伟研究员领导的团队基于磁性多层膜的界面效应，获得了在大应力下依然保持优异垂直磁各向异性的柔性磁性薄膜；基于预应力生长技术，利用均一周期性"褶皱结构"释放应力，实现磁性薄膜在大应变下磁性能的稳定性[29]。进一步地，基于可拉伸 PDMS 弹性衬底，制备了具有高磁场灵敏度的柔性自旋阀传感器（图 11-10）；通过衬底预拉伸引入表面周期结构，释放纵向拉伸应变；并通过设计表面平行微条带，释放由泊松效应引入的横向应变；该结构显著降低了拉伸应变下金属薄膜的断裂行为，所制备的自旋阀磁传感器可承受 50% 的拉伸应变，并且在应变范围内器件的电阻率、磁电阻值和磁场灵敏度可以保持稳定[30]；基于柔性自旋阀元件，设计了柔性触觉传感器并集成在柔性智能穿戴设备中，拓展了其潜在的应用前景。

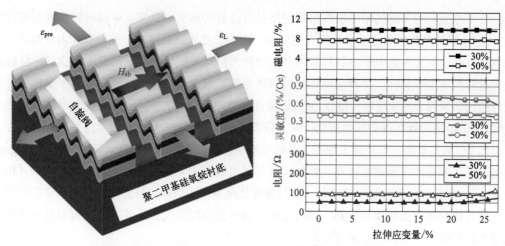

图 11-10　聚二甲基硅氧烷衬底基柔性自旋阀磁传感器的应用[30]

11.4.3 ╱ 柔性器件应用方面

（1）柔性应变 – 温度双模态传感器　柔性传感器是柔性可穿戴设备的核心部件，发展趋势是集成化和多功能化。发展柔性应变 - 温度双模态传感器，实现应变和温度等信号的监测以及区分，并同时兼具高分辨率仍存在较大困难。针对上述问题，李润伟研究员领导的团队以磁性非晶丝为敏感材料，通过设计具有管状异质结构的双模态传感器实现了单一传感器对应变和温度的灵敏监测和实时区分（图 11-11）。该传感器具有独立的应变和温度感知机制。一方面，结合磁弹性体的磁弹效应和 Co 基非晶丝的巨磁阻抗效应可以实现应变灵敏探

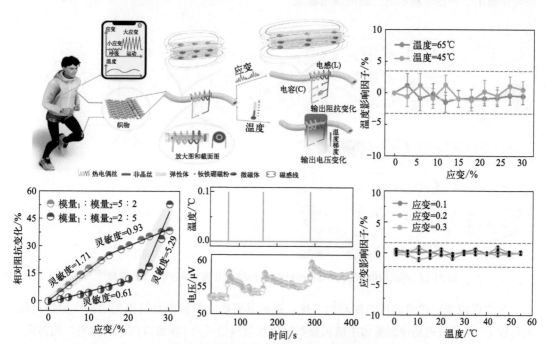

图 11-11　柔性应变 – 温度双模态传感器的应用[31]

测；另一方面，用于阻抗输出的热电偶线圈具有显著的塞贝克效应，可以同时实现温度的检测[31]。让假肢产生触觉是众多残疾人的梦想，而电子皮肤正是这样一种可以让人体假肢产生触觉的系统。但大多数电子皮肤只能将外力刺激转换成模拟信号，无法像人体皮肤一样将外力刺激转换成生理脉冲，并精确地传送给神经系统直至大脑。针对这一问题，李润伟研究员领导的团队采用电感-电容（LC）振荡机理设计电路，当外界应力/应变引起电感值发生变化时，LC电路的频率就会发生变化，从而获得外加应力/应变与频率的对应关系，进一步通过优化LC共振电路，可使其工作在人体的生理脉冲频率范围内。此外，还设计了"Air gap"结构，采用非晶丝作为磁芯提高其性能，获得了灵敏度为4.4kPa^{-1}、探测极限为10μN（相当于0.3Pa）的数字化柔性触觉传感器。并且通过优化模量和结构，传感器可以兼容宽的探测范围，既可感知微弱的蚊虫和脉搏，又可以感知搬举重物时的压力。该工作为发展数字化仿生电子皮肤提供了一种新的方法[32]。

（2）弹性自供电应变/抗应变干扰压力传感器　可拉伸柔性电子皮肤在工作过程中对能源的需求以及因变形而引入的不同"维"间应力/应变的耦合干扰，成为制约其发展的主要瓶颈，因此亟需开发具有自供电能力以及抗应变干扰的新型柔性电子皮肤。针对上述问题，李润伟研究员领导的团队基于法拉第电磁感应定律设计了一种用于监测人体运动的自供电弹性应变传感器。该传感器主要由以软磁非晶丝为磁芯的液态金属线圈和可穿戴磁环构成。传感器形变会导致线圈中的磁通量随之发生变化，并产生感应电压，实现自供电功能。该传感器的最大应变探测范围为200%，最大输出短路电流为2mA。进一步将该传感器集成在服装中，实现了运动健康的实时监测，产生的电流能够驱动天线等对驱动电流要求高的设备器件，实现无线信号传输（图11-12）。该传感器具有大拉伸范围、自供电、低内阻、高电流等特点，在可穿戴电子设备中展示出广阔的应用前景[33]。

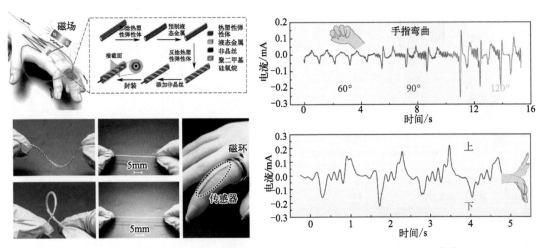

图11-12　弹性自供电应变传感器的结构设计及其对手指、手腕等运动的探测[33]

为克服应变对传感器压力探测的干扰，选择具有磁性的导电材料作为填料（如银包镍、金包镍等），通过磁场控制基体中随机分布的磁性填料沿压力/垂直方向定向排布，制备出一种具有应变选择性的新型可拉伸柔性压力敏感介质。由于此压力敏感介质的电荷输运通道与主要干扰应变（拉伸应变和弯曲应变）方向垂直，即在应变的方向上没有分量，因此具有卓越的抗不同"维"间应力/应变耦合干扰的能力。该可拉伸柔性介质材料在 400% 的拉伸应变及 1kPa 的压强下，器件参数的波动小于 0.8%，解决了因延展变形而引入的应力/应变耦合干扰问题[34]。

（3）液态金属基仿生痛觉传感系统　　同人体皮肤相比，目前用于智能假肢的电子皮肤仍然缺少能为该系统提供全范围保护的痛觉感知系统。受人体痛觉感知系统的启发，李润伟研究员领导的团队基于仿生设计理念，设计了类似人体痛觉感知系统的功能完备的电子皮肤感知系统（图 11-13），该系统在电子皮肤受伤前、中、后具有不同的工作模式，分别为皮肤提供不同程度的保护和预警。该系统的基本原理是利用液态金属颗粒膜"受伤"时的电学特性，模仿了人体中能够实现"伤口"感知和定位的痛觉感受器，在人工突触的协调作用下，将压力传感器和痛觉传感器结合在一起，实现了痛觉的多种工作模式。在受伤后，伤口周围的压力传感器敏感性增加，轻触就可以引发疼痛信号的产生，可有效规避对伤口的二次伤害，进而实现受伤皮肤的增强保护[35]。

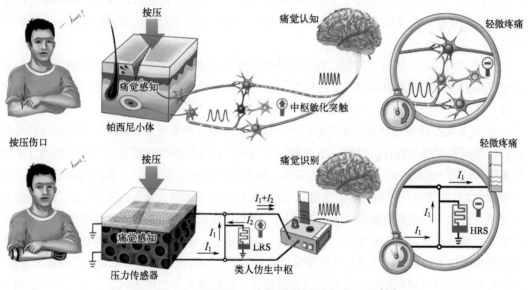

图 11-13　人体痛觉感知工作机理和仿生痛觉感知系统[35]

11.5　柔性电子材料与器件的科学问题及未来发展趋势

　　柔性电子是一个相对较新的技术领域，其材料与器件普遍具有可弯折、易拉伸、共形性好、轻薄耐用、便携性高、可大面积制造等共性优点。由于大部分柔性电子技术均需要在柔性基板或衬底上实现从纳米特征、微观结构到宏观器件大面积集成等的跨尺度制造，因此有机材料、金属材料、无机非金属材料以及纳米材料等机械、电学性能迥异的功能材料间界面的精确控制已经成为制造柔性电子器件的关键，其中涉及电子信息、材料、物理、化学甚至生物等多学科之间的交叉。从技术角度看，未来的电子器件对传感技术的融合发展、芯片的功耗、新型的显示技术、创新性的人机交互以及大数据处理等也提出了更高的要求。作者团队有鉴于在上述研究领域的探索和累积的经验，对未来发展新材料、新结构、新原理的柔弹性传感材料与传感器件，总结了可能面临的科学问题及主要发展趋势。

① 柔性导电材料和交联电路方面，低熔点镓基液态金属作为良好的导电材料，研究液体状态下材料的表面张力随应力变化的动态机制，从而实现低表面张力材料及解决关键制备技术等问题，是发展高电导、耐形变、高应变稳定的柔性导电材料和交联电路重要研究领域。

② 柔性磁电材料与器件方面，阐明应变对磁性功能材料的电子结构、磁各向异性、磁畴结构等的调控规律和机制，实现柔性磁电传感器件的特定功能集成技术，是发展高灵敏、高应变稳定性的柔弹性力敏、磁敏、温敏以及多功能磁电敏感材料及器件的重要研究手段。

③ 弹性铁电材料与器件方面，研究高分子聚集态结构对弹性铁电材料中铁电性和弹性的影响机制，实现铁电材料的柔弹性制备的普适化，是发展高铁电性、高弹性、高击穿电压和高介电常数兼具的弹性铁电材料及介电驱动器的重要研究方向。

④ 柔性阻变材料与器件方面，探究微观尺度下纳米异质结中的离子 / 电子输运机制与外场响应规律，以及纳米异质结电阻状态的精确调控技术与器件功能设计方法，实现原子尺度高密度信息存储，是发展高精度、高响应、高存储稳定性的柔弹性阻变材料及器件重要研究路径。

⑤ 高性能弹性传感器件方面，探明高性能弹性传感器件在复杂多物理场应变下保持稳定性的工作机制，实现兼具拉伸性、高精度、稳定工作的弹性电极及器件，是发展高密度、高集成、高可靠的弹性阵列传感器的重要研究趋势。

⑥ 新型柔弹性传感器件制备工艺和产业化应用方面，需要考虑面向实际应用的性能与稳定性，包括传感器的设计、材料、工艺和环境因素等，发展新型传感器材料合成技术（如新型光固化打印 / 纺丝树脂、低迟滞弹性基体、高电导低温液态金属等）、微结构制备技术（如光固化 3D 打印技术、静电纺丝技术等）、性能表征技术（如仿人表征技术等）以及系统性的优化设计方法，从而提升集成工艺方案的统一化和标准化。未来柔性电子传感器的产业化应用面向丰富的场景，在智慧医疗、人工智能、人机融合、能源与环境等相关战略领域将有大量柔性传感技术的需求。传感器件将朝着尺寸小型化、功能集成化、人工智能化的潮流发展，同时针对特定的应用环境需开发特殊的传感器件，而传感器件应用领域的拓展将进一步增加其基础研究和产品开发的蓬勃发展。

综上所述，作为未来发展潜力巨大的新型电子材料和器件，柔性电子技术给众多的研究领域都带来了革命性、颠覆性的发展视角和创新性途径。迄今为止，传感器件领域的研究已经积累了丰富的基础经验，取得了丰硕的研究成果，但在大规模惠及人民生活的实用化道路上，仍有许多亟待解决的问题。相信随着社会的发展和科研政策的持续投入，众多科研工作者在这一领域的持续探索将助力未来柔性电子技术造福社会。

参考文献

作者简介

李润伟，中国科学院宁波材料技术与工程研究所研究员，博士生导师。2002 年博士毕业于中国科学院物理研究所，国家杰出青年基金获得者、国家科技创新领军人才、浙江省特级专家、宁波市杰出人才。主要从事磁电功能材料与器件研究，包括：柔性磁电功能材料制备与物性研究、柔性/弹性磁电敏感材料与传感器技术，以及柔性阻变存储材料与器件等。发现了锰氧化物中的超大各向异性磁电阻效应、阻变存储器件中的室温电导量子化效应；设计并研发出弹性导线和电极材料、本征弹性铁电材料、弹性磁传感器、弹性应力应变传感器等，在健康监测和康复技术方面有重要应用前景。在 *Science*、*Chem. Soc. Rev.*、*Nat. Commun.*、*Sci. Robot.*、*Adv. Mater.*、*Adv. Sci.*、*JACS* 等国际权威和著名期刊发表 SCI 论文 300 余篇，总引用 10000 余次；授权专利 100 余项。主编《柔性电子材料与器件》及 *Flexible and stretchable electronics* 专著各 1 部，参与撰写专著 3 部。

朱小健，中国科学院宁波材料技术与工程研究所研究员，博士生导师，国家海外高层次青年人才。2014 年博士毕业于中国科学院大学，2015—2020 年在美国密歇根大学进行博士后工作，2020 年加入中国科学院宁波材料所。长期围绕新型信息存储材料及智能计算器件开展研究，在 *Nat. Mater.*、*Nat. Commun.* 和 *Adv. Mater.* 等学术期刊发表 SCI 论文 60 余篇，曾获浙江省自然科学一等奖、中国电子学会科学技术二等奖和中国科学院院长优秀奖等奖项。主持国家基金委重大研究计划培育项目、面上项目和浙江省基金委重大项目。现为国际 IEEE EDTM 技术委员会委员和浙江省青高会新材料分会委员。

尚杰，中国科学院宁波材料技术与工程研究所研究员，2010 年博士毕业于昆明理工大学。承担了国家自然科学基金（联合基金、面上、青年）、科技创新特区、装发、省重点研发、中国科学院对外合作重点、宁波市 2025 重大专项等项目。主要从事可拉伸传感器材料、物理及器件研究，在 *Nat. Commun.*、*Sci. Robot.*、*Chem. Soc. Rev.*、*Adv. Mater.*、*J. Am. Chem. Soc.* 和 *Sci. Adv.* 等国际权威学术期刊上发表论文 60 余篇；申请专利 50 余项（已授权 18 项），其中 6 项专利实现了转移转化；作为前三完成人荣获了浙江省自然科学一等奖、宁波市科技进步一等奖、中国电子学会科技进步二等奖等奖项，入选了浙江省科技创新领军人才和宁波市领军拔尖人才第一层次。

高润升，中国科学院宁波材料技术与工程研究所副研究员，2020 年在日本筑波大学＆日本国立材料研究所经联合培养取得博士学位。2020—2023 年在日本国立材料研究所从事博士后研究工作。2023 年加入中国科学院宁波材料技术与工程研究所柔性磁电功能材料与器件团队，承担宁波材料所"春蕾人才"计划项目。主要从事纳米离子材料的特性研究和利用开发，探究其在信息、能源等领域的潜在应用，已发表期刊论文 20 余篇。曾获国家优秀自费留学生，中国留学生研究奖励等荣誉。

第 12 章

基于原位环境透射电子显微镜的材料可控制备与表征

王荣明　张利强　杨　烽

　　材料的可控制备是材料学研究的基础，在原子尺度上深刻理解纳米结构生长过程是实现材料可控合成的关键。通常人们利用透射电子显微学和其他原子尺度表征方法配合纳米材料制备方法来推断生长机理，然而纳米结构的这种表征一般是在生长完成以后进行的。这种非在线分析技术不能实时反映出所需观测的纳米结构的演化，因此只能"盲人摸象式"低效低通量地提供优化合成所必需的信息，甚至由实验结果推导的反应中间过程会带来错误的机理解释。因此，发展原位的、实时的、动态的观测材料在反应环境下动态行为方法逐渐成为解决一些材料学科领域关键性问题的有效手段。近年来，通过在环境气氛透射电子显微镜（ETEM）中模拟纳米晶体生长的物理化学过程，结合球差校正技术，可以在原子尺度原位观察晶体生长过程中的动态原子迁移、原子结构和电子结构演变过程等，为研究晶体生长机制、解释微结构形成机理提供了直接的实验证据。最先进的原位透射电子显微镜能够在亚埃空间分辨、微电子伏特能量分辨和毫秒时间分辨对原子结构进行实空间成像，可以在样品腔体中引入多种反应环境，如气相、液相、温度、偏压、力、激光等，可以实现反应条件下原子动力学过程的动态观察。原位环境球差电镜已成为材料学研究的重要前沿手段之一，推动了单原子、团簇、纳米晶到低维材料、能源和半导体材料等诸多领域的快速发展。

　　基于原位环境透射电子显微镜搭建的材料表征平台不仅可以实时观察原子在反应条件下的动态行为，而且可以结合 X 射线能量色散谱、电子能量损失谱、电子衍射、气相质谱、激光等表征手段，搭建原子尺度多维度的表征平台，综合获取材料的形貌、结构、组分和电子态等信息，为研究材料原子结构在各种工况条件下的响应铺平了道路，揭示原子尺度上的构效关系，深入了解材料性质的起源，这对先进结构材料的精准设计、制备以及性能优化有着非常重要的意义。

12.1 原位环境透射电子显微技术简介

近几十年来，在传统高真空需求的透射电子显微镜中创建可控的原位反应环境引起了各方面研究者的极大关注，多种解决方案使在原子尺度上动态观察化学反应和结构演化过程成为可能。通常实现原位反应环境有两种方法：开放式的环境透射电子显微方法和基于微机电系统（MEMS）的原位芯片样品杆技术。

第一种开放式的环境透射电子显微方法通过改装传统电镜的气压控制系统，实现直接精确控制样品腔中的气压，营造气氛反应环境。该方案采用多级差压孔与多个涡轮分子泵和离子泵结合，将样品室压力控制在 $10^{-8} \sim 20$mbar，并维持透射电子显微镜的其余部分在 10^{-9}mbar 的高真空中。由于低压的弱电子散射效应，即使在 20mbar 的 N_2 气氛环境中，也可以实现 2Å 的空间分辨率。这可以清楚地观察到反应条件下气敏材料表面原子迁移和结构演变行为。此外，开放式的设计允许同时进行 X 射线能量色散谱和电子能量损失谱的采集，因此具有更高的信噪比和更广泛的可用性。当配备图像像差校正器和动态相机时，这种开放式的原位环境透射电子显微镜设计能够在实验环境中实现高达 1Å 的空间分辨率和毫秒时间分辨率，使其成为一个强大的原位材料表征平台。

第二种原位方案使用微机电技术制造的微反应芯片，搭配对应的样品杆可以将反应环境与高真空隔绝，从而引入外部刺激，包括加热、偏置电压、机械力、辐照、气体和液体等。例如典型商业制造的加热芯片由电子透明的 SiN_x 薄膜和加热电路组成，在芯片上 35μm 半径的中心区域可以获得变化小于 1% 的均匀温度场。基于这种加热设计，可以通过在芯片中心添加两个厚度为 30nm 的 SiN_x 顶部和底部窗口膜，将芯片制成密闭且电子束透明的气室。这种气氛反应芯片最高允许 2bar 的气体流过芯片，形成在环境气氛中温度可高达 1000℃ 的纳米反应器。同时，还可以实现 0.7Å 的空间分辨率。更进一步，利用石墨烯薄膜的超薄特性与高韧性，可在透射电子显微镜中构建液体反应环境，使用两层石墨烯包裹反应溶液并形成三明治状的反应液体环境，从而实现对液相反应的原子级观察。此外，通过微机电技术改造的原位芯片可以与第一种原位环境透射电子显微镜方案融合，实现多种反应环境的耦合。显然，这些先进的设备和原位技术使研究材料在原子尺度下的成核生长机制、服役条件下的结构演化成为可能。

12.2 原位环境透射电子显微镜的应用

近年来，功能性纳米晶的应用在不同领域中不断增加，尤其是在能源、催化和生物医学方面。这主要是由于它们独特的结构特性，包括大的比表面积、独特的表面结构和电子结构等，这些特性对相关的应用有着深入的关联。然而，构建具有理想结构和性能的纳米晶仍然具有挑战性。特别是对原子尺度下反应环境中材料的动态演化行为了解的缺失,这对纳米材料的进一步研究应用造成了明显的阻碍。因此,发展原子尺度下的原位表征方法具有极其重要的科学意义。以下介绍原位环境透射电子显微镜的几种典型应用领域。

12.2.1 / 纳米晶原子尺度成核

为了取得进一步的进展,研究者们已经提出了多种纳米晶成核和生长的机制,包括经典和非经典的成核理论以及成长、聚集和聚结的机制。然而,这些过程背后的原子动力学、调控因素和驱动力仍然不清楚。在这方面,原位实验被证明是研究纳米晶生长机制的重要工具。成核是材料形成的第一步。理解成核机制对于有广泛工业应用的纳米材料合理设计和制备具有重要意义。经典成核理论可以概括为单体(如原子、分子、离子)在反应温度、表界面作用力和离子过饱和等驱动下发生聚集,经历单一步骤的过程。经典成核理论由热力学推导而来,引入了多种理想假设,而实际材料反应环境是十分复杂的,这导致了与许多实验观察不符。实际上,许多固态纳米材料通过克服多个自由能势垒经历多步成核途径生长,这被总结为非经典成核理论。非经典成核理论基于原位透射电子显微镜的观察而得以大幅发展。例如,最近一项具有毫秒时间分辨率的原位透射电子显微研究表明,金团簇的成核是通过无序和有序状态之间的可逆结构波动来进行的,而不是通过单一的不可逆过程,这表明了成核过程是两步非经典机制。这种可逆波动受到晶核尺寸的热力学稳定性所影响。因此,可通过调节无定形中间体的形成和生长来精准调控纳米晶材料的尺寸、形态、结晶以及表面结构。

12.2.2 / 纳米晶原子尺度生长

在晶体生长研究方面,原位透射电子显微镜可以追踪材料晶体原子尺度下的生长机制,包括表面扩散、界面动力学和晶体取向。通过观察晶体生长的实时图像和动态过程,研究者可以了解晶体生长的原子层沉积、晶体形态演变和晶体取向选择等关键过程。特别是对于纳米材料来说,高时间、高空间分辨实时观察纳米颗粒的生长过程,研究其包括原子聚集、团簇形成和纳米颗粒的形态演变,跟踪和分析纳米颗粒的生长行为,可以获得关于纳米颗粒生长速率、尺寸分布和形态控制的重要信息,并由此对材料的生长行为进行调控和设计。除了纳米材料,低维薄膜材料的生长研究也在近些年逐渐取得进展,其中原子层沉积过程、晶体取向和界面形态演化都能够得到进一步的揭示。通过观察薄膜生长的实时图像和动态过程,研究者可以了解薄膜的生长速率、晶体结构和界面缺陷等方面的信息。总之,原位透射电子显微镜在材料生长方面的应用非常广泛,可以研究关于纳米颗粒、低维材料和生物材料等在原子尺度下的关键生长过程和行为。这些研究对于材料科学、纳米技术和生物医学等领域的发展具有重要意义。

12.2.3 / 工况环境下的材料结构演化行为

纳米晶的表面和界面由于其相对于纳米颗粒体积而言具有独特的原子结构和电子性质，使其在催化、能源等领域中引起了极大的关注。纳米晶表面/界面被认为是纳米材料性质的关键活性位点，其表界面结构的动态演化过程在工况条件下通常更为复杂，主要涉及金属-固体、气体-固体以及固体-固体相互作用。在反应条件下了解纳米晶表面/界面在原子尺度上的重构与演化机制，需要能够在实空间和时间上观察原子动态的强力表征手段。例如，在研究材料与衬底的相互作用方面，传统的研究方法无法得知在反映环境中该相互作用发生的条件、驱动力以及演化机制，而原位环境透射电子显微镜就满足了对应的需求，使工况下的金属-衬底相互作用的原子机制得以揭示。例如，金属-氧化物界面在多相催化中具有重要意义，已被广泛研究。了解反应条件下金属-氧化物界面的原子结构对于产生强金属-载体相互作用（SMSI）至关重要。催化剂载体的主要作用是提高金属催化剂的稳定性和调控活性位点。受调节的金属-载体界面提供了几何、电子和组成效应，抑制了金属纳米颗粒的烧结并改变了催化剂性能，从而显著改变了反应途径。除了界面结构的演化行为，工况环境下的表面结构演化也是影响材料性能的重要因素。例如，典型的 CO 相关催化反应，直接揭示 CO 在金属催化剂上的吸附一直是一个长期的挑战。而目前一些新开发的原位 TEM 技术和相应的分析方法已经可以实现催化剂表面吸附单分子的成像，揭示催化条件下材料表面原子结构与性能之间的关系已经成为可能。除此之外，在纳米晶体生长过程中，控制大量的结构单元（原子、分子或离子基团）排列成完美的晶体是非常具有挑战性的。了解缺陷形成的机制将有助于调控材料的性能。随着原位力学 TEM 的发展，其已成为探测纳米材料力学性能的直观、有效方法。在纳米晶体受力变形的过程中，可以捕捉到实时原子分辨的 TEM 图像，并同时记录力-位移信号。原位 TEM 跟踪时间分辨原子尺度动力学的能力为深入了解材料的微观结构和性能提供了机会。

12.2.4 / 原位催化

在催化领域，采用原位透射电子显微镜，研究者可以实时观察催化剂纳米颗粒的形貌和结构变化，揭示催化剂在反应过程中的动态行为。通过观察纳米颗粒的生长、形变、聚集和溶解等过程，可以深入了解催化剂的活性和稳定性。结合实时催化反应的过程，揭示了其反应机理和关键步骤。通过观察催化剂表面的原子重排、吸附和解离等过程，可以研究催化反应的活化能、反应速率和选择性等关键参数。这些研究加深了对催化行为、催化活性起源的了解。除此之外，通过原位透射电子显微镜可以实时观察催化剂的失活过程，揭示失活机制。通过观察催化剂表面的积炭、积硫、积氧等过程，可以研究失活原因和途径，为催化剂的设计和改进提供指导。最重要的是，实时观察催化剂的结构和性能变化，揭示两者之间的关系，构建材料性能与结构之间的连接机制，通过观察催化剂的晶格畸变、表面缺陷、晶界扩散等过程，研究催化剂的活性中心和反应机理，为催化剂结构的精准设计和优化提供重要的实验依据。原位透射电子显微镜在催化领域的应用为深入了解催化反应的机理、失活过程和结构-性能关系提供了重要的实验手段和理论依据，是揭示表界面原子结构对催化性能影响的关键技术。随着技术的不断发展，原位透射电子显微镜在催化研究中的应用将会更加广泛和深入。

12.2.5 / 原位应力应变

原位透射电子显微镜同时也在应力、应变、拉伸等方面得到了广泛关注和研究。在原位技术的加持下，研究者可以实时观察材料在外力作用下的应力和应变变化。通过在显微镜中对材料直接施加外力，可以观察材料的形变、位错生成和运动等过程，揭示材料的力学行为和变形的原子动力学机制。随着原位拉伸样品杆的发展，原位研究弹性模量、屈服强度和断裂韧性等得以实现，可以在原子尺度上原位测量材料的应力 - 应变曲线，揭示纳米材料的力学行为和力学性能。同时，在施加外部机械力的过程中，材料界面和晶界的应力分布也可以通过高分辨透射定量分析技术获取。原位观察材料界面和晶界的形变和位错运动，可以揭示界面和晶界对材料力学性能的影响，提供材料结构演化机制的原子级视野。综合原位获取的数据，材料力学性能与微观结构之间的关系得以揭示。研究者通过观察材料的形变和位错运动，材料的力学行为和力学性能与晶体结构、晶界特征等微观结构参数之间的关联得到深入的了解。总之，原位透射电子显微镜在研究应力、应变、拉伸等方面的应用为研究者深入了解材料的力学行为、力学性能和微观结构提供了重要的实验手段和理论依据。

12.2.6 / 原位充放电

在能源领域，电池材料的相变和界面反应也可以运用原位透射电子显微镜进行深入研究，在原子尺度下实时观察电池材料在充放电过程中的相变和界面反应，以及电极材料的结构变化、离子迁移和电荷传输等过程，可以揭示电池材料的储能机制和电化学性能。电极材料在充放电过程中的膨胀、收缩、析出和溶解等行为，可以充分体现电极材料的稳定性、容量衰减和循环寿命等关键参数与材料结构之间的关系。与此同时，研究者通过观察电解液和电极材料之间的界面结构和界面反应，可以探究电池的电化学界面行为和界面稳定性，体现出电池材料在工况环境下的结构演化与稳定性之间的关系。原位原子尺度的观察同时反映了离子迁移和电子传输的速率、路径和限制因素，并可以以此研究电池的电化学性能和储能机制。总的来说，原位透射电子显微镜在研究电池、充电、放电等方面的应用为研究者深入了解电池材料的储能机制、电化学性能和界面行为提供了更深入的视野。

12.3 / 研究进展与前沿动态

12.3.1 / 原子尺度下纳米晶的成核机制

自从第一次制备纳米颗粒以来，关于纳米颗粒成核机制的讨论就开始了。经典成核理论是大约一个世纪前提出的，使用了毛细现象的近似模型，描述了新的热力学相如何通过

一个单步过程成核，其中单体聚集并直接形成纳米晶。在经典模型中，热力学稳定核通过克服一个单一的吉布斯自由能壁垒形成并自发生长。近年来，布鲁塞尔自由大学的 Sleutel 等利用原位 TEM 技术在分子尺度上进一步发展了经典成核理论[1]。然而，理论中的理想化近似和假设导致了该模型与复杂环境中的大多数实验结果（尤其是在原子尺度下）不相容。近年来的原子尺度原位研究出现了许多与经典成核理论不一致的现象，成核理论不断得到扩展。它们被统称为非经典成核理论，该理论提出热力学稳定相的形成经过多个步骤，涉及克服多个能垒[2,3]。

非经典成核理论在许多原位透射电子显微镜研究的推动下得到了很大的发展，这些研究提供了原子空间分辨率和毫秒级时间分辨率下原子迁移和结构演变的视角。例如，乌尔姆大学的曹克诚教授等通过原位研究揭示了三种不同金属 [γ 铁（Fe），黄金（Au）和铼（Re）] 在单壁碳纳米管中的成核过程[4]。以 γ-Fe 为例，当 Fe 原子通过原子注入器连续输送到碳纳米管的缺陷部位时，增加的 Fe 原子聚集并形成一个亚稳态的非晶团簇。一个亚稳态的非晶团簇由约 17 个 Fe 原子组成，在 50 ～ 187s 间进行持续的原子重排，直到在 197s 时转变为一个有序晶体，形成 γ-Fe 的（111）晶面。Fe 团簇长时间保持非晶状态表明，一个亚稳态的非晶团簇中间过程是必要的，并且存在着有序化的能量势垒。此外，非晶团簇中的原子数量或团簇大小对晶体的形成起到关键作用。在实验中（80keV 的电子束照射下，保持超过 240s、室温、真空条件下），含有约 10 个 Fe 原子的团簇无法转变为稳定的原子核，或者分解成独立的原子，只有含有 10 个以上 Fe 原子的团簇才有较长的寿命。值得注意的是，原子的临界尺寸与实验条件有关，如温度、衬底、电子束照射剂量等。另外，在从非晶态到晶体的转变过程中，团簇的结晶度随时间呈上升趋势。这些结果为成核过程提供了新的见解，并且可能对新结构的设计和开发具有启示性。汉阳大学的 Jeon 等通过原位观察石墨烯基底上 Au 纳米晶的成核过程，进一步研究了亚稳态团簇向稳定核的转变行为[5]。他们发现亚稳态团簇的晶化过程经历了无序态和晶态之间的动态结构波动，而不是单向不可逆的路径，这一点通过原位高分辨透射电子显微镜（HRTEM）图像和相应的二维快速傅里叶变换（FFT）随时间的展示得以证明，如图 12-1（a）、（b）所示。结合原位透射电子显微镜结果和理论计算，他们揭示了尺寸依赖的热力学稳定性对 Au 团簇的结构波动是主要驱动力。当团簇尺寸大于 2.0nm 时，由于晶态和无序结构之间的能量差增加，Au 纳米团簇保持晶体状态。作者团队通过原位 TEM 研究了 Pt 纳米晶的成核生长机制，发现亚稳态团簇发生集体晶化的临界尺寸为 2.0nm。如果团簇尺寸大于 2.0nm，晶化过程会进行，否则，团簇会保持无序，如图 12-1（c）、（d）所示。与以往的报道不同的是，作者团队发现非晶团簇的组分是 $PtCl_x$（$x < 6$），而不是 Pt 单质[6]。

以上所有原位 TEM 结果表明，非经典成核过程都主导了热力学稳定核的形成，并且无定形聚集物的形成可能是成核过程中的普遍行为。此外，通过不同的技术手段已在各种体系中确定了非经典机制，包括半导体量子点和幻数团簇的成核等。除原位观察外，还有理论推演和适用于非经典成核的非原位结果，其中详细考虑了成核的物理化学过程。从各种原位纳米晶成核实验中，似乎不同物质在不同环境中存在着不同的成核过程，其中不同的化学键导致了成核路径的差异。此外，反应环境因素也会影响成核过程，包括温度、浓度、前驱体相互作用以及原子 - 原子和原子 - 分子相互作用。原位 TEM 在成核方面还有很广阔的应用空间。

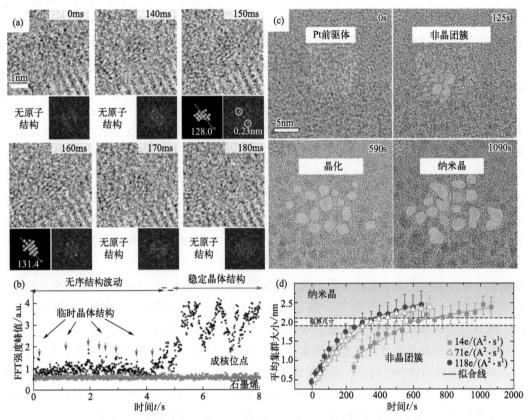

图 12-1　时间序列 HRTEM 图像显示了亚稳金属团簇向稳定晶粒的转变

（a）无序态和晶态之间 Au 团簇结构波动的时间序列 HRTEM 图像；（b）FFT 最大强度随时间变化函数图揭示了团簇结晶度的演变过程；（c）Pt 纳米晶形成的时间序列 HRTEM 图像；（d）随时间变化的统计平均团簇大小

12.3.2 ／原子尺度原位研究纳米晶生长机制

　　纳米晶在原子尺度上主要通过两种方式进行生长：一种是单体沉积到稳定晶核的表面，导致颗粒尺寸增加；另一种是与其他颗粒聚集融合，并发生结构重构。为了进一步调控材料的生长，具体的原子动力学过程和影响因素仍然是一个热门讨论的话题。原位 TEM 研究在理解纳米晶生长过程中的原子动态行为和结构演变方面起着至关重要的作用。

　　纳米晶生长的原子动力学过程可以导致结构的熟化或是溶解，这些过程由纳米晶颗粒的热 - 力学稳定性决定。因此，纳米晶暴露的晶面和尺寸分布会随时间变化，其具体的演化机制至今仍在讨论中。劳伦斯伯克利国家实验室的廖洪刚教授等通过原位 TEM 观察首次发现了纳米晶暴露面的演化路径，如图 12-2 所示[7]。研究结果显示，所有低指数晶面的生长速率在初始时都是相差无几的，直到（100）晶面首先停止生长，最终形成纳米立方体。这项研究提供了纳米晶生长的原子动力学视角，并阐明了纳米晶形状控制的机制及其对未来纳米材料设计的意义。在尺寸调控方面，奥斯特瓦尔德（Ostwald）熟化机制通常发生在固溶体或液体环境中，小尺寸的纳米晶溶解成单体，然后在反应时间内重新沉积在较大的纳米晶上。根据理论预测，这个过程是由大尺寸的纳米晶比小尺寸纳米晶在能量上更稳定而驱动的。因此，这种熟化机制被认为是一个与尺寸有关的过程。然而，巴黎大学的 Khelfa 等通过原位液相电子透射显微镜在原子尺度揭示了 Au 纳米颗粒由温度调控的奥斯特瓦尔德熟化机制[8]。实验结果表明，当温度达到 85℃时，大尺寸的 Au 纳米颗粒会先溶解，然后才是相对较小的纳米颗粒。这一结果表明，奥斯特瓦尔德熟化不仅受纳米颗粒尺寸的控制，还受到原子沉积和表面扩散之间竞争行为的影响。这些研究为解决溶液中的奥斯特瓦尔德熟化机制的基本机理提供了重要的见解。

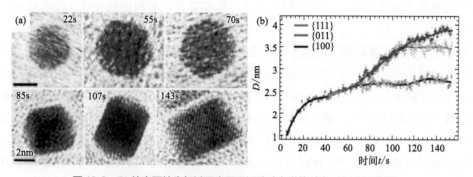

图 12-2　Pt 纳米颗粒生长过程中原子迁移动力学的时序 HRTEM 图像

（a）Pt 纳米颗粒的低指数晶面生长过程；（b）晶体中心到不同低指数晶面平均距离随时间的演化

综上所述，纳米晶的生长受到多种反应因素的影响，这会导致纳米晶多种生长路径共存。尽管有很多实验和理论研究关于各种因素对纳米晶生长路径的影响，制定一个普适的理论依然是一项艰巨的任务。在理解这些纳米晶生长过程和机制方面，原位 TEM 仍然具有广阔的施展空间。

12.3.3 ／ 工况条件下的微结构演化

纳米晶在反应环境下的相变通常使其性能发生改变，通过深入对结构演化机制的了解可以推进纳米晶结构的精准调控。其中，相变可以通过温度、压力、配体置换和电子束等多种外部刺激来驱动。例如，Au 纳米颗粒在 250℃下会结晶成截角八面体，在 750℃下会结晶成立方八面体。高压处理还可以实现 Au 从 4H 到 FCC 相的不可逆转化。单质 Au 通常以稳定的 FCC 晶体结构存在，具有最低自由能，而其他亚稳态结构如 2H 和 4H 相，沿着紧密堆积 [111] 方向的 AB 和 ABCB 堆积顺序则较少发现。亚稳态 4H 相结构的 Au 在析氧反应、CO 氧化和乙醇氧化催化中表现出杰出的电化学活性。因此，从稳定的 FCC 相向亚稳态 4H 相的相变对晶体相工程具有重要意义。

南方科技大学的 Gu 等原位表征了在高能电子束和 CO 气氛作用下外延生长在 4H-Au 纳米棒模板上的 FCC-Au 纳米颗粒的活化过程。在 CO 气氛中，在 300kV 的电子束辐照下，FCC-Au 纳米颗粒分散、烧结和聚集在 4H-Au 纳米棒上。界面逐渐向 FCC 相区域推进，表明 FCC-Au 纳米颗粒的相变。最后，FCC 颗粒转变为 4H 相，并在强烈的电子束下保持稳定。TEM 的原位研究结合 DFT 计算表明，CO 分子促进了 Au 在外延生长过程中的扩散，并消除了 FCC 和 4H 相之间的界面，降低了 Gibbs 自由能[9]。这些结果表明，在 TEM 中通过电子束操纵气体 - 金属原子相互作用的精确控制是有可能的。除了 4H 相结构，中国科学院沈阳金属所的 Du 等报道了从具有七边形对称性的构建单元堆积而成的 Au 纳米带的情况，该纳米带在受拉条件下从 2D 六角结构过渡，并通过 s-d 轨道杂化稳定[10]。原位像差校正 TEM 结合从头计算分子动力学计算表明，这个相变经历了两个阶段：周围的原子重新排列并形成七边形环，内部两个原子形成中心原子偶极。这个相变减少了由于新相中 s-d 轨道杂化引起的强化学键应力所带来的能量上升。原位的原子尺度实时表征在对相变的基本理解方面取得了重大突破，深入了解相变还可以指导设计材料的新特性，如电导率、催化性能等。

除了研究材料工况环境下的相变，原位透射电子显微镜（TEM）已成为探测纳米材料力学性能的标准方法。可以在纳米晶体受到外力变形的过程中，实时捕获原子分辨率的 TEM 图像，并同时记录力 - 位移信号。例如，东京大学的 Wei 等追踪了 TEM 中受高能电子束照射引发的原子级晶界迁移[11]。通过对原子位移的成像，发现初始晶界内对称的结构单元在辐照下转变为不对称的结构，从而导致了晶界的迁移。这些原位观察揭示了晶界迁移可以通过晶界台阶上原子沿着特定路径的协同重排来实现。约翰斯·霍普金斯大学的 Chen 等通过原位 TEM 观察和蒙特卡洛模拟计算，研究了在室温下对纳米 Au 进行原位拉伸，由应力诱发结构重构而引起的位错爬升现象[12]。通过外部施加的应力，位错在半个原子面处重构，导致了整体位错的迁移。这一结果揭示了一种非常规的位错爬升机制，不同于通常认为的通过破坏或构建位错中心的单个原子柱来实现的位错爬升。原位 TEM 跟踪原子尺度的结构演化行为能够为研究者深入了解材料的微观结构和性质提供更多的实验方法和证据。

12.3.4 / 材料的结构稳定性

（1）材料的氧化　氧化是一种常见的材料降解过程，对材料的稳定性产生重要影响。氧化通常导致材料的腐蚀和降解。例如，金属在氧气中氧化形成金属氧化物，这会降低金属的强度和导电性，导致金属部件的劣化。氧化后的材料的物理和化学性质还会发生变化。原位电镜技术允许科研人员实时观察材料在不同气氛和温度条件下的行为，从原子尺度理解材料的氧化过程对于改进材料稳定性和耐用性非常重要。研究者通过深入了解氧化机制和动力学，可以更好地应对材料在氧化环境中的挑战，为材料科学和工程提供有力支持。

研究者运用原位电镜可以实时观察材料在氧气或其他氧化环境中的氧化过程，这有助于了解氧化速率、反应机制和氧化产物的形成。如图 12-3 所示，美国伊利诺伊大学芝加哥分校 Reza Shahbazian-Yassar 课题组利用原位透射电镜技术结合气体反应杆，实现了纳米尺度下实时原位观测高熵合金纳米颗粒在 400℃ 空气气氛下的氧化过程，并证实了高熵合金的确显示出比单质金属更高的高温稳定性。原位电镜拍摄的高分辨图像结合 EDS 和 EELS 给出的元素分布、电子态结果证实了样品中氧化是由柯肯达尔效应主导的扩散过程[13]。

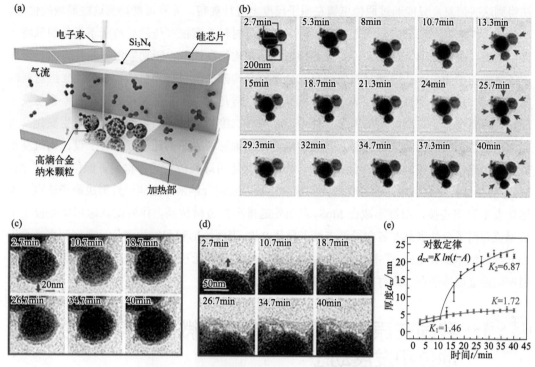

图 12-3　高熵合金纳米颗粒在 400℃下的高温氧化过程

　　在催化过程中，氧化反应也同样扮演了重要的角色。而催化过程中的重点氧化反应往往是在纳米尺度甚至是亚纳米尺度上发生的，而且多相催化体系往往存在不均匀性，如此一来，如果只能从宏观层面获得结构信息，真实的氧化过程往往就会被很多"噪声"湮没。运用原位电镜则可让研究者直接观察到氧化过程，可以直观地认识氧化过程。加利福尼亚大学欧文分校的 Pan 研究了 PtCo 双金属纳米晶在氧气气氛下的表面重构现象[14]，如图 12-4 所示，作者团队发现 PtCo 双金属纳米晶暴露在氧气气氛后（温度为 350℃），在 {111} 晶面会出现 CoO，而 {100} 晶面不会发生氧化反应。随后，作者团队通过理论计算比较了不同晶面的表面能，从而解释了原位电镜观察到的现象。这一工作展示了原位电镜在原子尺度追踪氧化过程的能力。这种各向异性的表面性质也许在实际应用中非常的普遍，但是常规的谱学手段无

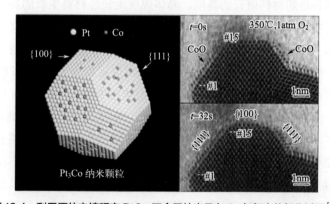

图 12-4　利用原位电镜研究 PtCo 双金属纳米晶在 O₂ 气氛中的氧化过程[14]

法得到这些信息。只能通过原位电镜在原子尺度上进行观察，才有可能得到这些局域的信息。

（2）纳米晶在二维材料表面的迁移行为　二维材料具有很多传统材料所不具备的独特的光电性能，由于超薄、全表面、柔性等特性，其在构筑高性能、新功能电子器件方面已经展示了巨大的潜力。而在二维材料表面负载金属材料构建二维材料异质结构来调控二维材料的能带结构，获得目标性能已经成为一种标准范式。但是，由于在纳米尺度，金属原子易发生迁移，因而在基于二维材料的电子器件中，金属与二维材料的界面可能随时间发生变化，进而影响整个器件的性能。因此深入研究纳米晶在二维材料表面的迁移行为对于设计构筑高性能、高稳定性的二维材料器件至关重要。作者团队运用球差校正透射电镜，原位研究了 Au-MoS$_2$ 异质结构中金纳米晶的择优取向和聚合生长，发现金纳米晶之间一旦形成原子通道，便迅速发生取向连接，最终形成在 MoS$_2$ 表面外延排列的金树枝晶。作者团队运用球差校正电镜原位观测了金纳米晶在各向异性二维半导体 ReS$_2$ 表面的形貌和结构演化，观察到直径小于 3nm 的金纳米晶在 ReS$_2$ 平面内沿 ReS$_2$ 的 b 轴方向的择优迁移现象。这些工作证明了环境电镜在追踪金属原子在二维材料表面迁移行为的能力。

12.4　我国在原位环境透射电子显微镜材料领域的学术地位和发展动态

原位透射电子显微镜技术是一种能够在原位、实时条件下观察材料和样品微观结构变化的先进工具。这一技术在常规的透射电子显微镜所具有的高空间分辨率和高能量分辨率的基础上，在电子显微镜内部引入热、电、磁和化学反应等外部激励，实现物质在外部激励下的微结构响应行为的动态、原位实时观测。在环境电镜领域，我国研究团队已取得一系列具有自主知识产权的创新成果，在材料、物理、化学等学科领域取得了一系列重要进展和重大突破。接下来将从以下几个方面论述我国科学家在原位电镜领域取得的成果。

12.4.1　原位表征晶体成核生长，指导新型材料可控制备

材料的可控制备是新材料研究的基础。晶体成核生长是材料生长的基础，深入理解晶体的成核生长过程是实现材料可控制备的基石。中国科学院物理研究所王立芬副研究员与北京大学陈基、刘磊和英国剑桥大学 Angelos Michaelides 等合作，基于原位电镜石墨烯液相反应池技术，结合第一性原理计算和分子动力学模拟，原位观察到 NaCl 在石墨烯纳米微腔中有别于传统认知的微观成核结晶路径[15]。他们在透射电镜中原位观察 NaCl 成核结晶的原子过程中发现，有别于以往常见的立方晶粒，六角形貌的 NaCl 晶粒在石墨烯囊泡中结晶存在"经典"的一步成核和"非经典"的两步成核路径（图 12-5）。并在"两步"路径中发现具有六角结构的动力学暂稳相与立方晶相存在竞争机制，从而出现六角形貌的立方晶粒一步结晶路径和经六角结构的晶粒为中间相的两步结晶路径（图 12-5）。第一性原理和分子动力学计算表明，初始六角结构晶粒和六角形貌的立方相核粒分别与石墨烯衬底之间的相互作用相当，从

而在能量角度决定了两相接近的成核概率（图 12-5），石墨烯表面动力学稳定的六角结构和热力学稳定的立方结构的两相竞争决定了多种路径存在的可能性。这项工作揭示了衬底的范德瓦尔斯外延作用作为一种非经典成核结晶动力学调控因素已经拓宽到盐类结晶，并为形貌调控、发现新型暂稳相、非稳相等提供了新的思路，对成核生长机理的认识和新材料合成及应用具有重要意义。

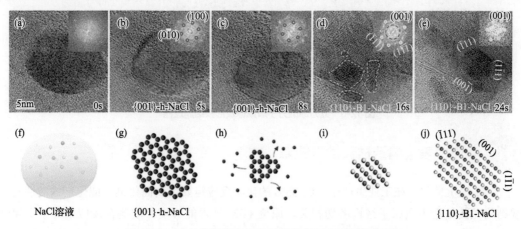

图 12-5　NaCl 从初始液态到最终固态的两步成核结晶过程

（a）初始液态饱和 NaCl 溶液成像；（b）六角 NaCl 析出并充满整个石墨烯纳米囊泡；（c）～（e）六角结构 NaCl 不断溶解，立方相 NaCl 成核并结晶为六角形貌；（f）～（j）对应的结晶过程示意图[15]

水是宇宙中含量仅次于氢气的物质，而冰是宇宙中最常见的固体。运用原位电镜，我国科学家在冰的成核生长研究中也取得了重大突破。关于水结晶这一物理过程，其主要难点在于始终难以在其分子水平上提供相应的实验数据。因此，具有高空间分辨率、低损伤的水结冰实时显微成像技术具有重要意义。中国科学院物理研究所/北京凝聚态物理国家研究中心白雪冬研究员、王立芬副研究员团队，通过发展原位冷冻电镜，借助像差矫正透射电子显微镜和低剂量电子束成像技术，实现了以分子级分辨率观测冰的生长结晶过程，并原位表征结构的演化[16]。研究展示了 −170℃左右的低温衬底上气相水凝结成冰晶的过程，发现了立方冰在这种低温衬底上的优先形核生长（图 12-6）。分子级成像证实了水结晶可以形成各种形貌不一的单晶立方冰。而随着时间的增加，冰晶整体中六角冰的占比逐渐增加。研究分析提出，这表明异质界面在立方冰的形成中起着重要作用。而自然界中常见的降雪大多是水分子在灰尘矿物质等表面的凝聚生长，且这种异质界面无处不在。进一步研究表征了立方冰内部的常见缺陷。根据是否引进堆垛无序晶畴为标准，研究将立方冰内部的常见缺陷分为两类，并利用电子束的激发效应探究了堆垛无序晶畴部分的结构动力学。实验观测结合分子动力学模拟结果表明，这种富缺陷的结构并不稳定，在电子束的扰动下缺陷层发生结构构型的协同扭曲乃至整体的攀爬。研究人员观察到，无论是在生长过程中还是电子束激发下，立方冰在观测时间内均保持着相当的稳定性，未发生向六角冰转变的迹象。这种结构的稳定性验证了立方冰在水结冰过程中具有相当大的竞争力，因此可能在该过程中扮演着重要的角色。该研究展示了我国科学家利用原位透射电镜技术在分子水平展开研究的能力。

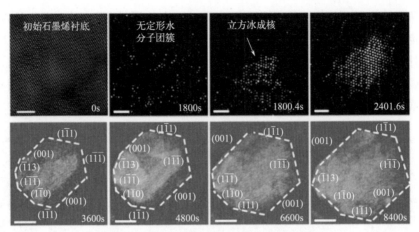

初始石墨烯衬底　　无定形水分子团簇　　立方冰成核

0s　1800s　1800.4s　2401.6s

3600s　4800s　6600s　8400s

图 12-6　立方冰的分子级成像及形核结晶过程[16]

12.4.2 ／ 原位表征揭示材料性能起源

（1）原位催化　在工业生产中，约 85% 的化学反应需要用到催化剂，催化剂的活性与微观结构尤其是近表面原子结构密切相关。原位 TEM 技术能够实时观测在反应条件下金属纳米催化剂表面应力、合金的元素偏析、化学吸附诱导的表面重构等过程。运用环境电镜可以模拟催化剂的反应条件，实时观察反应中催化剂的结构演化，为深入理解催化剂的活性来源、设计优秀的催化剂提供理论基础。通过原位电镜，我国科学家在催化剂研究方面取得了诸多成果。中国科学院大连化学物理研究所能源研究技术平台电镜技术研究组副研究员刘伟、杨冰与中国科学院上海高等研究院研究员高嶷团队及南方科技大学副教授谷猛团队合作，观察和确认了 NiAu 催化剂在 CO_2 加氢反应中的真实表面。研究团队基于环境透射电镜以及特殊设计的毫巴级负压定量混气系统，研究了 NiAu/SiO_2 体系催化 CO_2 加氢反应过程[17]。原位观测发现，该催化剂在反应气氛和温度下，内核 Ni 原子会逐渐偏析至表面与 Au 合金化；在降温停止反应时，会退合金化返回 Ni@Au 核壳型结构（图 12-7）。原位谱学手段（包括原位 FTIR 和原位 XAS）的结果同样证实了上述显微观测结果。理论计算和原位 FTIR 结果表明，反应中原位生成的 CO 与 NiAu 表面合金化起到了关键而微妙的相互促进作用，这是该催化

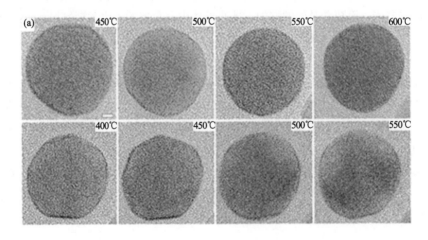

(a)　450℃　500℃　550℃　600℃

400℃　450℃　500℃　550℃

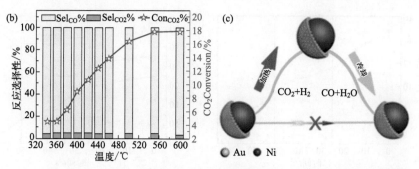

图 12-7　反应过程中 Ni@Au 核壳型结构 Ni 原子迁移至表面形成 NiAu 合金层的原位观察[17]

剂构型演变及高 CO 选择性的原因。该工作是一套原位环境下微观结构表征与宏观状态统计的综合应用案例，突出局域原子结构显微观测的同时，借助原位谱学手段，尤其是原位 XAS 技术，确保了电子显微发现与材料宏观工况性能的关联置信度，从而为发展原位、动态、高时空分辨的催化表征新方法和新技术提供了范例，也为设计构筑特定结构和功能催化新材料提供了借鉴和思考。

深入认识催化剂的活性来源有助于设计性能优异、稳定性好的新型催化剂。中国科学院上海微系统与信息技术研究所研究员李昕欣团队采用基于 MEMS 芯片的气相原位透射电镜（TEM）表征技术，探究了 Pd-Ag 合金纳米颗粒催化剂在 MEMS 氢气传感器工况条件下的失效机制[18]。研究团队在工况条件下观测到 Pd-Ag 合金纳米颗粒催化剂的形貌和物相演变全过程，揭示了该合金纳米催化剂在不同工作温度下的失活机制，并据此对 MEMS 氢气传感器进行优化，有效推进了氢气传感器的实用化。原位 TEM 实验结果表明（图 12-8），当半导体

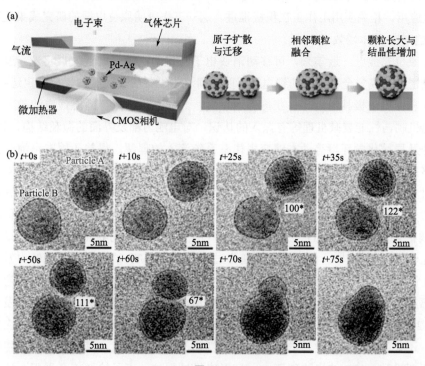

图 12-8

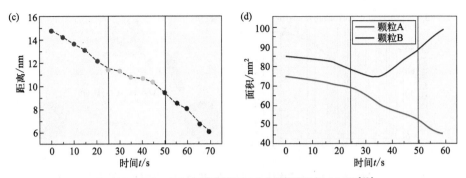

图 12-8　原位 TEM 实验实时记录合金催化剂的融合过程 [18]

氢气传感器在 300℃工作时，相邻近的 Pd-Ag 合金纳米颗粒易发生融合、颗粒长大现象，且颗粒的结晶性提高。Pd-Ag 合金纳米颗粒催化剂的粒径增大、缺陷减少，使其催化活性降低，引起氢气传感器的灵敏度出现衰减。当氢气传感器在更高温度（500℃）下工作时，Pd-Ag 合金纳米颗粒进一步发生相偏析，Ag 元素从合金相中析出，同时生成了 PdO 相，导致催化剂丧失了协同增强效应，使氢气传感器的灵敏度大幅下降甚至失效。

　　在上述失效机制的指导下，科研团队进一步优化了 Pd-Ag 合金催化剂的元素组成、负载量及工作温度，并使用实验室独立研发的集成式低功耗 MEMS 传感芯片，研制出新一代的氢气传感器。该氢气传感器具有灵敏度高（检测下限优于 $1×10^{-6}$）、长期稳定性好（在 300℃下连续工作一个月后，对 $100×10^{-6}H_2$ 的响应值衰减小于 1%）、功耗低（300℃下持续工作，功耗仅为 22mW）。该研究采用气相原位 TEM 技术来探讨气体传感器的失效机制，为气体传感器的理论研究与实用化提供了新的研究方式。目前，该 MEMS 氢气传感器已在汽车加氢站等领域试应用，相关应用工作正在积极推进。这一工作表明原位电镜的研究成果还可以切实反馈工业生产，降本增效。

　　（2）原位充放电　近年来，可移动消费电子与电动汽车等产业发展迅速，迫切需要发展高能量密度与高安全稳定性的锂电池，以提高这些设备的长续航与长期稳定运行的能力。这使全固态锂电池极具潜力，并获得迅速发展。然而，高性能全固态锂电池的发展需要对其充放电机制与性能衰减机理等有深入的认识，对电池内部及界面的微观结构、物相组成、化学成分及局域化学环境等动态演变规律有系统深入的理解。得益于固态电池全固态的特性，能够同时获得原子排布、元素分布、电子态信息的原位电镜正是时候开展固态锂电池中电极材料与界面在服役状态下、真实电化学过程中的动态过程与失效机制研究的理想平台。厦门大学杨勇和燕山大学黄建宇团队合作利用原位透射电子显微镜结合固体核磁共振及 X 射线衍射，来研究 LATP [$Li_{1.3}Al_{0.3}Ti_{1.7}(PO_4)_3$] 与金属锂的界面反应过程、动态形貌变化以及化学力学效应 [19]。在原位观察锂化过程发现，LATP 纳米棒在几分钟内发生了严重的膨胀 [图 12-9（a）～（d）]。如此巨大的各向异性体积变化使纳米棒发生了弯曲，在电解质内部产生了较大的应力。同时在反应结束后，衍射点迅速消失，表明材料发生了非晶化 [图 12-9（e）～（f）]。这一结果说明，电池的电化学性能不仅受到化学反应或锂枝晶的生长，还受到机械不稳定性的影响。随着锂离子的不断插入，晶格膨胀会产生巨大的内应力，逐渐导致 LATP 结构的破坏。一旦形成机械裂纹，离子输送就会受阻。这一工作展示了原位电镜构建复杂工作环境对样品展开表征的能力，其结果可以为优化材料设计、提高材料性能提供理论指导。

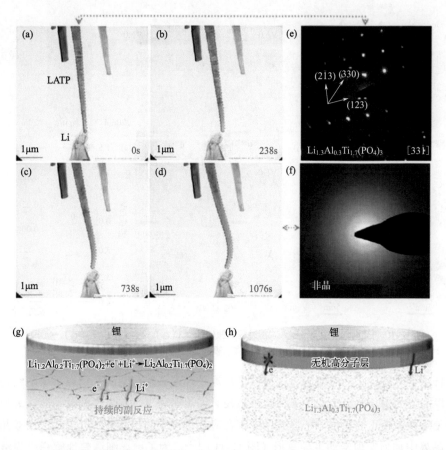

图 12-9　LATP 与金属锂的界面反应过程、动态形貌变化以及化学力效应 [（a）~（f）] 原位电镜观察锂离子嵌入导致的 LATP 纳米棒变形过程；[（g）~（h）] 电池失效机制示意图[19]

　　为了抑制锂离子嵌入导致的晶格膨胀，厦门大学孙世刚院士、廖洪钢教授等通过在高温下用氨处理含石墨层碳纸的方法制备预隧穿石墨层，构建了一个体扩散锂导体（BDLC）。BDLC 具有丰富的原子通道，用于超密锂输运[20]。作者团队采用原位 TEM 结合密度泛函理论计算、第一性原理分子动力学模拟，系统地揭示了超致密锂在原子通道中的沉积 / 剥离行为。作者团队通过预隧穿石墨层（层间距约为 7Å），同时引入空隙和亲锂位点，建立了锂扩散的层间和层内通道。与传统的表面扩散 / 沉积机制不同，原子通道可以有效地缓解由不均匀表面沉积引起的枝晶问题，并实现了快速体扩散。原位电镜表征揭示了超致密 Li 在 BDLC 体中的高度可逆、无枝晶电镀 / 剥离过程，证实了其设计的正确性（图 12-10）。因此，Li@BDLC‖Li@BDLC 对称电池可以在 27mV 的低过电势下工作 2000h 以上。当与高于 20mg/cm^2 的高负载 LiFePO$_4$（LFP）阴极配对时，面容量达到 3.9mA·h/cm^2（Li 的 1.1 倍），在 370 次循环中达到 100% 的容量保持（Li 的 1.3 倍）。

　　（3）原位应力应变　金属材料的性能极大地受到缺陷的调控，而运用配备原位拉伸功能

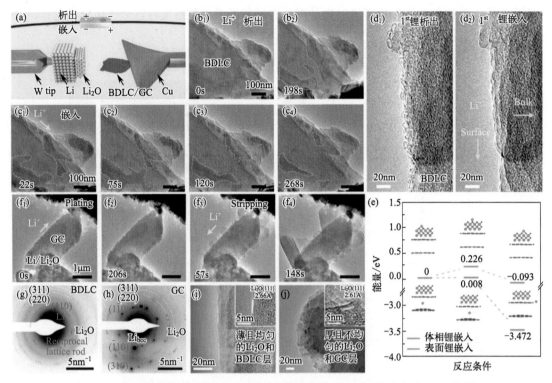

图 12-10　BDLC 中锂离子嵌入脱出过程的原位观察 [（a）~（d），（f），（g）~（j）]，
及锂离子在样品内部和样品表面迁移的能垒 [（e）][20]

的样品杆结合球差校正的透射电镜则提供了从原子尺度直接观察应变状态下缺陷结构变化的
可能。以晶界为例，北京工业大学韩晓东教授、佐治亚理工学院朱廷教授和浙江大学张泽院
士合作使用像差校正的原位电子显微镜观察在应变过程中的铂晶界，以揭示在铂双晶中的一
般倾斜晶界中如何实现滑动主导变形（图 12-11）[21]。为了更详细清楚地解释晶界滑动，作
者团队开发了自动原子柱跟踪法，这种方法可以自动标记原子列，从而于反应晶界滑动的图
像序列中识别出特定的原子柱。结果显示了沿晶界的直接原子尺度滑动或在边界平面上的原
子转移滑动过程。后一种滑动过程是由使晶界原子能够传输的断开运动介导的，导致以前无
法识别的耦合晶界滑动和原子平面转移的模式。这些结果使人们能够在原子尺度上理解一般
晶界如何在多晶材料中滑动，展示了利用原位原子分辨率 TEM 实验来理解多晶材料中界面
介导的变形和失效机制的巨大潜力。

　　上面的工作表明，原位电镜在材料力学性能的机理研究方面非常重要，但是原位电镜也
有其限制。还是以晶界为例，由于晶界结构本身的复杂性以及传统透射电镜二维投影成像模
式的限制，人们只能通过二维投影的电镜图片反推实际晶体材料中的晶界结构，这极大地增
加了人们认识晶界实际构型的难度，因此从实验上实现晶界三维原子结构成像对深入认识晶
界具有重要意义。为了解决这一难题，中科研金属所的杜奎研究员发展了电子层析三维重
构技术，实现了原子分辨率电子层析三维重构技术，并成功地解析了金属晶界的三维原子结构，
包括大角的结构单元型晶界和小角的位错型晶界[22]。与传统研究中普遍认为的晶界具有
一维平移周期性不同，该研究表明实际晶体材料中大角晶界的结构单元在三维空间不具有平

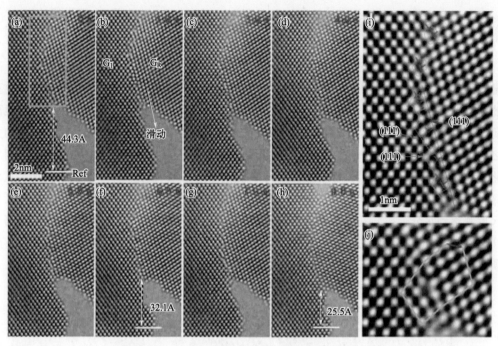

图 12-11　Pt 双晶中不对称倾斜 GB 的原子尺度滑动[21]

移周期性。晶界原子配位数分析与频率分布表明大角晶界的结构单元分布与晶界局部频率有关（图 12-12）。这一技术将为后续原位应力应变相关研究提供重要的参考，可以极大地推进科学家对应变状态下材料微结构变化的认识。

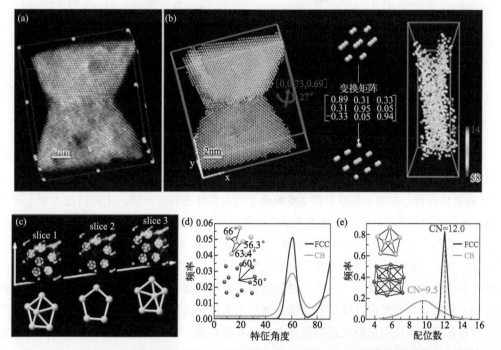

图 12-12　大角晶界（结构单元型晶界）的三维原子结构、晶界原子配位数与结构单元组态分析[22]

发展原位透射电子显微学方法

在发展原位透射电子显微学方法，推进原位电镜的空间分辨能力、时间分辨能力、高通量数据分析方面，我国科学家也取得了重大进展。随着球差校正器的普及，配备球差校正器的原位电镜已经可以实现原子级的分辨能力，但是对气体分子的观察仍然是原位电子显微学研究中的难点之一。而气体分子在催化剂表面的气固相互作用是解析催化剂活性本质的关键之一。浙江大学张泽院士、王勇教授，中国科学院上海应用物理研究所高嵩研究员利用二氧化钛（001）面的表面重构，让活性位点周期性排列起来，凸起在同一个方向上叠加，从而提高吸附在活性位点的水分子的衬度。张泽院士团队等通过环境透射电子显微镜，首次从分子尺度观察到水分子在二氧化钛表面上的吸附活化和反应（图 12-13）[23]。这是科学家第一次实时看到水分子在催化剂表面的动态反应。这种结构只在实际的水汽环境中才会稳定存在，所以，在目前条件下，只有使用环境电镜才能够被观察到。

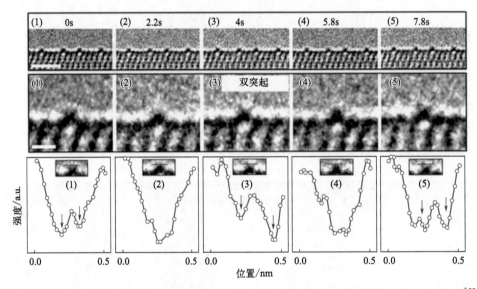

图 12-13　水煤气反应（$H_2O+CO \rightarrow H_2+CO_2$）条件下（$1 \times 4$）–（001）表面"双凸起"结构的动态演变[23]

在提高原位电镜的时间分辨能力方面，我国科学家也同样取得了重要突破。浙江大学的王勇教授等利用电子衍射采集时间短、束流密度需求低的特点，运用原位电子衍射的方法表征了 Ni 的氧化过程，实现了每秒获得 200 帧电子衍射图像的时间分辨。上海科技大学于奕教授提出了一种简单而通用的策略在透射电子显微镜内部原位形成碱金属。其中，以碱盐为起始原料，电子束为触发剂，可直接制得碱金属。通过该策略实现了在室温下锂、钠金属的原子分辨率成像，并以毫秒级的时间分辨率在原子尺度上可视化了碱金属的生长过程（图 12-14）[24]。此外，该研究的观察结果揭示了用于锂金属电池中的石榴石型固体电解质中锂金属生长的争议之处。最后，该研究可以直接研究锂金属及表面钝化氧化层的物理接触性能，这有助于更好地理解锂离子电池中的锂枝晶和固体电解质界面问题，为电子束敏感型材料的高时空分辨原位表征提供了可行的思路。

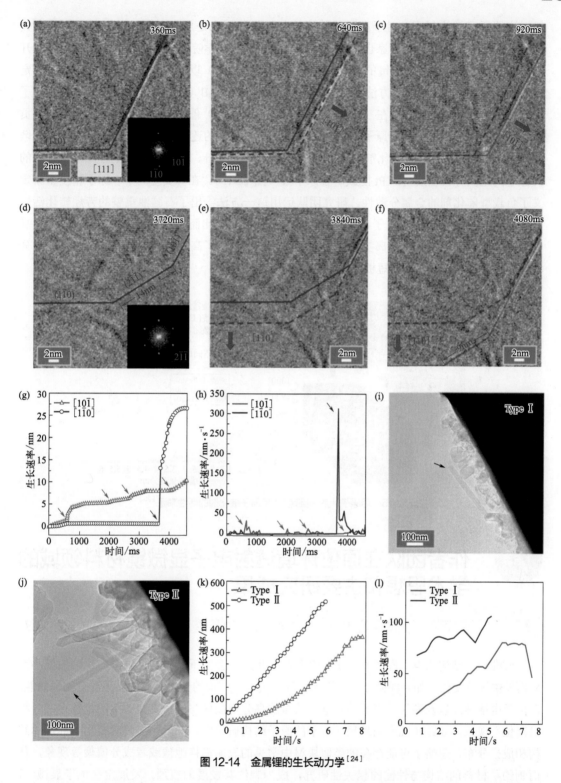

图 12-14　金属锂的生长动力学 [24]

　　相比于传统的透射电子显微学研究，原位表征的一大特征就是数据量极大。仅靠人力对有限数量的原位电镜结果进行分析难以客观、准确地解释实验结果，也就无法找到宏观的性能对应的原子结构起因。对于高通量数据的获得与分析也是原位电子显微学发展的一大关键。在这一方面，我国科学家也做出了重要突破。中国科学院大连化物所刘伟研究员报道开发了一种通过基于电子显微镜的原子识别统计量（EMARS）以逐个原子计数的方式精确测定金属 - 载体催化剂分散度的方法[25]。该方法能够精准统计铂（Pt）原子分散态，量化解析了Pt 单原子、团簇等不同物种在三氧化二铝负载铂（Pt/Al$_2$O$_3$）催化剂工业重整催化中的活性贡献。通过获取图像中的金属原子坐标，以高通量、自动化的逐一原子计数方式精确计算分散性。首次对 Pt/Al$_2$O$_3$ 重整催化剂实现了 18000 个 Pt 原子统计，获得在 23pm 到 60Å 范围内的Pt 原子间距离分布以及全部 Pt 团簇所含原子数（图 12-15）。在真实空间中以原子精度重新定义了负载型催化剂的金属分散性。研究团队运用这一方法给出了石脑油重整的芳烃转化活性来自载体上的 Pt 单原子，原子密度与活性的定量关系。相比而言，传统氢氧滴定方法容易高估金属分散性，导致严重偏离实际催化活性。该工作展现了高通量数据分析如何弥补电镜分析手段存在的统计性不足的短板。

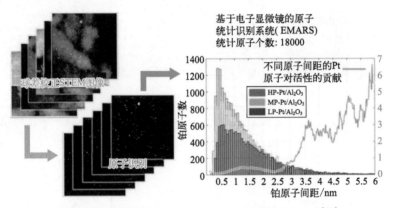

图 12-15　用原子计数法鉴定 Pt 单原子催化剂的活性来源[25]

12.5　作者团队在原位环境透射电子显微镜材料领域的学术思想和主要研究成果

12.5.1　复杂环境下晶体表界面结构和晶格应变的原位、定量电子显微学表征方法

低维纳米结构的电子态和物理化学性质在小尺度下会由于其结构、形态、组分的微小差异而发生显著变化，如表面微小的晶格应变导致其电子结构的变化，从而显著改变催化性能。但由于电镜球差以及离焦效应等的影响，获得的高分辨图像与原子真实的空间位置存在"相衬离位"现象，导致在几个纳米尺寸粒子的原子结构研究中，一般假定其具有均一的晶体结构和成分分布，忽略了可能存在的类似块材中常见的表面晶格弛豫或者成分偏聚等现象，从而制约了材料的结构与性能的相关性研究，成为制约其发展的瓶颈。发展定量电子显微学，揭示奇异性质的微结构机理和物理本质是纳米材料和纳米结构研究的前沿和难点，也是透射电子显微学的一个核心科学问题。

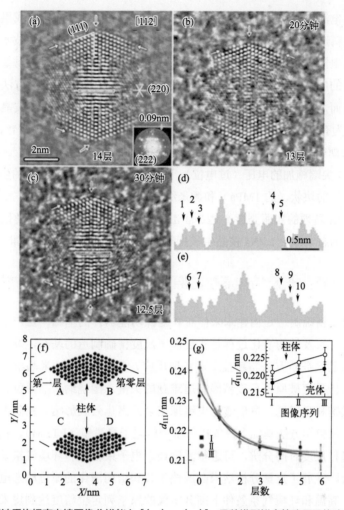

图 12-16　出射波重构提高电镜图像分辨能力 [（a）~（e）]，函数模型拟合策略原子位移 [（f）~（g）]

　　作者团队提出了将系列欠焦高分辨像波函数重构和模型函数拟合确定原子列位置相结合，发展了皮米精度测量材料原子位移的定量电子显微学方法，将实验高分辨像确定原子列位移精度提高到皮米水平，在亚埃尺度上研究界面原子构型和电子态，定量研究界面局域应力应变分布等。如图 12-16 所示，作者团队发现 FePt 粒子表面存在原子层间晶格弛豫和原子重构现象，发现该粒子具有富 Pt 壳层成分梯度正二十面体原子结构，揭示了该粒子在高能电子束辐照条件下的原子结构演化规律及机理[26, 27]。这一原子层间晶格弛豫和原子重构现象作为发现点之一，2013 年获国家自然科学奖二等奖（排名第三位）。作者团队发现 Ni-Pt 纳米花结构表面拉伸应变促进贵金属表面吸附的 CO 氧化脱除，具有优异的甲醇氧化催化活性[28]。

　　上述表征方法和晶体学原理相结合，还可用于复杂体系材料的界面三维原子结构解析、外场作用下材料界面三维原子结构演化的原位分析研究等。作者团队发现 ZnS 四足纳米结构由正八面体核心的 4 个 Zn 极性面外延生长形成[29]。作者团队发现 Pt/NiPt 纳米球壳在 CO 催化氧化反应后 Pt 粒子表面原子由低配位数位置向高配位数位置迁移的规律，加深了催化反应过程中原子结构与催化活性关联性的认识[30]。

作者团队在电池材料原位定量表征方面也取得了系列原创性的研究成果，建立了多种纳米力学和能源材料透射电镜 - 探针显微镜（TEM-SPM）的原位定量测量技术，在锂金属被认为是未来可充电电池的终极负极材料，但由于锂枝晶生长不可控，锂金属基可充电电池的发展只取得了有限的成功。在所有全固态电池中，抑制锂枝晶生长的一种方法是使用机械刚性固体电解质。然而，锂枝晶仍然通过它们生长。解决这个问题需要对锂枝晶的生长和相关的电化学 - 力学行为有一个基本的了解。作者团队利用自制的 TEM-AFM 平台，对单个 Li 晶须进行了原位生长观察和应力测量，获得了原生锂枝晶形态（图12-17）[31]。在室温下，亚微米晶须在对 AFM 尖端施加的电压（过电位）下生长，产生高达 130MPa 的生长应力；这个值大大高于之前报道的块状（约 1MPa）和微米级锂（约 100MPa）的应力。实验结果表明，在纯机械载荷下，Li 晶须的屈服强度高达 244MPa。在钠枝晶中也观察到类似的尺寸效应。这些结果为所有全固态电池中 Li/Na 枝晶生长抑制策略的设计提供了定量基准。

12.5.2 晶体成核生长及结构演化的原子分辨原位动态表征新方法和新技术

实现原子尺度精确制造是构建未来信息和能源功能器件的基础，在一定特征尺度深刻理解纳米晶的成核生长及结构演化过程是实现原子尺度精确制造的基石，发展原位、动态、高时空分辨的纳米晶表征新方法与新技术，实现反应 / 使役条件下纳米晶结构及表面原子的精确表征和结构解析是突破原子尺度精确制造难题的关键。围绕纳米晶原位、动态、精确表征研究的瓶颈和关键科学问题，突破透射电镜球差以及离焦效应影响其精确表征的关键技术难点，在定量电子显微学方法基础上，依托环境透射电子显微镜（ETEM），构建了具有原子尺度空间分辨、毫秒尺度时间分辨，可进行温度场、电子束辐照和环境气氛条件下物质的原位制备和表征平台，发展了定量分析纳米晶成核生长和结构演化的原位动态电子显微学和谱学精确表征方法，高温和环境气氛条件下高分辨像的原子列定位精度达到皮米尺度，实现了环境气氛、力学、电学、温度、电子束辐照等多场耦合条件下材料行为的高分辨、定量、原位研究，可在原子尺度实时研究晶体的成核生长、结构相变、催化机理等动态行为，在原子、电子层次理解材料结构影响性质的物理机制，为研制新材料，发现新效应，实现新应用，解决制约我国经济社会发展的关键科学问题做贡献。

针对碳纳米管结构控制生长中的关键问题，作者团队与合作者利用 ETEM 研究了单壁碳纳米管在金属间化合物 Co_7W_6 和单质金属 Co 催化剂上的成核与生长行为，发现其生长模式取决于催化剂的形态。对于固态催化剂，碳管在表面原子台阶位置垂直于表面成核生长，管径小于催化剂尺寸，其中 Co_7W_6 催化剂表面的独特原子结构导致生长的碳管具有手性选择性，固态 Co 则没有这种手性选择性；对于熔融 Co 催化剂，碳管沿着催化剂表面切向生长，管径依赖于催化剂尺寸，未观察到手性选择性[32]。

相关原位动态精确表征方法用于 Pt、Au 等纳米晶的成核生长及结构演化研究，研究了界面相互作用对晶体结构及其演化的影响规律。作者团队发现了固相环境下 Pt 纳米晶经由非晶团簇生长到临界尺寸 2.0nm 后晶化的生长规律，提出了 Pt 纳米晶非经典成核和生长机制[6]。作者团队发现了 MoS_2 的侧面原子构型可调控 Pt 纳米晶的特征尺寸，提出了生长位点处界面

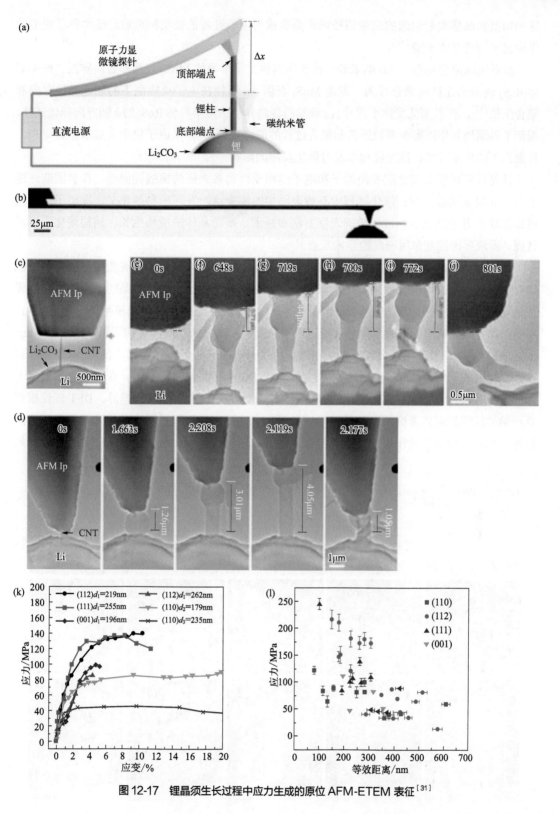

图 12-17 锂晶须生长过程中应力生成的原位 AFM-ETEM 表征[31]

原子构型和晶格失配引起的应变调控纳米晶成核和生长过程的微结构机理，证实界面应变的作用范围为两个原子层[33]。

作者团队原位观察了 Au 纳米颗粒在各向同性二维半导体 MoS_2 表面和各向异性二维半导体 ReS_2 表面的迁移和聚合行为，发现 MoS_2 表面 Au 颗粒在电子束辐照下的加速择优取向和聚合生长[34]，作者团队发现小尺寸 Au 颗粒沿各向异性二维半导体 ReS_2 的 b 轴方向择优迁移，揭示了界面相互作用影响颗粒迁移和聚合过程的演化规律[35]。从原子层次上揭示金属与 SiO_2 界面原子结构和组成、演变过程以及对催化反应的影响[36]。

针对反应环境下催化剂表面原子和电子结构原位动态表征的挑战性问题，作者团队评述了 Ni-Au 双金属催化剂在催化过程中有效表面实时演变这一发现的科学意义，提出了大力发展原位动态电子显微学和谱学精确表征方法和技术，推动晶体的成核生长、结构演化，以及气固、固液界面相互作用研究的学术观点[37]。

基于钠金属负极的固态钠金属电池、钠硫电池、钠空气电池是潜在的能超越锂电池的能量存储科技，未来可能会应用于电动汽车和能量存储系统中。但是钠枝晶的不可控生长阻碍了钠电池系统的开发，钠枝晶以及相关的负极 - 电解质界面问题仍然模棱两可。如图 12-18 所示，作者团队利用先进的原位环境透射电子显微镜技术方法，研究了钠沉积 / 剥离（plating/stripping）过程，发现钠金属在早期沉积过程中生长成为一些多面体结构，{100} 晶面簇暴露在外。在钠的剥离（Stripping）过程中，Na 沿着 {110} 晶面簇层层剥离，在逐渐剥离到多面体的角的时候转向 {112} 晶面簇。钠的沉积和剥离过程和锂金属的存在差异。DFT 理论模拟显示钠的沉积和剥离遵循最小能量路径或者沃尔夫定律，钠沉积过程中的特殊形状是原子沉积速率和质量通量共同作用的结果。控制电池中钠的沉积形貌，缓解钠枝晶的生长对钠金属

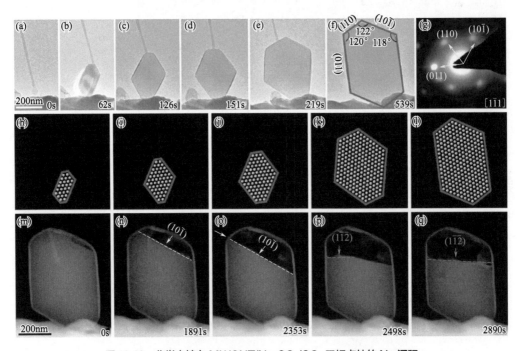

图 12-18 化学电镀在 $MWCNT/Na_2CO_3/CO_2$ 三相点处的 Na 沉积

电池来说是非常重要的，这项原位研究对电池研究有重要意义。实验中，钠是在二氧化碳气氛环境中生长出来的，钠多面体的表面有一层和钠离子电池中 SEI 非常相似的碳酸钠。研究人员发现，钠沉积过程中的形状是原子沉积速率和质量通量共同作用的结果，通过控制沉积电压和环境是有可能控制钠的沉积形状的，这对未来良好控制钠金属的沉积有启发性意义。

作者团队总结了原位电子显微术在纳米晶的成核与生长、结构演化和在反应动力学的原子尺度原位和环境透射电镜研究领域的重要进展，并对未来该领域的研究提出了展望[38]。王荣明主编英文学术专著 *Progress in nanoscale characterization and manipulation*，其由 Peking University Press and Springer Nature Singapore Pte Ltd. 出版，入选"十三五"国家重点图书出版规划项目，2018 年获国家新闻出版署输出版优秀图书奖。

12.5.3 / 新型功能材料的原子尺度精确制造和物性调控

作者团队还根据电镜表征结果指导新型功能材料的原子尺度精确制造揭示了 TiO_2 二维 - 无定形镶嵌结构与 MoS_2 构成的异质结引起的界面电荷转移以及电荷陷阱增强光诱导栅控效应是提升其光电性质的重要原因[39]。聚焦于二维材料与衬底相互作用，作者团队讨论并总结出四种外延生长模式及不同模式下二维材料生长特点及外延机制[40]。

面向清洁能源对高性能、低成本析氢反应（HER）催化剂的应用需求，作者团队通过绿色、简便和通用的湿化学方法将 Pt 纳米颗粒沉积在 MoS_2 纳米片表面，制备出具有不同覆盖率的 Pt-MoS_2 异质结构催化剂，负载为 3.0%（质量分数）Pt 的催化剂显示更高的 HER 活性，具有更低的过电位和 Tafel 斜率。如图 12-19 所示，作者团队通过球差电镜在原子尺度表征了该异质结构形成的 Pt-S 界面原子构型，结果表明界面原子构型阻止了 Pt 颗粒的团聚并提高了催化稳定性，Pt 负载显著提高了 MoS_2 的电导率，并通过界面电子转移调节了对反应中间体的吸附和解吸能，提升了界面处 Pt 原子的 HER 活性。通过利用电镜表征结合理论计算揭示了界面强相互作用与多相催化剂 HER 性能之间的关系，为设计具有高 HER 活性和稳定性的金属载体异质结构提供了实验和理论基础[41]。

金属 - 空气电池具有比金属 - 离子电池高得多的理论能量密度，但氧化还原反应（ORR）和析氧反应（OER）缓慢阻碍了其应用。因此，电催化被用来促进 ORR 和 OER。尽管付出了巨大的努力，但 ORR 和 OER 过程中电催化的实时成像仍然令人难以捉摸。此外，在 NaO_2 电池中是否需要电催化也存在争议。作者团队首次在高级像差校正 ETEM 中展示了 NaO_2 电池电催化操作的原位成像（图 12-20）[42]。在 Au 包覆的 MnO_2 纳米线空气阴极中，ORR 的特征是由 Au 催化剂形成成核的 NaO_2 纳米气泡，使 MnO_2 纳米线表面的体积增加了 18 倍，NaO_2 迅速歧化成 Na_2O_2 和 O_2，导致 NaO_2 纳米气泡破裂。相反，裸露的二氧化锰纳米线阴极没有发生 ORR，由于插入 Na^+，MnO_2 纳米线只膨胀了 217%。该结果不仅为研究 NaO_2 电池中 Au 催化的氧化学提供了新的思路，而且为评价金属空气电池中的电催化提供了一种原子水平表征技术。LiO_2、$LiCO_2$、NaO_2/CO_2、$NaCO_2$、KCO_2 电池系统的机理研究为金属 - 气体电池的基本电化学提供了重要的认识。

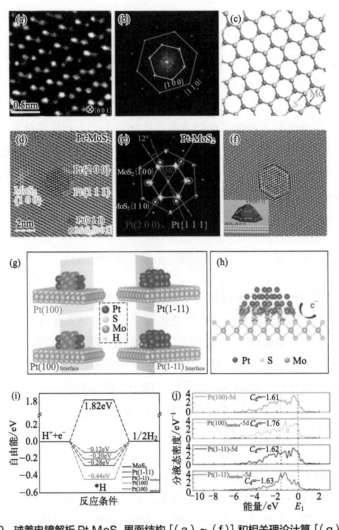

图 12-19　球差电镜解析 Pt-MoS$_2$ 界面结构 [（a）～（f）] 和相关理论计算 [（g）～（j）]

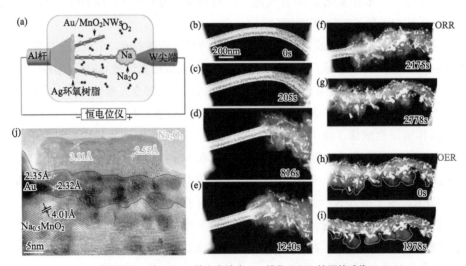

图 12-20　在 NaO$_2$ 纳米电池中 Au 催化 ORR 的原位成像

我国在原位环境透射电子显微镜材料领域的展望与未来

环境电镜技术的持续发展涉及多个关键方面，包括理论、技术、设备、应用等。这些方面在环境电镜技术的研究和应用中都面临着一系列挑战，需要不断的克服和突破。下面将详细探讨这些关键方面的重点和难点，以及在克服这些困难时可能采取的方法。

12.6.1 理论

电子散射理论描述了电子束与样品中原子核和电子云相互作用的方式，包括散射角度、干涉、衍射和吸收等现象，是透射电镜技术的核心。这使科学家能够理解和预测在 TEM 中观察到的各种图像和光学效应。因此，需要更深入地研究电子的散射行为，包括多重散射、透射电镜的相移等。这有助于更好地理解电子束与样品的相互作用，从而提高成像和分析的准确性。

而与传统电镜的高真空状态不同，在原位电镜中样品与电子束的相互作用会受到外界环境的影响。因此，需要建立精确的样品环境模型，发展外场激励条件下的电子散射理论，以更好地模拟不同环境下的成像过程。这有助于更准确地理解样品的行为和性质。

12.6.2 技术

（1）高分辨率成像　实现高分辨率成像是环境电镜技术的首要任务。为了获得更高的分辨率，作为透射电镜光源的电子束需要具有高能量、高准直度、高单色性等特点。首先是需要开发合适的灯丝材料，透射电镜的灯丝通常工作在上百千伏的高压下，灯丝材料需要具有极高的稳定性才能长时间发射能量高、单色性的电子。灯丝产生的电子束经过一系列的电磁透镜系统，如透镜、减光器和物镜透镜，以聚焦电子束。这些透镜系统能够控制电子束的聚焦点和发散度，以确保电子束能够准确地照射到样品上。因此还需要不断优化透射电镜的电磁透镜系统，以对高能电子束实现精确的聚焦与控制。

环境电镜中的电子枪灯丝以及电磁透镜系统与传统的透射电镜是通用的，在环境电镜中实现高分辨成像与传统电镜最大的区别是，环境电镜中的外场条件（如环境气氛）还会对电子发生散射，影响最终的成像质量。因此需要优化环境电镜设计，如添加能量滤波器可以选择特定能量的电子，从而改善成像对比度和样品表面的信息；开发设计高性能的电子探测器，使用计算机辅助校正技术，可以纠正透镜系统中温度场、气氛、光、电场等外场条件的影响，提高成像质量。

（2）环境控制　环境电镜在电镜腔体内实现不同的温度场、气氛、光、电场等外场条件，因此需要设计和制造高度稳定的控制系统。结合先进 MEMS 技术，可以实现包括样品台、环境气体、温度等条件稳定的环境控制，并极大促进可靠的原位成像和定量分析。

（3）数据采集与处理 高分辨率环境电镜产生大量的数据，因此需要高效的数据采集和处理方法。这包括高速相机、高性能计算机和复杂的图像处理算法。同时，需要开发数据存储和共享的标准，以便研究人员可以方便地共享和访问数据。原位电镜实验中，自动化是关键。通过自动控制仪器和实验过程，可以实现实验条件的精确控制和数据的连续采集。实验中使用高速、高性能的电子探测器，快速地捕捉图像和数据，实现高帧率的图像采集。利用计算机辅助（如机器学习、人工智能等）手段，实现自动分析数据，提取关键信息，在数据采集过程中，进行实时的初步数据分析，以识别有价值的现象或趋势。考虑到原位实验的超大数据量，建立合作伙伴关系和数据共享机制，制定有效的数据存储策略，包括数据备份、数据归档和数据管理，确保数据安全和可访问性，以利用更多领域专家的知识和资源，提高数据处理的效率，也是原位电镜技术未来发展的重点之一。

12.6.3 设备难点

（1）高性能透射电镜 环境电镜的基础是一台高性能的透射电子显微镜，在此基础上再加入环境控制系统。环境电镜需要高性能的电子镜系统，以实现高分辨率成像。这包括高性能电子源、高精度的电磁透镜系统和高分辨率的成像装置。因此，设备的研发和制造需要巨大的投资和专业技术支持。

（2）环境控制系统 高效的环境控制系统是环境电镜设备的关键组成部分。这包括样品台，气体流控制，向样品施加力、热、电等外场刺激的多种样品杆。需要研发稳定性高、可靠性强的环境控制设备。

（3）数据采集和处理设备 数据采集和处理设备需要高性能的相机、计算机和存储设备。环境电镜通常使用单电子检测器、能谱探测器等不同类型的探测器来捕获电子束与样品相互作用后产生的信号。这些探测器可用于获取不同类型的信息，包括表面拓扑、元素成分和光子辐射等。这些设备需要满足高速数据采集和处理的需求，以实现高分辨率成像和数据分析。随着高通量数据的积累，环境电镜需要更多的数据处理工具，包括用于自动图像分割、特征提取、数据分析和机器学习的工具。实现高通量数据的处理需要高性能计算机和存储设备。还需要开发配套的数据处理和分析软件。这些软件允许用户对获取的处理进行处理、测量、分析和三维重建等。

12.6.4 应用难点

（1）实验过程中设备的安全性与可靠性 原位电镜实验过程中，安全性至关重要。电镜样品腔处于高真空环境，如果原位窗口破裂，内部的液/气分子容易进入电镜内部体系，对电镜内部电子枪等硬件造成直接污染破坏。尤其是在加热高温、电化学等原位实验以及在原位窗口相对比较大的情况下，安全风险都会增加。一般而言，泄漏事故对电镜造成的损害是不可逆的。电镜发生了泄漏事故，一般需要联系电镜工程师进行维护或维修。而原位电镜反应需要较长的时间，尤其是进行重点实验时，可能需要长达连续数天的反应时间，这为安全性增加了风险。国外某些实验室，为了减小原位电镜泄漏事故风险，一般把有风险的原位实验安排在那些比较老旧的电镜上进行，科研工作者不得不小心利用这项技术，以避免每年对电镜进行若干次维修，这成为无奈之举。

（2）**电子束敏感样品的成像**　对于电子束敏感样品，如活细胞或生物分子，需要在保持其生命活动的同时进行成像。这需要精密的环境控制和高分辨率成像技术。生物样品的固定、标记和成像是一个复杂的过程，需要不断改进和优化。

（3）**数据解释**　环境电镜产生的数据需要进行准确的解释和分析。这需要综合利用多学科知识，包括物理学、化学、生物学等。数据解释是应用环境电镜成像和分析的关键一步，需要不断改进分析方法和工具。

12.6.5 ∕ 克服环境电镜技术难点的策略和方法

（1）**人才培养**　人才培养是克服环境电镜技术难点的基础。需要培养具有电子显微镜、物理学、材料科学和生命科学等多学科知识的专业人才。这包括培训电子显微镜操作员、数据分析专家、环境控制工程师等。同时，需要鼓励跨学科合作，以促进不同领域的专家之间的交流和合作。

（2）**创新平台**　建立不同层次的创新平台对于解决技术和设备难点至关重要，这可以包括国家级或区域性的研究中心、实验室和测试基地。这些平台可以提供设备、技术支持和培训，以帮助研究人员克服技术挑战。实现环境电镜领域的技术创新，包括在样品环境控制、辐射损伤减小等方面进行技术创新，提高原位 TEM 技术在复杂条件下的应用能力和准确性。此外，创新平台还可以促进学术界和产业界的合作，加速技术的转化和应用。

（3）**产业化**　将环境电镜技术转化为实际应用需要产业化支持。政府、产业界和研究机构可以合作，支持环境电镜技术的产业化和商业化。这包括资金支持、知识产权保护和市场推广。通过产业化，环境电镜技术可以更广泛地应用于科研、医疗、材料科学、纳米技术等领域。

综上所述，环境电镜技术的发展面临着诸多方面的挑战，包括理论、技术、设备和应用。克服这些难点需要综合利用多学科知识、跨学科合作、人才培养、创新平台和产业化支持。通过不懈的努力，环境电镜技术有望在各个领域取得重要的突破，推动科学研究和工程应用的发展，彻底解决我国在环境电镜领域面临的"卡脖子"问题。

参考文献

　作者简介

王荣明，北京科技大学新金属材料国家重点实验室教授、博士生导师，国家百千万人才工程入选者，被授予"有突出贡献中青年专家"荣誉称号，享受国务院政府特殊津贴，连续入选爱思唯尔中国高被引学者、全球前 2% 顶尖科学家榜单，北京市朝阳区政协委员。于 1991 年和 1994 年分别在北京大学获得学士和硕士学位，1997 年在北京航空材料研究院获得博士学位，2000 年和 2004 年分别赴以色列本－古里安大学、美国加利福尼亚大学伯克利分校劳伦斯国家实验室访学研究。兼任 *J. Phys. D: Appl. Phys.* 杂志的执行编委，*Rare Metals*、*Nanomaterials*、*Progress in Natural Science-Materials International* 等期刊编委，中国材料研究学会特邀常务理事、纳米材料与器件分会副理事长兼秘书长，中国发明协会理事、中国金属学会功能材料分会副主任委员等。长期从事先进材料的界面精细结构设计、调控、表征和特性研究，先后主持和承担国家级、省部级项目 30 余项；在 *Nat. Catal.*、*Sci. Adv.*、*Adv. Mater.*、*Phys. Rev. Lett.*、*Nano Lett.* 等学术期刊上发表论文 290 余篇，SCI 他引 14000 余次；出版学术专著 6 部。曾获国家自然科学奖二等奖、教育部自然科学奖一等奖、中国材料研究学会科学技术奖一等奖、北京市教育教学成果奖二等奖、教育部新世纪优秀人才、茅以升科学技术奖－北京青年科技奖、北京市优秀博士学位论文指导教师、宝钢优秀教师奖、中国发明创业奖·人物奖等奖项和荣誉。

张利强，燕山大学材料学院清洁纳米能源中心研究员、博士生导师，于 2007 年和 2012 年分别在东北大学和浙江大学获得学士、硕士和博士学位，2009 年赴美国匹兹堡大学联合培养、2010 年在美国能源部 Sandia 国家实验室访学研究。兼任 *Chinese Chemical Letters* 等期刊编委。长期从事基于各类型新能源材料的制备与失效机理研究，为设计高性能电池提供理论指导。近年来，在 *Nat. Nanotechnol.*、*Nat. Commun.*、*Adv. Mater.*、*JACS*、*Angew. Chem. Int. Edit.* 杂志发表论文 126 篇（第一或通讯作者 85 篇），他引 6000 余次，并获得授权发明专利 17 项。2020 年入选国家优青，2021 年入选河北省杰青。

杨烽，南方科技大学化学系副教授／研究员、博士生导师、学术领头人，国家优秀青年基金获得者。于 2011 年在山东大学获得学士学位，2017 年在北京大学获得博士学位，2017—2019 年在北京大学开展博士后研究。主要从事碳纳米管限域的组装化学和团簇化学、碳纳米管结构可控催化合成，发展原位环境透射电镜技术在原子层次揭示碳纳米管、团簇在成核生长和催化环境中的动态演化过程。作为第一／通讯作者在 *Nature*、*Sci. Adv.*、*Chem. Rev.*、*Acc. Chem. Res.*、*J. Am. Chem. Soc.*、*Angew. Chem.*、*Adv. Mater.*、*CCS Chem.* 等期刊发表论文 30 余篇，相关工作入选美国化学会"2014 年度国际 Top10 化学研究"。研究工作作为第二完成人获得国家自然科学二等奖（2021 年）和教育部自然科学一等奖（2018 年）。曾获得国家优秀青年科学基金（2022 年）、广东省珠江人才计划青年拔尖人才（2022 年）、深圳市高层次专业地方级领军人才（2020 年）、中国博士后创新人才支持计划十大创新成果奖（2020 年）、饭岛奖（Iijima Award）（2018 年）、国际碳纳米管大会（NT18）优秀青年研究奖（2018 年）、国际纯粹与应用化学联合会（IUPAC）青年化学家奖提名（2017 年）、中国博士后创新人才支持计划（2017 年）等奖励和荣誉。兼任 *Nano Research*、*Chinese Chemical Letters* 期刊青年编委。

第13章

环境与新能源矿物材料

廖立兵　刘　昊　吕国诚

13.1 环境与新能源矿物材料的研究背景

能源和环境是当今世界的两大主题，是一个国家或社会可持续发展的重要支柱，是经济社会发展、国家安全和人民健康生活的重要保障。改革开放以来，我国经济发展迅速，但环境污染、能源短缺问题也随之日趋严重。

我国的环境污染范围广、污染类型多、污染危害大。数据显示，自有统计以来我国总计排放污水 13000 多亿立方米，占全国水资源总量近 1/2[1]。我国辽河、海河、淮河、黄河、松花江、珠江、长江 7 大水系均有不同程度的污染，其中辽河、淮河、黄河、海河流域 70% 以上河段受到污染。相关资料显示，全国有近 2000 万平方公里耕地受到各种重金属和农业污染，受污染的耕地面积约占我国耕地总面积的 20%[2]。另外，通过不断的新旧能源改革发展，我国逐步形成了全球最大的能源供应体系，建成了以煤炭为主体，以电力为中心，以石油、天然气和可再生能源全面发展的能源供应格局。但我国的能源发展仍然面临诸多问题，主要包括：化石能源开发引起生态环境破坏；温室气体减排面临挑战；能源利用效率总体偏低；能源安全形势依然严峻。能源绿色开发利用是贯彻落实能源安全战略的重要任务[3]。

迫于全球气候变化、生态环境恶化及资源紧缺等问题，世界各国都高度重视环境保护与污染治理，重视新能源开发利用和节能减排工作。环境保护与治理、新能源开发利用和节能减排有赖于相应的材料和技术，因此大力发展环境与新能源材料具有重要意义。环境矿物材料是指以天然矿物岩石为主要原料，在制备和使用过程中能与环境相容和协调，或在废弃后可被环境降解，或对环境有一定净化和修复功能的矿物材料[4]。矿物用于环保目的的历史悠久，20 世纪 90 年代后更是备受关注，新技术、新材料、新应用成果层出不穷。环境矿物材料种类繁多，涉及面广，包括环境净化和修复材料、与环境相容的绿色材料等，但最主要的是可用于环境净化和修复的矿物材料。新能源矿物材料则指那些以天然矿物岩石为主要原料制备的能支持建立新能源系统、满足各种新能源及节能技术的特殊要求的材料。新能源矿物材料是近一二十年出现的新方向，发展迅猛。大力开展和加强环境与新能源矿物材料研究，可充分发挥一些矿物的成分、结构、性能优势和天然矿物的资源优势，制备性能优异、成本低廉的环境、新能源矿物材料，对加强环境保护、减少环境污染、缓解能源短缺和发展矿物功能材料均具有极大的促进作用。

13.2 我国环境与新能源矿物材料的研究进展

我国环境、新能源矿物材料研究发展迅速，新型材料不断涌现，应用领域不断拓展，已经成为矿物材料活跃的前沿领域。

13.2.1 环境矿物材料

环境矿物材料的研究应用范围变得越来越广，除了在常见的水、气、声、土壤等领域的应用，在荒漠治理、海上重油处理、核辐射处理等方面的应用研究得到加强。

（1）水污染治理材料　水污染治理材料是环境矿物材料最主要的组成部分，也是研究最活跃、成果最集中的部分。这主要是因为环境矿物材料比表面积大、吸附性能优异，可用来去除废水中的金属离子、有机污染物等。近十年，水污染治理材料研究主要集中于新型材料、应用新技术研发和应用领域拓展方面。

在研发新材料领域，主要是将天然矿物进行改性或复合。何宏平等[5]研究了在降解不同染料的过程中，类质同象置换作用对铬磁铁矿异相 Fenton 催化性能的影响，亚甲基蓝的吸附降解量随着铬置换量的增加而增加。杨华明等[6]通过对二维高岭石改性制备高岭石纳米膜，对刚果红显示出良好的吸附性能，具有高效的再生能力。朱建喜等[7]研究了酸化对坡缕石吸附有机污染物苯的影响，酸活化可提高坡缕石在低压与高压区对苯的吸附量。陈天虎等[8-10]通过将褐铁矿改性，或是将沸石与 δ-MnO_2 复合，制备高效吸附剂用于污水处理。适当改性后的蛭石可以用于去除水中氨氮[11]或重金属离子[12]。吴平霄等[13]还将有机改性蛭石用于吸附 2,4- 二氯酚。此外，将矿物与特定材料复合也可有效治理水污染，郑水林等[14]以伊利石为载体、葡萄糖为碳源，制备出纳米碳/伊利石复合材料，对溶液中亚甲基蓝吸附效果极好。王爱勤等[15]探究了凹凸棒/碳复合材料作为可重复使用的抗生素吸附剂的吸附性能，研究表明在 300℃下制备的复合材料表现出高吸附和快速平衡能力。王林江等[16,17]用赤泥和偏高岭石制备的聚合物用于吸附水中 Pb^{2+}，该地聚合物显示出良好的 Pb^{2+} 固定能力。吴向东[18]、李辉等[19]对膨润土和海泡石、天然沸石改性之后用于污水处理，吸附效果显著增强。

水处理矿物材料的应用领域也在不断拓展，除用于常规的生活污水、工业废水、农业污水处理外，矿物材料开始应用于海上重油的处理。例如，邱丽娟等[20]以石墨为原料制备了超疏水的海绵状复合材料，该复合材料对水上浮油和水下重油均具有优异的吸附能力。此类复合材料在处理油脂和有机物泄漏造成的大面积污染方面有着巨大的应用前景。

（2）大气污染治理材料　大气污染治理材料是环境矿物材料研究的薄弱方向，近十年得到明显加强。一些天然矿物具有较大的比表面积和丰富的孔道结构，对气体有良好的吸附性能。例如，沸石具有大量孔穴和孔道，对气体分子具有较强的吸附能力，被用于吸附甲硫醇、氨气、苯气体、甲醛、甲烷等[21-23]。膨润土、海泡石等具有强的气体吸附性能，被作为吸附介质用于处理 NH_3、SO_2、H_2S 等有害气体[24]。高如琴等[25]以硅藻土为主要原料制备出电气石修饰的硅藻土基内墙材料，对甲醛有很好的去除效果。马剑[26]对坡缕石进行改性，用于吸附 CO_2。硅烷改性硅藻土[27]、H_2SO_4 改性海泡石[28]被用于吸附甲醛。综上所述，矿物材料在大气污染治理方面有很好的应用前景。

（3）土壤污染治理材料　我国土壤污染问题日益严重，其中以重金属污染最为典型。矿物材料具有来源广泛、成本低廉、使用方便、对重金属污染治理效果优良等突出特点，已成为土壤污染治理的优选材料。黏土矿物是土壤的主要组分之一，可以通过离子交换、专性吸附或共沉淀反应降低土壤中重金属活性，从而增强土壤的自净能力，达到钝化修复目的。海泡石与石灰石、磷肥及膨润土联合施用可促进污染土壤镉的固定[29]，坡缕石对镉的最大吸附量可达 40mg/g，高于普通黏土矿物[30]，硅藻土[31]、羟基磷灰石[32]等也被用于重金属污染土壤的修复。此外，对天然矿物进行改性或者制备成复合材料，可进一步提高其固持重金属的性能，成为高效的土壤污染治理材料，例如改性纳米沸石能显著降低土壤有效镉含量[33]，改性海泡石可吸附固定土壤中的 As^{3+} 和 As^{5+}[34]。磁性矿物材料和磁分离技术也被广泛运用。有研究人员用溶剂热法制备了 Fe_3O_4/膨润土复合材料[35]及磁性膨润土[36]，使其具备了较高的饱和磁化强度，可作为吸附剂并能通过磁分离技术从体系中分离。

（4）噪声污染治理材料　城市噪声污染是四大环境公害之一，是 21 世纪环境污染控制的主要对象，已成为干扰人们正常生活的主要环境问题之一。全国已有 3/4 以上的城市交通干线噪声平均值超过 70dB。一些多孔矿物材料（如膨胀珍珠岩板和火山岩板等）具有吸声的功能，其相关研究已取得较大进展。蛭石是一种吸音性能优良的矿物，近年来常作为硬质吸声材料在建筑领域使用。彭同江等[37]将膨胀蛭石与石膏进行复合，所制备的材料可以用于隔热、吸声和湿度调节。范晓瑜[38]将蛭石与 PVC 复合，对复合材料的隔声性能、力学性能、阻燃性能进行了研究，分析了材料隔声量与声压级、物料含量、面密度等之间的关系。

（5）节水防渗材料　一些天然矿物由于具有较好的低渗透性和化学稳定性，以及储量丰富、价格便宜的特点，作为防渗材料被广泛用于生活垃圾填埋场、工业危险废物填埋场、矿山尾矿处理、油槽防漏以及地下建筑和景观工程、地铁、隧道、水利工程等领域。膨润土被认为是最合适的防渗材料。刘学贵[39, 40]、于健等[41]对改性膨润土作为垃圾填埋场防渗材料进行了研究，结果表明聚丙烯酰胺改性膨润土作为填埋场防渗衬层的效果良好。王丫丫[42]等以红黏土为主要原料，添加高分子羧甲基纤维素钠制备红黏土防渗材料，该材料对环境无毒无污染，原材料廉价易得，具有很大的实际应用价值。

（6）荒漠治理材料　土地荒漠化、沙漠化是全世界面临的一个长期问题，是我国当前面临的最为严重的生态问题之一，也是我国生态建设的重点和难点。王爱娣[43]以自然界分布广泛、储量丰富的天然红土和黄土为主要成分，与环境友好型高分子（CMC，PVA）和生物高分子（植物秸秆）进行复配，制备了天然黏土基固沙材料。冉飞天[44]以聚乙烯醇、坡缕石黏土和部分中和的丙烯酸为原料制备高吸水复合材料，能够显著提高固沙试样的抗压强度。这类复合材料可以保护沙生植物的生长，使其根系免受风沙的侵蚀，同时可以为其生长提供一定的营养，有保温、保水作用，对沙漠地区植被的恢复起到促进作用。

（7）防辐射材料　放射性核素半衰期长，伴有放射性和化学毒性，基本上不经历生物或化学降解过程，可以在环境中长期存留并富集。彭同江等[45]合成了含 CsA 沸石，对模拟核素 Cs^+ 具有较好的去除效果，去除率可达 97.95%。孙红娟[46]等采用静态实验方法研究了蒙脱石对水溶液中模拟核素 Ce^{3+} 的吸附特性，通过研究蒙脱石吸附 Ce^{3+} 的动力学和热力学行为，探讨了其吸附机制。赖振宇[47]将磷酸镁水泥用于固化中低放射性废物，包括用于处理中低放射性焚烧灰，结果表明磷酸镁水泥对 Cs 和 Sr 均具有较好的吸附性能，对 Sr 吸附率高达 97.72%。石墨是我国的优势矿产资源，它具有较好的力学性能和稳定性能，成为核科学和工程中的重要材料。例如以熔化的氟盐做核燃料载体的第四代反应堆——熔盐堆，就以石墨作为中子慢化剂和反射体，与燃料盐直接接触[48]。

（8）保鲜防霉材料　微生物破坏商品包装致使其腐败变质，缩短了食品的货架寿命，甚至威胁人类健康和环境安全，使保鲜防霉材料研究受到关注。2011年，欧洲食品安全局[49]发表了一项关于层状硅酸盐特别是膨润土的研究，验证了膨润土作为食品添加剂的安全性，并证明了膨润土对牛奶中黄曲霉素的还原作用。膨润土有较强的吸附能力和黏结能力，作为防霉剂可有效防止食品含水量偏高[50]。林宝凤等[51]用离子交换的方法制备了壳聚糖／膨润土／锌复合物，并研究了复合物在蒸馏水和盐水中的缓释行为及抗菌性能。段淑娥[52]以银-组氨酸配位阳离子为前驱体，以蒙脱石为载体，制备了抗变色耐盐性的载银抗菌剂。

13.2.2　新能源矿物材料

新兴能源的开发已经成为世界各国关注的重点，与此相关的新材料、新技术研发成为近年的研究热点。新能源矿物材料是指能实现新能源的转化和利用以及发展新能源技术所需的矿物材料，主要包括电池材料、储气材料、储热保温及耐火材料等。

（1）电池材料　矿物材料可作为原料或与其他材料复合用作电池材料，其中部分矿物提纯、处理后可直接用作电池材料。在二次电池材料领域，朱润良等[53]以天然海泡石为原料制备一维硅纳米棒，作为锂离子电池的负极材料，显示出良好的循环稳定性。孙伟等[54]以天然辉钼矿为原料，经过破碎、研磨、浮选、机械剥离和分级工艺制备出了一系列不同粒径的片状 MoS_2，获得了具有高容量的锂离子电池负极材料。D. Golodnitsky 等[55]将天然黄铁矿用作锂电池正极材料，研究了不同产地黄铁矿对电池电化学性能的影响。孙伟等[56]以天然黄铜矿为原料，通过简单的浮选和酸浸工艺制备了产率高、纯度高的微米级 $CuFeS_2$，作为锂离子电池负极材料显示出了优良的倍率性能和良好的循环性能。石英是一种物理性质和化学性质均十分稳定的矿产资源，属三方晶系的氧化物矿物。高纯石英砂 SiO_2 含量高于 99.5%，采用 1～3 级天然水晶石和优质天然石英精细加工而成，是生产光纤、太阳能电池等高性能材料的主要原料。汪灵等[57, 58]对高纯石英开展了多年研究，发明了一种以脉石英为原料加工 4N 高纯石英的方法，效果明显且用途广泛，社会经济效益显著。P. K. Nair 等[59]利用天然辉锑矿粉体作为真空镀膜太阳能电池的蒸发源，得到的 $Sb_2S_{0.5}Se_{2.5}$ 太阳电池的转换效率为 4.24%。

（2）储气材料　化石燃料的日益消耗，使人类面临着能源短缺的严峻考验。氢以及甲烷等新型能源的有效开发和利用需要解决气体的制取、储运和应用三大问题。由于气体燃料极易着火和爆炸，其运输和储存成为其开发利用的核心。有研究显示，黏土矿物对页岩气藏的形成和开发具有一定的积极意义[60]，并且具有储气性能。袁鹏等[61]研究发现在高压条件下蒙脱石、高岭石及伊利石对 CH_4 具有良好的吸附性能。杨华明团队[62]研究了不同处理条件下的管状埃洛石的储氢能力，发现其具有良好的稳定性和高的氢吸附能力，在室温储氢方面有极大潜力。吉利明等[63]研究了常见黏土矿物对甲烷的吸附性能，并利用扫描电镜观察其微孔特征，发现黏土矿物吸附甲烷的能力与微孔的发育程度有关。储气材料新的研究方向是将不同的矿物材料进行复合。有学者[64]以凹凸棒石为模板制得介孔凹凸棒石/碳复合材料，具有良好的储氢性能。也有学者研究[65-67]将坡缕石、微孔活性炭、沸石等进行复合用于储氢，发现结构可调的新型材料是未来储氢介质的发展趋势。

（3）储热保温及耐火材料　建筑能耗不断增加，建筑节能问题越来越受到人们的关注。绿色建筑材料尤其是外墙保温隔热材料的开发是实现建筑节能的重要手段。相变储热材料成为建筑节能外墙保温隔热材料研究的新方向。近十年来，以矿物棉、膨胀珍珠岩、膨胀蛭石、黏土矿物[68,69]（凹凸棒石、埃洛石、高岭石、蒙脱石）、硅藻土等为原料制备新型保温隔热材料的研究取得了较大进展，研发了一批有应用潜力的新型矿物材料。

（4）发光功能矿物材料　天然萤石具有发光性能，因此萤石结构化合物可作为很好的发光材料基质[70]，通过稀土离子掺杂可制备性能优异的发光材料。吐尔逊·艾迪力比克[71]用 Yb^{3+} 掺杂天然萤石，观测到了室温下 2-Yb^{3+} 离子对的上转换发光；利用 Eu^{3+} 和 Yb^{3+} 共掺杂方钠石，观察到了 Eu^{3+} 的可见区上转换发光。王彩萍[72]等通过一步析晶法制备 CaF_2 微晶玻璃，通过改变激活剂浓度、析晶温度、析晶时间等条件，探讨其对样品发光性能、物相组成和形貌等的影响，确定了最佳制备工艺。

磷灰石是一族钙磷酸盐矿物，包括氟磷石灰、氯磷灰石、黄绿磷灰石、羟基磷灰石等，其中氟磷灰石最常见[73]。磷灰石结构中含有两种非等效格位阳离子——九次配位的 Ca1 和七次配位的 Ca2。非等效格位的 Ca1 和 Ca2 及磷灰石中广泛存在的类质同象替代，使具有磷灰石结构的化合物可为激发剂离子提供复杂多变的晶体场环境，导致激发剂离子多变的能级分裂和发光行为。此外，磷灰石结构化合物具有良好的化学稳定性，因此磷灰石结构发光材料受到国内外学者广泛关注。磷灰石发光材料的研究主要集中在以下三个方面：第一，合成新型磷灰石结构化合物并进行单一稀土离子掺杂，制备单色光荧光粉。例如，Zhang 等[74]通过传统的固相法制备了一种新型单相 Sm^{3+} 活化的磷灰石结构荧光粉 $Ca_5(PO_4)_2SiO_4$，该荧光粉可以被近紫外芯片有效激发，且热稳定性良好，在 250℃时仍可保留室温发射强度的 72.4%。第二，利用共掺杂激活剂离子，通过激活剂离子间能量传递，获得发光颜色可调变的磷灰石结构发光材料。例如，Xu 等[75]通过高温固态反应法制备了一系列 Tb^{3+} 和 Eu^{3+} 单掺和共掺杂 $Ca_4La_6(SiO_4)_4(PO_4)_2O_2$ 的磷灰石结构荧光粉，并对其光致发光性能和能量转移行为进行了详细研究。在 376nm 的紫外光激发下，产生了从绿色到红色的可调发射。第三，通过调节磷灰石结构（阳离子调变、络合阴离子调变、附加阴离子调变）调控发光材料的发光颜色。例如，

Qian 等合成了一种具有磷灰石结构的新型荧光粉 $Ca_{4-y}La_6(AlO_4)_x(SiO_4)_{6-x}O_{1-x/2}$: yEu^{2+}，其具有 $450 \sim 700nm$ 的宽带发射，不同比例 $(AlO_4)^{5-}/(SiO_4)^{4-}$ 的各向同性取代可以提高 Eu^{2+} 的发射强度，并且发射光谱发生相应的红移变化[76]。

（5）催化材料　一些架状、层状、链层状结构矿物因具有复杂的孔结构和高比表面积可用作催化剂载体，因此催化用矿物材料一直是研究的热门领域。例如杨华明等[77]制备出了 MoS_2 / 蒙脱石杂化纳米薄片，具有较高的催化活性和稳定性，在水处理和生物医学领域具有良好的应用前景。天然沸石[78-80]经酸碱改性后具有较好的催化性能，可有效提高化工产品的产量。光催化矿物材料一直是光催化材料研究的重要组成部分，近十年依然如此。张高科等[81,82]将过渡金属氧化物与黏土矿物进行复合，研究表明，黏土矿物作为光催化剂载体能够有效固载光催化成分，有利于提高复合光催化剂的吸附性能和回收利用率。张以河[83]制备了 Cu_2O/ 海泡石复合材料，海泡石通过红移带隙提高了可见光的利用率和对污水的降解效果。牟斌等[84]通过水热分解法制备了凹凸棒石 /CdS（APT/CdS）纳米复合材料，研究发现在 70min 内对亚甲基蓝、甲基紫和刚果红的降解表现出最佳的光催化性能。彭同江等[85]合成了 $Cu-TiO_2$/ 白云母复合纳米材料并用于光催化降解亚甲基蓝，其光催化性能随着掺 Cu^{2+} 量增加先提高后下降。李芳菲等[86]合成的磷掺杂纳米 TiO^{2-} 硅藻土复合材料具有良好的光催化性能。程宏飞等[87]采用置换插层法和煅烧法制备出 $g-C_3N_4$/ 高岭石复合光催化剂，研究表明高岭石的加入能有效避免 $g-C_3N_4$ 的团聚并显示出较好的光催化性能。此外，累托石、水滑石[88]、蒙脱石[89]、水钠锰矿[90]、高岭石[91]、管状埃洛石[92]、坡缕石[93]等经过改性或复合后也被用于光催化领域并且具有良好的催化效果。

（6）其他能源材料　近年来，具有孔结构或者纳米纤维形貌的天然矿物逐渐引起人们的注意。用于电容器电极材料，天然纳米矿物具有来源广泛、价格低廉等优势。有学者[94,95]利用凹凸棒石制备复合材料用于电容器和电池，可有效提升电化学性能。传秀云等[96,97]以纳米纤维矿物蛇纹石为模板合成多孔碳并用于超级电容器中，具有良好的电化学性能。凹凸棒石[98]、硅藻土作为模板可合成具有不同结构的电学功能复合材料。

一些矿物的介电性能也引起了关注，其潜在的研究和应用价值也逐渐体现。赵晓明等[99]研究发现铁氧体 / 碳化硅 / 石墨复合材料涂层厚度对介电常数实部、虚部和损耗角正切有较大影响。除天然铁氧体矿物被用于制备介电材料外，用其他矿物制备介电材料的研究也有报道。张明艳等[100]以双酚 A 型环氧树脂为基体，用碳纳米管及有机蒙脱石共同对环氧树脂进行改性，制备出了复合介电材料。秦文莉[101]合成的黑滑石 /$NiTiO_3$ 复合材料具有较好的电磁波吸收性能，拓展了黑滑石在电磁波吸收领域的应用。

13.3　我国在环境与新能源矿物材料领域的学术地位及发展动态

为了反映当前我国在环境及新能源矿物领域的学术地位及发展动态，作者团队结合 Web of Science 检索工具，分别以 "mineral materials" "water treatment" "air contamination" "soil contamination"等为关键词，得到了上述领域学术论文发表概况。主要统计了矿物材料在环境和新能源领域的发表学术论文及高被引论文总数量、发文量前五位国家名称以及各年份学术论文发表数量，如图13-1所示。从图13-1中可知，目前矿物材料在环境和新能源领域研究中主要集中在催化材料、土壤污染治理材料、大气污染治理材料、防辐射材料、储热材料、水污染治理材料、保温材料、电池材料、储气材料、介电材料等领域，在上述领域的发文总量大于2500篇。其中，催化材料、土壤污染治理材料、大气污染治理材料、防辐射材料是热点，发文总量大于6500篇。从各年发表论文数量来看，矿物材料应用于环境和新能源领域时间总体较短。其中，在土壤治理方面研究相对较早（约2000年开始），随后逐步拓展到水污染/大气/噪声污染及荒漠治理材料、储热材料、保温材料、发光材料、催化材料、防辐射材料和介电材料领域（2008—2010年），之后又于近十年内拓展到电池材料、电容器材料、储气材料、节水防渗材料及保鲜防霉材料等领域。在上述领域中，除保鲜防霉材料领域外，其他领域的论文发文量占世界前两位国家都是中国和美国，其中中国发文量居世界第一位的研究领域为12个，美国发文量居世界第一位的研究领域为3个（分别是水污染、噪声污染治理及防辐射材料）。另外，高被引论文可以在一定程度上反映出论文的影响力。中国当前在上述所有领域中高被引论文数量都居于世界第一位（或并列第一位）。以上分析表明我国在环境和新能源领域研究中总体处于国际领先地位。

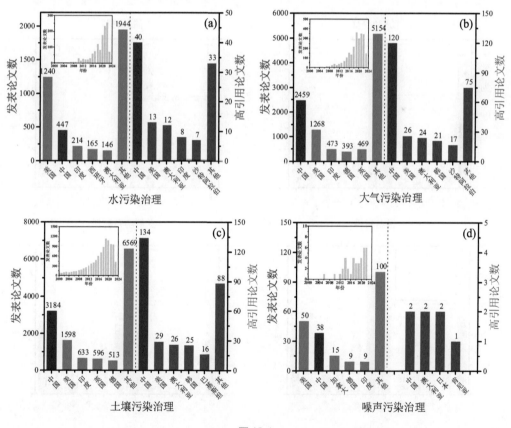

图13-1

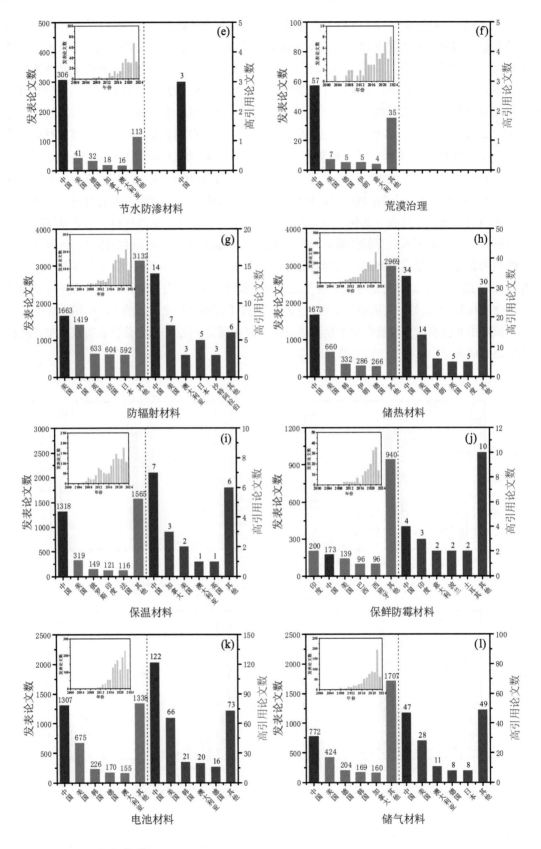

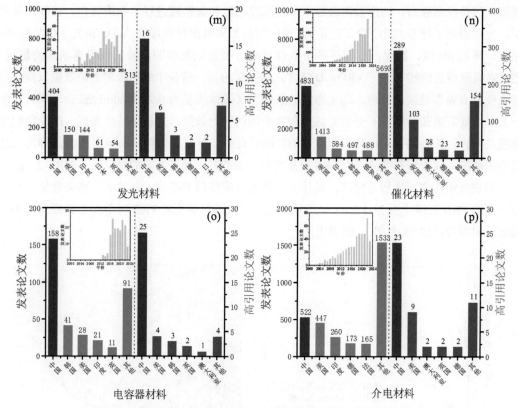

图 13-1 矿物材料在环境和新能源领域的发表学术论文及高被引论文数量的世界前五位国家名称
以及各年份学术论文发表数量关系

13.4 作者团队在环境与新能源矿物材料领域的学术思想和主要研究成果

  天然矿物具有种类多、成本低和环境友好等优势，我国矿产资源种类齐全、储量丰富，矿物及相关材料已成为国家的支柱产业之一。但是受基础研究不足等限制，我国矿物资源综合利用主要以粗放、低端利用为主，高效高值化利用的基础及应用研究亟待加强。针对以上问题，作者团队以"师法自然、应用自然、改造自然"思想为指导，以晶体化学/晶体物理学理论为指导，系统、深入地研究了矿物材料的结构、成分与性能构效关系，开展了矿物在环境及新能源领域的基础及应用研究，开发了一系列新型矿物基水处理材料、土壤改良材料、发光材料、电化学储能材料、节能保温材料及制备技术。下面简要介绍作者团队的主要研究成果。

13.4.1 矿物基可渗透反应隔栅（PRB）介质材料

  作者团队以矿物材料为主要反应介质，开展了大量 PRB 相关技术和基础研究。例如，对蛭石、凹凸棒石静态、动态吸附去除水中低浓度氨氮和腐殖酸进行了系统研究。在静态条件下，分别测定了蛭石/凹凸棒石对氨氮/腐殖酸的饱和吸附量和渗透系数。研究了矿物粒径、用量、环境pH值、温度、时间等多个条件对蛭石吸附氨氮和凹凸棒石吸附腐殖酸的影响。通过对吸附前后的蛭石进行XRD、DTA-TG、FTIR分析，讨论了蛭石吸附去除氨氮以及凹凸棒石吸附去除腐殖酸的机理。在动态实验条件下（液体流量为$0.9 \sim 1.0mL/min$），探讨了单一介质（蛭石或凹凸棒石）分别对氨氮和腐殖酸的吸附效果，分析了柱体高度、污染物初始浓度及两种污染物共存对柱体吸附效果的影响。此外，针对云南阳宗海地区重金属砷污染地表水的情况，以改性天然沸石为PRB介质材料，在静态、动态实验的基础上［图13-2（a）］，结合阳宗海地区实际地形等情况，设计了可渗透反应格栅的结构，并建成一座去除地表径流重金属的PRB工程［图13-2（b）］。结果表明，改性沸石填充的PRB对1mg/L的模拟污染液动态吸附寿命可达53个PV，性能优良。

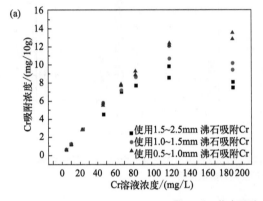

图13-2　作者团队开展的PRB实验

（a）不同粒径改性沸石对Cr（Ⅵ）的饱和吸附量；（b）云南阳宗海地区建成的可渗透反应格栅的现场照片（坝后正侧视图）

此外，作者团队针对广西某多金属矿山尾矿库渗滤液造成的地下水污染问题，采用热处理针铁矿/磁铁矿/黄铁矿等含铁矿物、蛭石/沸石等天然层状或架状结构硅酸盐矿物、骨骼类羟基磷灰石等作为PRB复合介质材料，结合多种非原位及原位表征手段，在静态及动态吸附实验基础上，深入研究了上述矿物材料或衍生物对单一污染物、复合污染物的去除效果及机制，获得了制备去除复合污染物介质材料的优化条件。进一步以蛭石、CTAB改性蛭石及赤铁矿作为PRB复合介质材料，进行了动态去除水中多污染物的实验，研究了三种介质材料的不同组合方式对多种污染物的去除行为及机理，明确了最优的组合方式（图13-3）。结合数值模拟软件，预测了多种矿物介质材料PRB柱的穿透曲线，评估了其使用寿命。

13.4.2　矿物基微波辅助降解有机物材料

作者团队对锰钾矿、六方软锰矿、水钠锰矿等锰矿物进行了矿物晶体结构和化学成分的调控。作者团队采用氧化锰矿物，在微波辐照下降解水中抗生素、有机染料等有机污染物，研究了氧化锰矿物的晶体结构对微波吸收和有机物微波降解的影响。氧化锰矿物中引入不同

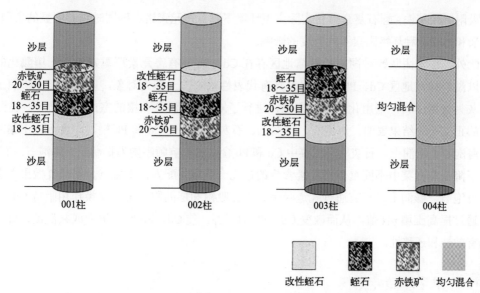

图13-3　蛭石、CTAB改性蛭石及赤铁矿以不同方式分层组合的动态实验柱

过渡金属离子后，可使矿物的结构和性能发生显著变化，而这种变化与引入离子的类型、数量、置换位置等有关。作者团队通过向锰钾矿（Cryp）中引入过渡金属 Fe 离子，建立了 Fe-Cryp 的成分、结构、性能关系。随着 Fe 离子掺杂量的增加，其形貌也逐渐变化，均匀分布的纳米纤维逐渐变粗变短，最后变成纳米颗粒，逐渐变成单斜晶系矿物。在微波条件下 Fe-Cryp 对四环素（TC）产生物理吸附作用和降解作用。作者团队以水钠锰矿、六方软锰矿为研究对象进行了化学成分调控，探究化学成分对微波催化降解亚甲基蓝（MB）的作用，对比了微波 /MB、锰矿物 +MB 和微波 / 锰矿物 +MB 三种体系对 MB 的去除效率随时间的变化。结果表明，氧化锰矿物的低价锰离子含量越高，其微波吸收和微波降解作用越好。

13.4.3　矿物基土壤改良材料

　　在土壤中添加羟基铁 / 蒙脱石、羟基铁 / 蛭石复合材料可对重金属污染土壤进行修复。作者团队进行了酸性土壤条件下铬、砷在羟基铁 - 蒙脱石、羟基铁 - 蛭石复合体表面的吸附和竞争吸附实验，研究在一定 pH 值、环境温度、吸附时间条件下，铬、砷初始质量浓度或铬、砷的添加顺序对羟基铁 - 蒙脱石、羟基铁 - 蛭石复合体吸附砷、铬能力的影响并与相同条件下铬、砷在蒙脱石、蛭石表面的吸附、竞争吸附行为进行对比。研究表明，制备的低聚合羟基铁 - 蒙脱石复合体在模拟的酸性土壤条件下的铬吸附量低于铁沉积物而明显高于蒙脱石。铬主要以专性吸附方式吸附于复合体表面。铬初始质量浓度是影响复合体铬吸附量的最主要因素，离子强度次之，其他条件对复合体铬吸附量的影响很小。酸度对复合体吸附铬酸根的影响不同于对蒙脱石和铁沉积物吸附铬酸根的影响，表明复合体具有不同于蒙脱石和铁沉积物的物化性和阴离子吸附行为。由此说明在酸性土壤条件下，复合体有强而稳定的铬吸附能力。羟基铁 - 蛭石复合体对铬、砷均有较强的吸附能力，其铬、砷吸附量明显高于蛭石。在酸性土壤环境下，砷酸根和铬酸根离子可共同吸附于羟基铁 - 蛭石复合体表面，但不产生竞争吸附。羟基铁-蛭石复合体在实际土壤环境下对有害元素铬、砷同时具有明显的亲和力，这种亲和力受各种环境因素不同程度的影响。

此外，作者团队针对湖南长株潭地区存在 Cd、Pb 等有害元素严重富集及土壤酸化的现象，以湖南株洲地区 Cd、Pb 污染程度具有代表性的农田土壤为对象，以海泡石、膨润土和生石灰为修复材料，采用化学固定方法，进行了 Cd、Pb 污染土壤的室内修复实验。盆栽小白菜的正交实验结果表明，海泡石、膨润土、石灰可用于受 Cd 和 Pb 轻、中度污染土壤的修复。海泡石、膨润土、石灰对小白菜中 Cd 和 Pb 含量的影响顺序均为膨润土＞海泡石＞石灰。确定了降低小白菜中不同重金属元素含量的最优土壤修复配方，土壤重金属修复效果非常明显。海泡石、膨润土、石灰通过孔道吸附、表面吸附和层间阳离子的交换作用吸持 Cd、Pb，以及通过提高土壤 pH 值，从而改变 Cd、Pb 的形态，使 Cd、Pb 发生沉淀或共沉淀，降低其生物有效性和迁移性。

13.4.4 ／矿物基储能材料

作者团队针对当前矿物结构与特性构效关系等基础研究较为缺乏以及用矿物难以制备纳米电极的难题，研究了水钠锰矿、辉钼矿、闪锌矿、辉锑矿等典型矿物的晶体结构对电化学储能特性的影响规律及机理，开发了制备基于天然矿物的纳米电极材料的新工艺和新方法。利用蒙脱石、埃洛石等天然纳米黏土矿物作为模板制备低维储能电极材料，获得了具有极高比电容和优异循环特性的聚苯胺纳米管电极材料。经过一万次充放电循环后，纳米管状聚苯胺电极的比电容仍保持初始值的 85%，是当时已报道的同类材料的最高值。在天然黑滑石中制得了类石墨烯的片状碳材料，首次研究了其储锂性能并阐明了表面官能团和石墨层对储锂的影响及调控机理，获得了具有优异倍率性能和良好循环性能的新型锂离子电池负极材料。在 1C 倍率充放电条件下，这种黑滑石衍生的类石墨烯碳材料的容量是目前商用石墨负极材料容量的 4.6 倍。以辉钼矿、闪锌矿、辉锑矿等天然矿物为原料，使用微波冲击法在极短时间内（几百毫秒到数秒）制备了一系列新型纳米矿物／碳复合材料，有效提升了天然矿物作为储能电极的电化学性能。

此外，作者团队针对固态聚合物电解质室温离子电导率低、电化学和电极界面稳定性不足、热安全性不足等关键科学问题，开发了黏土矿物增强的复合固态电解质材料及体系。将离子液体与锂化锂皂石（LLZS）共掺杂于聚环氧乙烷（PEO）聚合物电解质体系，制备出了综合性能优异的准固态复合电解质。离子液体的塑化剂作用降低了 PEO 的结晶性，使电解质的室温离子电导率大幅度提升，并且获得了 5V 以上电压窗口；LLZS 由于具有较好的分散性，进一步增加了电解质的非晶区域，使离子电导率进一步提升，同时锂镧锆氧（LLZO）的加入增加了电解质对锂金属的界面稳定性。通过刮涂工艺，首次制备出了具有"花朵状"球晶形貌的 PEO-LiTFSI 全固态聚合物电解质，其室温离子电导率达 1.70×10^{-4} S/cm，高于文献报道值 2 个数量级。通过将二维纳米填料锂化蒙脱石与该电解质体系复合，制备出了高室温离子电导率、宽电压窗口以及较好界面稳定性和热稳定性的全固态复合电解质。此外，将 PEO 与埃洛石（HNT）共掺杂于聚偏氟乙烯（PVDF）聚合物电解质内，制备了"PEO-HNT"填料协同增强的 PVDF

基复合电解质。PEO 的加入增加了电解质的黏性，从而加强了电解质与锂电极的接触性和亲和性；HNT 的加入使电解质机械强度增大，而且其特殊的表面带电属性促进了 Li^+ 的传导。

13.4.5 / 矿物基发光材料

作者团队从天然磷灰石结构出发，创新地设计了 $La_6Ba_4(SiO_4)_6F_2$、$Ba_3NaLa(PO_4)_3F$、$Lu_5(SiO_4)_3N$ 等多种新型磷灰石结构下转换发光材料基质。揭示了 7、9 次配位多面体中二价阳离子和三价阳离子、四面体中四价阳离子以及结构通道中的附加阴离子取代对磷灰石结构荧光粉成分、结构和发光性能的影响机制，进而通过结构替换实现了发光性能的有效调控。利用稀土离子的能量传递，在磷灰石结构中实现了蓝-绿-红全光谱发射；通过控制掺杂离子的比例，可将荧光粉的发射颜色从蓝色调整为绿色或者红色，率先实现了白光发射，为开发低成本、高性能 LED 荧光粉提供了重要基础。首次设计并制备了一种新型磷灰石结构发光材料 $Ca_9Tb(PO_4)_5(SiO_4)F_2:Mn^{2+}$，实现了高灵敏度温度测量，其相对灵敏度可达 $1.92\%K^{-1}$，绝对灵敏度可达 $0.025K^{-1}$。

冰晶石矿物具有结构可调、声子能量低、光学透明性好、性能稳定等优点，有望成为新一类上转换发光材料基质。作者团队首次成功制备了立方相 K_3GaF_6、K_3InF_6、K_3AlF_6 以及单斜相 Na_3GaF_6、K_3LuF_6 和 K_3YF_6 等一系列新型冰晶石结构化合物基质，并实现了冰晶石结构纳米晶的可控制备及晶型调控。在此基础上，阐明了冰晶石结构发光材料"成分—晶型—发光性能"关系以及不同稀土离子对在新型冰晶石结构化合物基质中的能量传递机制，建立了核壳结构冰晶石型上转换发光材料的制备及性能优化方法。水热法制备的 $K_2NaScF_6:Er^{3+}$，$Yb^{3+}@SiO_2$ 核壳结构冰晶石上转换发光材料发光强度提高约 20 倍。合成了 Re^{3+}、Yb^{3+}（Re=Er, Ho）掺杂的单斜相和立方相 $K_3Sc_{0.5}Lu_{0.5}F_6$，发现立方相发光性能强于单斜相是由于声子能量和声子态密度的影响。

作者团队针对精准压力测量需求，以具有高化学和物理稳定性的硅灰石矿物为模型，通过类质同象替代设计了具有两个独立发光中心的 $Li_4SrCa(SiO_4)_2:Eu^{2+}$ 荧光粉，提出了一种基于该荧光粉的"多模光学压力测量"方法。通过测量发射峰位及半峰宽随高压的变化实现压力标定，突破了目前商用压敏材料红宝石较低灵敏度的桎梏。此外，针对目前测压材料存在严重的高压荧光猝灭问题，创新性地提出了基于荧光强度比测压方法，利用所设计的硅灰石结构中两个 Eu^{2+} 相互独立位点的荧光强度变化趋势进行测量，有效消除了环境因素的影响。所设计的材料可以通过发光峰位移动、半峰宽和荧光强度比随压力的变化进行精准读数。本研究将为在极端条件和恶劣环境下精确测压提供理论依据和技术支撑。

13.4.6 / 矿物基保温材料

膨胀珍珠岩是目前使用最广泛的无机保温材料，但其制品综合性能有待提升，且珍珠岩在开采和生产过程中存在能耗大及资源浪费的问题，而黑曜岩、松脂岩等酸性喷出岩资源的有效利用研究十分少见。作者团队以珍珠岩尾矿、黑曜岩、松脂岩等酸性喷出岩或高岭土等为主要原料，采用低能耗的常温发泡方法制备了一系列新型低密度、高隔热多孔地质聚合物无机保温材料，阐明了这类新型保温材料的"微结构—成分—物理性能"关系，揭示了影响该类保温材料物理特性的主要因素，系统分析了该类材料的传热及传质机制，为多孔保温材料的设计和性能优化指明了方向。在此基础上，采用短时热处理策略，实现了地聚合物无机保温材料内部多级孔结构调控，有效提高了其保温性能。发现并阐明了钠离子对该类保温材料耐久性的不利影响及作用机制，并通过简便的除钠方法，有效解决了该类保温材料耐久性差的难题。制备的多孔地质聚合物无机保温材料的热导率、密度和抗压强度分别可在 $0.06 \sim 0.04W/(m \cdot K)$、$0.2 \sim 0.1g/cm^3$ 和 $0.09 \sim 0.6MPa$ 范围调控，保温材料制品综合指标超过了《建筑用膨胀珍珠岩保温板》（JC/T 2298—2014）中最高标准——Ⅰ型产品的要求。

13.5 环境与新能源矿物材料的发展重点

根据我国科技发展战略和社会对新型矿物材料的需求，作者团队提出未来 10 ～ 15 年我国环境与新能源矿物材料可能的重点研究方向[102]。

13.5.1 隔热防火矿物复合材料

隔热防火材料是建筑建材领域不可或缺的材料之一，也是关系到社会公共安全和人民生命财产安全的重要材料之一。卤素阻燃材料是当前隔热防火市场上的主流产品，虽具有阻燃效率高以及用量少的特点，但因产生具有腐蚀性以及毒性的气体，对人体和环境可造成严重危害。因此，针对目前隔热防火材料中卤系阻燃材料使用量所占比重太大的问题，制备兼具轻质高强、保温隔热、防火阻燃、耐久性强、绿色环保等性能的新型隔热防火材料是国内外隔热防火材料发展的趋势。开发隔热防火矿物新材料有望成为未来矿物材料的一个重要发展方向。

13.5.2 大气污染治理矿物材料

目前我国大气污染形势相当严峻，由山林火灾、火山喷发、燃烧石化燃料和交通尾气排放等带来的大气污染物的排放总量仍居高不下，以甲醛为代表的室内空气污染物也严重威胁着人们的健康。研究新型空气净化过滤材料以及异味吸附分解材料是目前空气污染治理的重要研究方向。很多矿物因具有良好的吸附性能、优异的氧化还原能力、成本低、来源广等特点，以及具备轻质、保温节能、环保、安全舒适和微环境调节等多种属性和功能，对研发空气污染治理与室内环境调节材料具有重大意义。

此外，针对毒性大、难处理的生物医药和化工废水、核废料、海上溢油污染以及含油废水净化等问题，研发新型环境矿物材料是重要的解决途径。

13.5.3 / 矿物固碳材料

CO_2 过度排放造成的温室效应导致全球变暖，严重威胁人类生存。作为世界上最大的发展中国家，中国将完成全球最高碳排放强度降幅，用全球历史上最短的时间实现从碳达峰到碳中和，力争 2030 年前实现碳达峰、2060 年前实现碳中和。减少碳排放和增加碳吸收是实现碳中和目标的两大技术路线。在减少碳排放方面，关键在于能源结构调整、重点领域减排和金融减排支持。在增加碳吸收方面，主要技术路线有技术固碳和生态固碳。

目前的主要固碳技术包括地质固碳、海洋固碳和矿物固碳[103-105]。矿物固碳是通过一些硅酸盐矿物岩石与 CO_2 反应，形成 $MgCO_3$、$CaCO_3$ 等能长期稳定存在的碳酸盐矿物，从而达到固碳的目的。基性、超基性岩石中的主要矿物为橄榄石、辉石和基性斜长石，蚀变形成的主要矿物为蛇纹石。它们均富含二价阳离子，因而可以消耗水中的 HCO_3^- 和 CO_3^{2-}（CO_2 溶解形成）形成碳酸盐矿物。因此将基性、超基性岩石加工制备成矿物材料并用于固碳，具有制备和应用工艺简单可行、成本低、固碳效率高等优点，是环境矿物材料的一个重要发展方向。

13.5.4 / 新能源矿物材料

随着太阳能、风能、生物质能、地热能等新型能源的全面开发，新能源材料作为各种新能源技术的重要基础，在新能源系统中得到了广泛的应用。一些天然矿物具有独特的成分、结构或者形貌，并且来源广泛、价格低廉，可用作电池、电容器材料或作为载体或模板制备催化材料或电池、电容器材料。此外，矿物还可用于制备光伏用材料、储氢储气材料、相变储能材料和高导热材料等，满足新能源领域的发展需求。新能源矿物材料仍将是未来的重要发展方向。

13.5.5 / 环境与新能源矿物材料模拟及计算

随着矿物材料研究的深入，研究者发现新型矿物材料的研发需要理论指导。矿物材料基础研究，特别是成分、结构及性能关系研究近年越来越受到关注。基础研究需要了解材料在原子、分子层次上的微观信息，而目前的实验手段不能完全满足研究需求，理论模拟计算方法可以弥补实验研究的不足。将理论计算与模拟方法应用于矿物材料的研究起步相对较晚，但近年来发展迅速。以密度泛函理论计算和分子动力学模拟为代表的模拟计算可揭示环境和新能源矿物材料原子、分子层次上的微观信息，有助于深化对其成分、结构及性能关系的认识和理解，从而提高相关矿物材料的基础研究水平，是未来应加强的研究方向。

 ## 13.6 / 环境与新能源矿物材料的总结与展望

综上所述，我国环境与新能源矿物材料研究已取得了丰硕的成果，然而仍存在局限，主要体现在两个方面：

① 基础研究薄弱，新型矿物功能材料研发缺少理论指导；

② 研究成果与工业生产和实际应用的需求仍存在较大差距，很多成果难以推广应用。因此加强环境与新能源矿物材料基础研究，揭示"矿物成分—结构—性能"之间关系，研发环境与新能源矿物功能新材料并加强成果的推广应用，成为矿物材料研究者共同的任务。

未来 10 ～ 15 年是我国经济社会发展的关键期，是我国全面建成小康社会并向中等富裕国家转变的重要过渡期。环境与新能源矿物材料的研究应与国家经济社会发展的需要更紧密结合，以满足国家重大战略需求。建设富强、美丽的中国，实现中国梦，需要更多性能优异的环境与新能源矿物功能材料。因此，环境与新能源矿物材料将具有更加广阔的发展空间。

参考文献

 作者简介

廖立兵，教授，兼任中国晶体学会副理事长、粉晶X射线衍射专委会主任等职务。在矿物晶体结构及晶体化学、矿物材料等研究领域取得一系列成果。主持国家自然科学基金重点项目、国家科技支撑计划课题等重要项目 20 余项，发表论文 400 余篇，出版学术专著 1 部，申请 / 授权专利 40 余项。曾获中国建筑材料联合会二等奖、原国土资源部科技成果二等奖，原地质矿产部科技成果三等奖，原国家教委科技成果三等奖，中国非金属矿工业协会科学技术奖一等奖等省部级奖项 7 项。个人获"霍英东教育基金优秀青年教师奖"一等奖，中国矿物岩石地球化学学会"侯德封奖"，中国地质学会青年地质学家奖一等奖（金锤奖）等多项。北京市优秀教师，享受国务院政府特殊津贴。

刘昊，教授，兼任中国矿物岩石地球化学学会矿物岩石材料专委会秘书长、中国矿物岩石地球化学学会矿物物理矿物结构专委会委员、中国硅酸盐学会矿物材料专委会青年理事和中国材料研究学会青委会理事。主要从事矿物材料及在储能领域应用研究。主持国家自然科学基金等项目 10 余项，发表学术论文 100 余篇；申请 / 授权国家发明专利 10 余项。获中国非金属矿工业协会科学技术奖一等奖、中国建筑材料联合会建筑材料科学技术奖二等奖各 1 项。

吕国诚，中国地质大学（北京）教授，材料科学与工程学院院长。任中国矿物岩石地球化学学会矿物岩石材料专业委员会主任委员、地质碳储与资源低碳利用教育部工程研究中心主任、非金属矿物与固废资源材料化利用北京市重点实验室常务副主任、中国材料研究学会理事、中国有色金属学会矿冶过程界面化学专业委员会委员等。长期从事矿物功能材料研究，已发表学术论文 160 余篇，授权国家发明专利 10 余项。荣获中国非金属矿工业协会科学技术奖一等奖 2 项和中国建筑材料联合会建筑材料科学技术奖二等奖 1 项。